MERCURE

ACTION PHYSIOLOGIQUE, TOXIQUE ET THÉRAPEUTIQUE

PAR

Le Dr A. MERGET

ANCIEN ÉLÈVE DE L'ÉCOLE NORMALE SUPÉRIEURE,
AGRÉGÉ DE L'UNIVERSITÉ,
DOCTEUR ÈS SCIENCES,
MEMBRE CORRESPONDANT DE L'ACADÉMIE DE MÉDECINE.

BORDEAUX
FERET & FILS, libraires-éditeurs
16, cours de l'Intendance.

PARIS
LES LIBRAIRES ASSOCIÉS, éditeurs
13, rue de Bucy.

1894

MERCURE

ACTION PHYSIOLOGIQUE, TOXIQUE ET THÉRAPEUTIQUE

MERCURE

ACTION PHYSIOLOGIQUE, TOXIQUE ET THÉRAPEUTIQUE

PAR

Le Dr A. MERGET

ANCIEN ÉLÈVE DE L'ÉCOLE NORMALE SUPÉRIEURE,
AGRÉGÉ DE L'UNIVERSITÉ,
DOCTEUR ÈS SCIENCES,
MEMBRE CORRESPONDANT DE L'ACADÉMIE DE MÉDECINE.

BORDEAUX
FERET & FILS, libraires-éditeurs
15, cours de l'Intendance.

PARIS
LES LIBRAIRES ASSOCIÉS, éditeurs
13, rue de Buci.

1894

AVANT-PROPOS

Il y a quelques semaines à peine, M. le professeur Merget nous demanda, sur son lit de mort, de le suppléer dans la publication de l'ouvrage auquel il avait travaillé avec acharnement dans les dernières années de sa vie.

Le désir de notre maître si regretté était un ordre pour nous. Il nous a paru qu'il réclamait une nouvelle preuve de dévouement; aussi, malgré la crainte que nous inspirait cette grande responsabilité, avons-nous accepté cet honneur avec empressement.

Pour mener à bien notre tâche, nous nous sommes scrupuleusement attachés à respecter la lettre même du manuscrit, ou à ne l'interpréter que dans son esprit le plus strict, lorsque de légères modifications nous ont paru nécessaires.

Nous croyons avoir ainsi conservé à ce livre la marque de cet esprit si précis et si fort, et contribué, de notre mieux, à honorer la mémoire de celui qui fut un savant distingué et un parfait homme de bien.

Bordeaux, avril 1894.

Dr H. BORDIER,
Licencié ès sciences physiques,
Pharmacien supérieur,
Préparateur du cours de physique
à la Faculté de médecine.

Dr E. CASSAËT,
Médecin des hôpitaux,
Professeur agrégé à la Faculté
de médecine de Bordeaux.

DIVISION DU SUJET

Le mercure peut être introduit dans l'organisme aux deux états de mercure en vapeurs et de mercure cru ou coulant, que nous nommerons, pour plus de simplicité, *mercure métallique*. Dans ce second état, comme il s'administre par les mêmes voies et de la même manière que les *mercuriaux* proprement dits, c'est avec ces derniers qu'on doit le confondre, et il convient dès lors de les étudier ensemble.

Les vapeurs mercurielles, au contraire, par suite des conditions de leur absorption, qui est directe et immédiate, se séparent absolument des *mercuriaux*, et elles appellent nécessairement une étude distincte.

C'est à cette étude que sera consacrée la première partie de ce travail; la seconde traitera des *mercuriaux*, en comprenant parmi eux le mercure métallique.

PREMIÈRE PARTIE

VAPEURS MERCURIELLES

ACTION PHYSIOLOGIQUE, TOXIQUE ET THÉRAPEUTIQUE

INTRODUCTION

Ce qu'on dit partout, ce qu'on répète à l'unisson depuis très longtemps sur l'action toxique des vapeurs mercurielles, consiste en affirmations vaguement définies, empruntées sans critique et sans méthode à une masse confuse d'observations de provenances très variées, obtenues d'ailleurs dans des conditions habituellement très complexes, où ces vapeurs n'étaient pas seules à intervenir; et c'est ainsi qu'on a mis trop généreusement sur leur compte beaucoup de méfaits dont elles n'étaient nullement responsables.

C'est pour contribuer au rétablissement de la vérité, sur un point de toxicologie d'une importance aussi capitale, que j'ai entrepris les recherches dont je vais exposer les résultats; recherches que j'ai complétées en ajoutant, à l'étude de l'action toxique des vapeurs mercurielles, celle de leur action physiologique et thérapeutique.

Comme il faut, pour se rendre compte de leurs effets à ce triple point de vue, pouvoir les suivre sûrement dans leur mouvement de propagation diffuse, j'ai dû consacrer un premier chapitre à la description des procédés qui permettent de les reconnaître, en proportions pour ainsi dire infinitésimales, partout où il est besoin de s'assurer de leur présence.

Un second chapitre, aussi indispensable que le premier, renferme l'exposé de la méthode d'analyse que j'ai suivie pour retrouver le mercure dans les diverses parties des organismes des animaux soumis à l'action de ces vapeurs.

On a fait, en France, fort peu de recherches sur l'action toxique, physiologique et thérapeutique des vapeurs de mercure; mais il n'en a pas été de même en Allemagne, où ces recherches ont été très activement poursuivies par de nombreux savants, et où elles ont fourni, surtout au point de vue clinique, des résultats du plus haut intérêt.

Comme chacune de ces recherches exigeait forcément des analyses mercurielles multiples, pour les effectuer en aussi grand nombre, il a fallu se mettre en quête de procédés réalisant, à la fois, les meilleures conditions possible de simplicité et de sûreté, et la liste est longue de ceux qui ont été proposés pour répondre à ce double objectif.

Pour la plupart, ils sont inacceptables, parce qu'ils pèchent, soit par défaut de sensibilité, soit par excès de complication, et un seul d'entre eux, celui de Fürbringer, fort employé en Allemagne, est resté disponible pour les besoins de la pratique courante.

Malheureusement, comme tous ceux qui ont recours à la réaction de l'iode pour reconnaître le mercure, ce procédé comporte une cause d'erreur justement signalée par Lefort; cause d'erreur qui empêche d'avoir une confiance absolue dans ses indications, et qui rendait son remplacement désirable. Celui que je propose, à cet effet, substitue, à la réaction de l'iode, une réaction qui ne saurait donner lieu à aucune confusion; son manuel opératoire se réduit aux opérations les plus simples; il est, enfin, d'une sensibilité très grande; aussi me paraît-il remplir les conditions d'un procédé de clinicien.

CHAPITRE Ier

Diffusion des vapeurs mercurielles.

§ 1. — *Diffusion des vapeurs mercurielles dans le gaz.*

On sait depuis longtemps que le mercure exerce, sur tous les êtres vivants, animaux et végétaux, placés dans son voisinage, une action désorganisatrice qui peut aller jusqu'à déterminer leur mort; depuis longtemps aussi, la volatilité bien connue de ce métal a fait chercher, dans l'intervention de ses vapeurs, la cause des effets qu'on le voyait capable de produire à distance.

Trop naturelle pour qu'elle ne s'imposât pas *a priori*, cette explication, tout en étant universellement acceptée, laissait place cependant au doute et à l'objection, par la difficulté qu'on éprouvait à la concilier avec le fait, tenu pour expérimentalement démontré, de la très faible diffusibilité des vapeurs mercurielles.

On croyait, en effet, d'après les résultats des expériences de Faraday, que ces vapeurs formaient, au-dessus de la surface du métal générateur, une couche dont l'épaisseur restait toujours très petite, tant que la température ambiante ne s'écartait pas trop des limites de ses variations ordinaires, et on ne manquait pas de trouver, pour justifier leur prétendue impuissance à s'élever plus haut, des raisons théoriques tirées de la valeur exceptionnellement grande de leur poids spécifique.

Toutefois, en même temps qu'on affirmait, comme il vient d'être dit, leur diffusibilité restreinte, il était impossible de ne pas reconnaître, à la suite d'observations très nombreuses et très précises, le pouvoir qu'elles avaient d'exercer leur action toxique dans un rayon dépassant de beaucoup la faible portée de leur mouvement diffusif. Il y avait donc ainsi contradiction flagrante entre les résultats positifs de ces observations et les résultats, sinon négatifs, du moins fort limitatifs, des expériences de Faraday. Comme l'exactitude des premiers était hors de toute contestation, cela rendait fort douteuse celle des derniers, pour lesquels s'imposait alors la nécessité d'une vérification préalable.

On sait comment Faraday (1) opérait dans ses recherches sur la volatilité du mercure : au-dessus de ce métal, placé successivement dans des milieux à températures différentes, il suspendait, à des hauteurs inégales, des lames d'or qui devaient blanchir par amalgamation si les vapeurs mercurielles atteignaient leur niveau, et rester intactes dans le cas contraire. Il s'en tenait d'ailleurs exclusivement à la constatation de ces apparences, et c'est en se prononçant sur des éléments d'appréciation aussi contestables qu'il est arrivé à formuler les deux conclusions suivantes :

1° Le phénomène de la vaporisation du mercure n'est pas continu, il cesse absolument de se produire à la limite inférieure de 7° au-dessous de zéro ;

2° Pour des températures supérieures à cette limite, et dans une étendue de l'échelle thermométrique que Faraday laisse indécise, contrairement à la loi générale de diffusion des fluides électriques, les vapeurs mercurielles forment, au-dessus du liquide générateur, une couche de très faible épaisseur atteignant quelques centimètres à peine, à la température ordinaire.

La première de ces conclusions est en complète opposition avec les déductions des formules qui expriment la tension maximum des vapeurs des liquides parfaits en fonction de la température; car ces formules tendent toutes à faire admettre la continuité du phénomène d'évaporation.

Parmi ces formules, qui sont d'ailleurs de valeur fort inégale à cause de leur mode empirique de construction, prenons celle de Regnault (2), qui offre assurément les meilleures garanties d'exactitude. Elle résume les résultats des recherches classiques de cet illustre physicien sur les forces élastiques des vapeurs de très nombreux liquides, parmi lesquels figure précisément le mercure.

On sait qu'elle donne :

$$\log \frac{f}{760} = a - b\alpha^t.$$

Or, comme pour tous les liquides expérimentés sans aucune exception, α est inférieur à l'unité, il s'ensuit que, pour avoir $f = 0$, il faut faire $t = -\infty$: conclusion analytique qui renferme l'affirmation de la continuité du phénomène de l'évaporation des liquides, puisqu'elle place à une température infiniment reculée, au-dessous de zéro, la limite où ce phénomène cesse de se produire.

Passant à la seconde de ces deux conclusions de Faraday, nous la trouvons en désaccord flagrant avec les données fondamentales des deux théories, cinétique et dynamique, entre lesquelles se débattent aujourd'hui les questions relatives à la constitution moléculaire et aux propriétés primordiales des fluides élastiques.

Quelle que soit celle de ces deux théories qu'on adopte, comme tous les fluides élastiques se diffusent finalement de la même manière dans un espace donné, que cet espace soit vide ou déjà occupé par un fluide différent, c'est en déterminant, pour chacun d'eux, à une température donnée, la vitesse de son écoulement dans le vide, qu'on aura la mesure de sa tendance plus ou moins marquée à la diffusion, ou de ce qu'on peut appeler son *pouvoir diffusif*.

Dans la théorie cinétique, cette vitesse se calcule *à priori;* les gaz et les vapeurs sont considérés comme composés de molécules indépendantes, parfaitement élastiques, qui se meuvent et se choquent dans tous les sens avec des vitesses moyennes considérables, dépendant, pour chaque fluide, de sa nature et de sa température, et calculables par la formule connue de Clausius (3)

$$V = \sqrt{3gp_0T}.$$

Quand il s'agit d'un gaz de densité d, pris à la température de zéro, cette formule se ramène à l'expression plus simple

$$V = 485^m \sqrt{\frac{1}{d}},$$

et son emploi nous fournit un moyen facile de déterminer les vitesses moléculaires des divers fluides élastiques. Or, quand on les fait écouler dans le vide, il est de toute évidence que leurs vitesses d'écoulement doivent être identiquement égales à leurs vitesses moléculaires respectives, et leurs pouvoirs diffusifs sont alors mesurés par ces dernières.

Dans ces conditions, les vapeurs mercurielles ayant, d'après la formule de Clausius, une vitesse moléculaire de 180 mètres à la seconde, leur pouvoir diffusif serait exprimé par le même nombre, et s'il atteint réellement cet ordre de grandeur, on voit aisément quelle étendue considérable devront présenter les mouvements de diffusion produits sous son influence impulsive.

Qu'on suppose, en effet, du mercure contenu dans une enceinte à zéro et s'y évaporant à cette température; les molécules de vapeur, qui se détachent de la surface émissive, sont projetées, d'après l'hypothèse de la théorie cinétique, avec une vitesse moléculaire de 180 mètres à la seconde, ce qui correspond, dans la direction verticale, à une hauteur de chute de 1,653 mètres. Quelque petit qu'on suppose le chemin parcouru verticalement par chaque molécule, entre les chocs réciproques, il y aura toujours des molécules de vapeur qui devront finir par atteindre cette hauteur, et c'est elle, par conséquent, qui marque la limite supérieure assignée par la théorie cinétique à la diffusion des vapeurs mercurielles.

Dans la théorie dynamique, cette limite supérieure serait bien plus élevée encore.

Hirn (4), qui nie les vitesses moléculaires et qui a cherché à déterminer expérimentalement les vitesses d'écoulement dans le vide, sous pression constante, prétend avoir trouvé que la valeur de cette vitesse, pour l'air atmosphérique en particulier, est huit fois plus grande que celle de la vitesse moléculaire; car il évalue la première à 4,000 mètres environ, tandis que la seconde est seulement de 500 mètres dans la théorie cinétique.

En admettant le même écart pour les vapeurs mercurielles, on voit qu'elles auraient, à zéro, un pouvoir diffusif de 1,440 mètres, et la limite supérieure de leur diffusion dépasserait alors 105 kilomètres, ce qui serait vraiment énorme.

Il est probable que les chiffres fournis par Hirn sont entachés de quelque exagération; ils ont été, d'ailleurs, très sérieusement contestés par des critiques compétents, et l'un d'eux, Hugoniot (5), a démontré qu'ils devaient être réduits dans d'assez fortes proportions, sans qu'ils cessent, malgré ces réductions, de dépasser ceux que la théorie cinétique leur oppose. Si donc ces derniers diffèrent des chiffres vrais, on sait au moins qu'ils leur sont inférieurs; aussi est-on au-dessous de la vérité, en affirmant que les vapeurs mercurielles, avec un pouvoir diffusif de 180 mètres à la seconde, ont une limite supérieure de diffusion verticale égale à 1,686 mètres.

En supposant, d'ailleurs, contrairement à ce qui vient d'être démontré, qu'il faille, non pas ajouter, mais retrancher aux chiffres précédents, et que le pouvoir diffusif des vapeurs mercurielles, diminué des 9/10 de sa valeur, soit réduit à 18 mètres, ces vapeurs pourraient encore s'élever verticalement à 17 mètres environ au-dessus de la surface émissive, à la température de zéro, et les quelques centimètres auxquels Faraday limitait cette élévation seraient encore très fortement dépassés.

En présence d'écarts aussi démesurés, on avait des motifs sérieux pour douter de l'exactitude des expériences du savant anglais, et ce sont ces doutes qui m'ont déterminé à les reprendre. Comme le nom de leur auteur répondait suffisamment de la rigoureuse méthode qui avait dû présider à leur exécution, leur insuffisance présumée ne pouvait provenir que de la défectuosité des moyens employés pour reconnaître les vapeurs mercurielles, et cela m'imposait, d'abord, l'obligation de rechercher, pour ces vapeurs, un réactif plus sensible que la lame d'or blanchissant par amalgamation.

A la place de ce métal, en 1846, Davy (6) proposa l'iode, avec lequel il obtint la réaction caractéristique de l'iodure rouge, dans une expérience où le flacon qui contenait cet iode était placé à 0^m66 au-dessus d'une cuve à mercure. La réaction fut très nette, mais elle fut très lente à se dessiner, car il ne lui fallut pas moins de deux mois pour se produire, à une température qui resta comprise entre 12° et 14°.

En 1854, Brame (7), après avoir essayé l'iode et constaté que son emploi peut occasionner certaines méprises, lui substitua le soufre, qui lui parut doublement préférable pour la sensibilité et pour la sûreté de ses indications, surtout lorsqu'on le prend à l'état utriculaire. En l'employant à cet état, Brame a trouvé que la limite supérieure de la vaporisation du mercure pouvait s'élever jusques à 1^{m}74, à la température constante de 11° ; mais, encore ici, il a fallu longtemps attendre avant qu'on arrive à constater ce résultat, et c'est seulement après un intervalle de quatre mois qu'il a pu être affirmé avec quelque certitude.

Comme on le voit, tout en présentant une sensibilité un peu supérieure à celle de l'or, ni le soufre ni l'iode ne sont pratiquement utilisables pour la reconnaissance des vapeurs mercurielles, et il n'y a pas, en dehors d'eux, d'autre corps simple qu'on puisse proposer pour les remplacer. Passant alors aux corps composés, voici le fait bien connu qui a servi de point de départ aux essais que j'ai tentés avec quelques-uns d'entre eux.

Le mercure liquide réduisant les sels et chlorures dissous des métaux précieux, j'ai pensé que ses vapeurs jouiraient aussi du même pouvoir réducteur et qu'elles donneraient, en l'exerçant, des effets assez marqués pour accuser bien caractéristiquement leur présence. L'expérience a démontré que ces prévisions étaient justes, et, comme elle est d'une réalisation très facile, les réactions dont elle nous fournit l'indication pour la recherche spécifique des vapeurs mercurielles sont aussi sensibles qu'elles sont sûres. Voici ce qu'on obtient avec elles et comment on les utilise :

Réactions caractéristiques des vapeurs mercurielles. — On expose à l'action de ces vapeurs une feuille de papier ordinaire, sur laquelle on a préalablement étendu, au pinceau ou au tampon, une solution saline d'un des métaux précieux, solution qu'il est bon d'additionner, suivant les cas, de substances hygrométriques destinées à retarder sa dessiccation. Le métal du sel, réduit par le mercure vaporisé, se dépose sur le papier et s'y fixe en lui communiquant des teintes de plus en plus foncées, qui aboutissent définitivement au noir intense, avec des tons dont les nuances varient suivant la nature du métal réduit.

Les sels et composés haloïdes les plus usuels des métaux précieux, tels que les azotates d'argent et de palladium, les chlorures solubles simples ou doubles d'or, de platine, de palladium et d'iridium, sont ceux qui donnent les meilleurs résultats dans la préparation des papiers sensibles. Comme la sensibilité que l'azotate d'argent communique à ces papiers s'exalte considérablement en présence de l'ammoniaque, par suite de l'action que cet alcali exerce sur l'azotate de mercure formé, l'observation de ce fait m'a conduit à remplacer le sel simple par le composé qu'on nomme *azotate d'argent ammoniacal :* c'est avec celui-ci, en effet, qu'on obtient la mesure de sensibilité de beaucoup la plus élevée. — On le prépare en ajoutant de l'ammoniaque à une solution concentrée d'azotate d'argent, et en continuant cette addition jusqu'à redissolution complète du précipité qu'on voit d'abord se former.

Quelle que soit d'ailleurs la solution saline employée pour la préparation des papiers réactifs, on trouve que ces derniers peuvent être sensibles à des degrés très divers, suivant l'état moléculaire de leur surface; celle-ci se montrant d'autant plus impressionnable aux vapeurs mercurielles qu'elle est plus rugueuse.

On peut mettre cette remarque à profit pour modifier avantageusement, comme il suit, le procédé de préparation de ces papiers réactifs.

Au lieu de les recouvrir, au pinceau ou au tampon, d'une couche uniformément étendue de la liqueur sensible, on les raye fortement avec une plume d'oie trempée dans cette liqueur, et il est facile de s'assurer que, sur les traits ainsi tracés, la réduction s'opère avec plus de promptitude et plus de vigueur que sur des surfaces lisses.

Le plus impressionnable d'entre eux, le papier réactif à l'azotate d'argent ammoniacal, présente des particularités dont il convient de tenir compte dans son emploi. Il ne se teinte pas seulement sous l'influence des vapeurs mercurielles, mais aussi sous celle de la lumière, et il s'altère enfin, même dans l'obscurité la plus complète, par suite de l'action réductrice de la cellulose sur le sel argentique. En constatant qu'il est sujet à ces deux causes d'altération, dont la seconde est absolument inévitable, je dois ajouter qu'elles n'enlèvent rien à la justesse et à la sûreté de ses indications, et qu'elles n'introduisent, par conséquent, aucune possibilité d'incertitude ou d'erreur dans son emploi.

Il ne faut, en effet, que quelques secondes à ce papier, pour se teinter très visiblement en présence des vapeurs mercurielles, tandis que la production d'une teinte un peu marquée exige plusieurs heures à la lumière diffuse, et un temps bien plus long encore dans l'obscurité.

Lors donc qu'il s'agit d'expériences dont la durée ne dépasse pas deux ou trois heures, il n'y a aucun compte à tenir de l'altération du papier sensible produite, soit par l'action réductrice de la lumière, soit par celle de la cellulose de ce papier. Pour ne laisser subsister aucun doute à cet égard voici la précaution, très facile à prendre, à laquelle il convient de recourir dans chaque cas particulier.

Le papier réactif est préparé sous forme de bandes qu'on raye transversalement, comme je l'ai indiqué plus haut, de traits à l'azotate d'argent ammoniacal. Cela fait, chacune de ces bandes est divisée par le milieu, dans le sens de sa longueur, et l'une des moitiés est mise en expérience, pendant que l'autre, soustraite aux vapeurs de mercure, mais placée d'ailleurs dans les mêmes conditions, joue le rôle de témoin.

Si l'expérience est de courte durée, le témoin reste intact, et le réactif étant seul teinté, ses indications sont mises par cela même à l'abri de toute contestation. Si l'expérience se prolonge, le réactif et le témoin se teintent tous les deux, mais avec des différences de tons tellement prononcées qu'il n'y a pas à se méprendre sur l'intervention des vapeurs mercurielles, dans les cas où elle s'est réellement produite.

Moins sensibles aux vapeurs mercurielles que l'azotate d'argent ammoniacal, les chlorures de platine et de palladium ont sur lui l'avantage de ne pas être réductibles, ou de ne l'être que dans une mesure absolument négligeable, par l'action de la lumière et par celle de la matière cellulosique. Par suite, on devra donner la préférence aux papiers préparés avec ces chlorures, lorsqu'il s'agira d'expériences d'une durée exceptionnellement longue. Le chlorure de palladium surtout donne ici d'excellents résultats ; on l'emploie en solution très étendue, additionnée de chlorure de calcium pour la rendre plus hygrométrique, et c'est avec une plume d'oie trempée dans ce liquide qu'on trace sur du papier sans colle, ou, à son défaut, sur du papier ordinaire, des traits qui noircissent par l'exposition aux vapeurs mercurielles.

Le chlorure de platine s'emploie de la même manière après neutralisation préalable de sa solution par du carbonate de chaux (1).

En mettant en œuvre, suivant les circonstances, les papiers réactifs à l'azotate d'argent ammoniacal au chlorure de palladium ou au chlorure de platine, voici, contrairement aux conclusions de Faraday, les deux faits généraux que j'ai été conduit à constater.

1° La vaporisation du mercure est un phénomène continu, qui n'est même pas interrompu par la solidification du métal.

2° Les vapeurs émises ont un pouvoir diffusif considérable dont la valeur numérique, sans être exactement mesurable, semble cependant ne pas trop s'écarter de l'ordre de grandeur que lui assignent, *a priori*, les déductions de la théorie dynamique des gaz.

Rien n'est plus facile que de vérifier le premier de ces deux faits; j'en ai multiplié les preuves dans une série de très nombreuses expériences effectuées à des températures diverses et

---

(1) Les papiers réactifs aux chlorures de platine et de palladium se teintent en présence de l'acide sulfhydrique gazeux, mais il n'y a pas à tenir compte de cette cause d'altération, car l'acide sulfhydrique est facile à reconnaître, au moyen des sels de plomb, et les vapeurs mercurielles ne sauraient coexister avec lui puisqu'il les détruit par la sulfuration du métal.

très rapprochées, comprises entre + 25° et — 26°, et dans une série plus restreinte de quatre expériences faites aux températures de — 30°, — 35°, — 40° et — 44°.

En employant le procédé de Person, j'ai pu conserver, une première fois, du mercure solide à — 40° pendant une durée de deux heures, et une seconde fois, du mercure solide à — 44° pendant une durée de trois heures. Dans les deux cas, la comparaison des papiers réactifs, suspendus au-dessus de ces masses refroidies de mercure, dans des éprouvettes de 3 décimètres de haut, avec les papiers témoins, placés dans des éprouvettes de même dimension et entourées du même mélange réfrigérant, a nettement démontré qu'il y avait eu formation des vapeurs mercurielles, et il y a lieu d'affirmer, pour le mercure comme pour l'eau, que ce métal se vaporise même encore après sa solidification.

Le premier des deux faits généraux énoncés plus haut étant ainsi mis hors de doute, la démonstration du second ressort des résultats toujours positifs d'observations nombreuses faites dans des locaux très vastes et très élevés, où j'ai partout retrouvé, depuis le plancher jusqu'au plafond, les vapeurs mercurielles émises par des surfaces évaporatoires de fort peu d'étendue.

Je puis citer, par exemple, une de ces observations faite dans un grand amphithéâtre de cours public, d'une capacité de 2,500 mètres cubes et contenant une cuve à mercure. En laissant celle-ci découverte pendant trois jours, j'ai pu constater, après ce laps de temps, la présence des vapeurs mercurielles, non pas seulement dans le voisinage de la cuve, mais aussi dans les parties les plus reculées de cette enceinte si largement espacée.

J'ai retrouvé également ces vapeurs dans toutes les pièces d'un bâtiment qui renfermait un atelier d'étamage de glaces.

La grandeur du pouvoir diffusif des vapeurs mercurielles s'expliquant très naturellement par le fait primordial de la grandeur des vitesses avec lesquelles se meuvent leurs molécules, c'est encore ce fait qui explique la facilité et la rapidité de leur transmission à travers les corps poreux, lors même qu'elles les rencontrent sous des épaisseurs considérables. Le bois dans le sens des fibres, la pierre, le plâtre, les briques, les étoffes, le papier n'arrêtent nullement leur mouvement diffusif, qui est à peine retardé par l'interposition de ces corps; et c'est là une particularité à noter, dans l'étude qui nous occupe, car elle permet de se rendre compte de cas d'intoxication qui se sont produits par delà des murailles.

Moutard-Martin (8) a communiqué à la Société médicale des hôpitaux un cas de ce genre, qui s'était présenté chez les voisins d'un atelier où on employait le mercure.

Je dois ajouter encore que plusieurs de ces corps poreux, placés dans une atmosphère saturée de vapeurs mercurielles, exercent sur elles une action de condensation tout à fait identique à celle qu'ils exercent sur les autres fluides élastiques, et, après les avoir condensées, ils les restituent au milieu ambiant, soit lorsqu'on les porte dans une atmosphère non saturée, soit lorsqu'on les échauffe. Dans ces conditions, on conçoit que ces corps soient aptes à provoquer des accidents hydrargyriques dont la cause possible était bonne à signaler.

---

§ 2. — *Diffusion des vapeurs mercurielles dans les liquides.*

L'observation nous apprend que tout gaz mis en présence d'un liquide finit toujours par le pénétrer dans toute sa masse, en proportions plus ou moins considérables. C'est à ce phénomène qu'on donne le nom de *dissolution*, en confondant ainsi dans une même qualification deux faits bien distincts dont Berthelot (9) a nettement marqué la séparation.

On peut, en effet, avoir affaire, soit à des gaz très solubles qui dégagent de la chaleur en se dissolvant et ne suivent pas la loi de Dalton, soit à des gaz peu solubles qui ne dégagent pas sensiblement de chaleur et qui suivent la loi de Dalton.

Dans le premier cas, comme l'effet thermique produit le prouvé, il y a combinaison entre le liquide et le gaz, et c'est le composé formé par eux qui se dissout dans un excès du liquide : la dissolution s'effectue donc ici par la double intervention d'une réaction chimique et d'une cause physique.

Dans le second cas, sans chaleur sensible dégagée, l'action chimique est nulle et la dissolution se réduit à un phénomène purement physique, celui du mouvement progressif des molécules gazeuses qui pénètrent dans les intervalles que laissent libres, entre elles, les molécules liquides, sans cesser d'y conserver leur état de fluide élastique.

Ce mode de pénétration est alors absolument identique à celui par lequel un gaz s'introduit dans l'espace occupé par un autre ; il constitue donc un véritable phénomène de *diffusion*, et c'est comme tel qu'il faut effectivement le qualifier.

S'il est vrai, d'ailleurs, que les gaz en contact avec les liquides chimiquement inactifs s'y diffusent en restant gaz, dans les mêmes conditions, les vapeurs devront se comporter de la même manière, et il y a intérêt à examiner ce qui se passe, sous ce rapport, entre les vapeurs de mercure et l'eau.

D'après des expériences faites avec beaucoup de soin par Girardin (10) et par Paton (11), il y aurait insolubilité complète du mercure dans l'eau, et cependant ou emploie depuis longtemps une préparation connue sous le nom d'*eau mercurielle* ou de *décoction mercurielle,* dans laquelle on admet l'existence du mercure en nature.

Cette décoction se prépare, soit en faisant bouillir pendant deux heures, dans un matras de verre, une partie de mercure et deux parties d'eau distillée, soit en laissant séjourner, à froid, pendant plusieurs jours, cette même eau sur du mercure et en la séparant ensuite par décantation.

Je ne m'occuperai ici que de la décoction faite à froid. Comme Wiggers (12) et Soubeyran (13) l'ont démontré, elle contient incontestablement du mercure, mais non pas à l'état de dissolution saline, car elle ne donne rien lorsqu'on l'éprouve directement par les réactifs propres à déceler la présence des sels mercuriels, tandis qu'elle est très nettement sensible à ces réactifs lorsqu'elle a été préalablement traitée par l'acide nitrique ou par le chlore et le chlorure d'ammonium. On a constaté ainsi qu'elle contenait une proportion d'environ 2/1000 du mercure.

Ce premier point acquis, Wiggers, qui admettait avec Girardin et Paton l'insolubilité complète du mercure dans l'eau, fut amené à conclure que ce métal existait dans l'eau mercurielle à l'état de *vapeurs diffusées*, et les chimistes qui se sont occupés de ce sujet, après lui, ont tous adopté cette conclusion.

Quoiqu'elle n'ait pas été contestée, il lui manquait cependant, pour la rendre inattaquable, la confirmation directe d'une preuve de fait, et c'est ce complément nécessaire que sont venues lui apporter les remarquables expériences de Royer (14).

Cet habile expérimentateur, qui a opéré non seulement sur l'eau, mais aussi sur l'alcool, sur des huiles et sur des essences diverses, s'est proposé de démontrer que les vapeurs mercurielles se diffusent dans tous ces liquides, comme elles se diffusent dans les gaz ; et la méthode rigoureuse qu'il a suivie dans ses recherches, les précautions qu'il a multipliées pour se mettre à l'abri des causes d'erreur, sont autant de gages de l'exactitude de ses résultats.

Dans une première série d'expériences, instituées pour vérifier d'abord le fait de la transmissibilité des vapeurs mercurielles à travers l'eau et les autres liquides sur lesquels ont porté ses essais, voici, d'une manière générale, comment il a procédé.

Après avoir versé le liquide employé dans une éprouvette, sous des épaisseurs qui ont varié de quatre à dix centimètres, il a introduit, au-dessous de la couche liquide, assez de mercure pour recouvrir le fond de l'éprouvette et il a bouché celle-ci avec un bouchon à la partie inférieure duquel était fixé un petit disque de papier réactif à l'azotate d'argent ammoniacal ou au chlorure de palladium. Dans ces conditions, et en contrôlant les résultats de chaque expérience par leur comparaison avec ceux d'une épreuve à blanc, où l'appareil identiquement disposé ne contenait pas de mercure, il s'est assuré que les liquides superposés à ce métal étaient perméables à ses vapeurs, car celles-ci venaient, au sortir des couches traversées par elles, impressionner très nettement le papier réactif fixé au bouchon.

Dans une seconde série d'expériences, entreprises pour étudier le mode de progression des vapeurs mercurielles à l'intérieur des liquides perméables, Royer s'est servi de plaques de cuivre amalgamées pouvant facilement prendre toutes les positions possibles dans ces liquides, et en regard desquelles il plaçait à des distances variables, soit du papier réactif lorsque celui-ci n'était pas altéré, soit une lame d'or sur laquelle on décelait ensuite la présence du mercure. Dans tous les cas, il a vu les vapeurs mercurielles montrer par leurs effets qu'elles se meuvent dans tous les sens à partir de leur point de départ, et, de cet ensemble de résultats si parfaitement concordants, il a pu légitimement tirer la conclusion suivante : *les vapeurs mercurielles se diffusent dans les liquides comme dans les gaz.*

Cette conclusion, dont j'ai verifié la justesse en répétant les ingénieuses et décisives expériences de Royer, avait, au point de vue de la généralisation du sujet principal de cette thèse, une importance facile àcomprendre.

S'il était vrai, en effet, que l'eau mercurielle renfermât le mercure à l'état de *vapeurs diffusées*, elle devait être toxique pour les animaux et végétaux aquatiques, comme l'air saturé des mêmes vapeurs l'est pour les animaux et les végétaux aériens; et il y avait là, par conséquent, l'indication de recherches à tenter pour s'assurer si ces prévisions théoriques étaient confirmées par les faits. Ces recherches, et surtout celles qui se rapportent aux animaux et aux végétaux aériens, ayant nécessité de très nombreuses analyses mercurielles, auxquelles j'ai procédé par une méthode nouvelle, j'ai d'abord à faire connaître le principe de cette méthode et les détails pratiques de son application.

BIBLIOGRAPHIE

(1) Faraday. — *Annales de Chimie*, t. XVI, 1821.
(2) Regnault. — *Mém. de l'Acad. des Sc. de Paris*, t. XXI, p. 538.
(3) Clausius. — *Ann. de Pogg.*, t. C, p. 353, et *Philosoph. Mag.*, 4e série, t. XIV, p. 108.
(4) Hirn. — *Ann. de Phys. et Chim.*, 6e série, t. VII, p. 289, 1886.
(5) Hugoniot. — *Ann. de Phys. et Chim.*, 6e série, t. IX, p. 375, 1886.
(6) H. Davy. — *J. Institut*, t. XIV, p. 56, 1846.
(7) Brame. — *C. R. de l'Acad. des Sc.*, t. XXXIX, p. 1033, 1854.
(8) Moutard-Martin. — *Société méd. des Hôp.*, 1846.
(9) Berthelot. — *Essai de Mécanique chimique*, t. II, p. 144.
(10) Girardin. — *Journ. de Chim. méd.*, 2e série, t. IX, p. 288.
(11) Paton. — *Journ. de Chim. méd.*, 3e série, t. IV, p. 306.
(12) Wiggers. — *Journ. de Pharm. et Chim.*, 3e série, t. XIII, p. 618.
(13) Soubeyran. — *Traité de Pharmacie*, t. II, p. 445.
(14) Royer. — *Mém. de la Soc. des Sc. phys. et nat. de Bordeaux*, t. IV, 2e série.

CHAPITRE II

Recherche du mercure dans les liquides et dans les tissus de l'organisme.

La question de la méthode à suivre pour la recherche du mercure dans les liquides et dans les tissus de l'organisme a pris, depuis quelque temps, une importance considérable au point de vue pathologique, et on l'a surtout agitée en Allemagne, où elle se rattachait à la poursuite d'études du plus haut intérêt pratique, sur la valeur comparée des diverses médications mercurielles, dans le traitement de la syphilis.

En présence de la variété de ces médications et de la confusion avec laquelle elles sont trop souvent appliquées, les syphiligraphes allemands, pour s'éclairer sur leur mode d'action spécifique et pour régulariser leur emploi thérapeutique, ont tenu d'abord à savoir comment le mercure introduit par elles dans l'économie passe dans les principaux organes, puis, de là, dans les sécrétions et dans les excrétions par lesquelles il s'élimine. Se trouvant ainsi dans l'obligation de multiplier les analyses mercurielles, ils ont dû se préoccuper d'en simplifier le plus possible le manuel opératoire, sans acheter, cependant, ces simplifications au prix d'une diminution de l'exactitude des résultats et de la sensibilité de la méthode.

Ils n'ont rien changé au mode de traitement préalable des matières organiques dans lesquelles on se propose de rechercher le mercure. Lorsque celles-ci sont liquides et qu'elles renferment le métal à l'état de dissolution, une simple acidulation avec l'acide chlorhydrique est la seule préparation qu'on leur fasse subir : lorsqu'elles sont solides, on les détruit par l'acide chlorhydrique et par le chlorate de potassium. Comme le liquide provenant de cette opération contient le mercure à l'état de chlorure dissous, ce second cas se trouve ainsi complètement ramené au premier.

En règle générale, la question de la recherche du mercure dans une matière organique revient donc à celle de la démonstration de la présence de ce métal dans une de ses dissolutions salines.

L'analyse chimique nous fournit, à cet effet, de nombreuses réactions sur lesquelles on a pu fonder autant de méthodes de recherche ayant toutes la même valeur théorique, mais qui sont loin d'être pratiquement équivalentes. Dans un travail très consciencieux et très complet, publié en 1860, Schneider (1) a étudié, au double point de vue de la facilité et de la sûreté de leur application, toutes les méthodes dont on s'était servi avant lui, et il s'est finalement prononcé en faveur de celle qui consiste à séparer le mercure, en nature, de ses dissolutions, pour le soumettre ensuite à l'essai par la vapeur d'iode, lorsqu'il n'est pas directement reconnaissable.

Réduite à ses termes les plus simples, cette méthode peut se formuler comme il suit.

Le mercure est séparé de ses dissolutions, soit par voie de simple précipitation au moyen d'un métal d'une section supérieure (cuivre ou zinc, par exemple), soit par voie d'électrolyse, ce qui ne le donne encore qu'à l'état d'amalgame. Pour l'obtenir en nature, on le volatilise dans un tube de verre fermé à un bout et effilé à l'autre, sur les parties froides duquel il se condense en gouttelettes, ou en anneaux miroitants. Quand il est en proportion trop faible pour qu'on puisse directement le reconnaître, on fait agir sur lui l'iode en vapeurs, qui le transforme en periodure rouge, et on regarde, comme spécifiquement déterminatif, le caractère fourni par la coloration propre de ce composé.

On a d'abord séparé le mercure de ses dissolutions salines en utilisant simplement l'action réductrice des métaux d'une section supérieure, mais Schneider, laissant de côté ce mode de séparation, lui a préféré celui qui est fondé sur l'emploi de la méthode électrolytique. Dans l'application de cette méthode, il remplace le couple classique de Smithson, plongeant dans le liquide à électrolyser, par six éléments d'une pile de Smée (zinc et platine platiné), ayant son anode en platine et sa cathode en or. Le mercure extrait de la cathode par volatilisation est ensuite reconnu par l'iode.

Depuis Schneider, on a proposé pour la recherche analytique du mercure des procédés nouveaux, en nombre assez considérable, et Lehmann (2) les a soumis à une série d'essais comparatifs qui lui ont permis de se prononcer en connaissance de cause, sur leur valeur pratique et sur leur sensibilité respectives. Comme ils sont d'autant plus sensibles que la limite inférieure à laquelle ils cessent de fournir des indications nettement appréciables est, elle-même, plus reculée, on peut prendre, dans chacun d'eux, pour expression de sa sensibilité, soit la proportion minimum de mercure qu'il est apte à faire reconnaître dans 100 centimètres cubes d'urine acidulée, soit le titre qui correspond à ce minimum.

Dans ces deux modes d'expression, j'ai substitué le mercure à son chlorure, pour fournir des renseignements plus directs.

Comme le procédé de Schneider est sans effet sur des liqueurs d'essai qui contiennent moins de 0,1 milligramme de bichlorure et, par conséquent, moins de 0,074 milligramme de mercure effectif, le titre correspondant sera donné par la fraction 1/1,400,000, et cette fraction pourra être prise pour mesure de la sensibilité de ce procédé.

On peut d'ailleurs lui faire atteindre une limite plus reculée encore, en l'employant avec les perfectionnements qu'il a reçus de Schmidt (3), de Hoff (4) et de Wolf (5); aussi est-il toujours considéré comme un de ceux qui méritent une juste confiance, et s'accorde-t-on unanimement à reconnaître sa valeur pratique, qui est classiquement consacrée.

Quoi qu'il en soit de ses mérites intrinsèques, lorsqu'on veut l'appliquer aux multiples essais qu'exigent souvent les recherches cliniques, on se heurte, avec lui, à des difficultés d'exécution matérielle qui ôtent toute possibilité de l'appliquer, et rendent son remplacement indispensablement nécessaire.

Quand on a, par exemple, dans un service de vénériens, de nombreux malades traités comparativement par des méthodes diverses dont il s'agit d'éprouver la valeur thérapeutique, il faut, dans ce cas, pour chaque mode de traitement employé, s'astreindre à suivre attentivement la marche de l'absorption et de l'élimination du mercure; ce qui impose l'obligation d'effectuer quotidiennement un grand nombre d'analyses mercurielles portant sur les produits organiques les plus variés, tels que fèces, urine, salive, sueur, etc. Comme chacune d'elles, si on la pratiquait par le procédé de Schneider, exigerait le montage d'une pile séparée de six éléments de Smée ou de quatre éléments Bunsen, lorsqu'on voudrait mettre plusieurs de ces analyses en train à la fois, il faudrait disposer d'un matériel trop coûteux à acquérir et trop encombrant à manier pour qu'on puisse, sérieusement, en conseiller l'emploi à des cliniciens. Les conditions très particulières dans lesquelles ceux-ci sont placés, ne comportant de leur part que l'emploi de méthodes d'analyse mercurielle à la fois expéditives et sûres, on a fait de nombreuses tentatives pour leur en fournir qui réuniraient cumulativement ce double et rare mérite, et il me reste maintenant à examiner dans quelle mesure les auteurs de ces tentatives ont réalisé leur objectif commun.

Trois d'entre eux, Byasson (6), en 1872, Mayençon et Bergeret (7), en 1873, ont conservé le principe de l'électrolyse, mais ils l'ont simplifié, dans l'application, en remplaçant la pile séparée de Schneider par des piles locales.

Pour retirer le mercure de sa dissolution, c'est à la pile de Smithson que Byasson a recours : il la laisse en marche pendant vingt-quatre heures, détache alors la lame d'or qui a servi de cathode, la dessèche avec soin et l'introduit au fond d'un tube fermé qu'il chauffe légèrement afin de faire dégager, en vapeurs, le mercure de l'amalgame. Sans chercher à déterminer la condensation de ces vapeurs, il les fait directement agir, comme je l'avais déjà pratiqué avant lui, en 1871, sur un papier sensible dont il complique gratuitement la préparation, en substituant, aux solutions que j'avais indiquées, le mélange suivant :

Eau distillée...........................	100gr,0
Chlorure d'or et de sodium...........	0gr,6
Bichlorure de platine................	0gr,4

Ce papier sensible, placé au haut du tube contenant la lame d'or, devait, lorsqu'on chauffait celle-ci, accuser la présence des vapeurs mercurielles en prenant une coloration caractéristique.

Pour faire juger et condamner ce procédé, il me suffira de dire que le papier sensible de Byasson, occupant l'extrémité supérieure d'un tube fermé qui ne contient pas de mercure et qu'on chauffe par en bas, est impressionné par la chaleur seule comme il l'est par l'action simultanée de la chaleur et des vapeurs mercurielles. Le procédé fondé sur l'emploi d'un pareil réactif est donc absolument défectueux et ne mérite pas de nous arrêter davantage.

Mayençon et Bergeret substituent à la pile de Smithson un couple formé par un clou de fer soudé à un fil de platine. Ce petit couple est immergé à moitié dans la liqueur d'essai, acidulée avec quelques gouttes d'acide sulfurique ou chlorhydrique purs, de façon à provoquer le dégagement de quelques bulles d'hydrogène sur le platine, et on le laisse fonctionner pendant un quart d'heure environ. On le retire alors, on le lave à l'eau pure, pour enlever toute trace d'acide, et, après l'avoir séché légèrement, on le soumet, pendant une ou deux minutes, à l'action du chlore obtenu en traitant le bioxyde de manganèse, à froid, par l'acide chlorhydrique. On a d'avance imbibé faiblement une feuille de papier sans colle avec une solution aqueuse d'iodure de potassium au centième, et pendant qu'elle est encore humide on essuie sur elle le fil de platine. S'il y a du mercure, il se produit une raie rouge brique de biiodure, qui est caractérisé spécifiquement par sa couleur et par sa solubilité dans un excès d'iodure de potassium.

Ce procédé est expéditif, mais il comporte des causes d'erreur assez nombreuses, qu'on ne peut éviter qu'en s'assujétissant à des précautions fort minutieuses, et on a surtout à lui reprocher de pécher par un défaut notoire de sensibilité. Lorsqu'on l'applique, en effet, à l'analyse qualitative du mercure dissous en proportions progressivement décroissantes dans 100 centimètres cubes d'urine, il n'indique plus la présence de ce métal dans les liqueurs d'essai dont le titre est inférieur à 1/140,000; ce qui lui assigne une sensibilité dix fois plus faible que celle du procédé de Schneider.

Dans les procédés dont la description va suivre, le principe de l'électrolyse est complètement abandonné, et on n'y fait intervenir ni pile séparée, ni pile locale.

Parmi ceux qui appartiennent à cette série, le plus anciennement connu est celui de Ludwig (8), qui a fait l'objet d'une première publication en 1877, et d'une seconde en 1880 : résumé dans ses traits principaux, il se ramène à la triple opération qui suit.

Procédé de Ludwig. — 1° Séparation du mercure de sa dissolution par l'emploi d'un métal pulvérulent, zinc ou cuivre, qui provoque la formation d'un amalgame;

2° Expulsion du mercure de l'amalgame par la chaleur;

3° Reconnaissance du mercure par la réaction caractéristique de l'iode.

Supposons, par exemple, qu'il s'agisse d'appliquer ce procédé à la recherche du mercure contenu dans l'urine d'un malade soumis au traitement mercuriel : cette urine, prise sous un volume de 200 à 300 centimètres cubes, est légèrement acidulée avec de l'acide chlorhydrique, additionnée de 3 grammes de poudre de zinc et vivement agitée jusqu'à ce que le métal pulvérulent se dépose en sédiment bien tassé. Le liquide surnageant étant alors décanté, on lave la poudre de zinc à l'eau chaude, on la dessèche à une température de 60° à 70°, et on l'introduit dans le bout fermé d'un tube de verre difficilement fusible. A sa suite on dispose successivement, dans le tube, un tampon d'amiante, une couche d'oxyde de cuivre, un second tampon d'amiante, une couche bien exactement desséchée de zinc en poudre, et enfin un dernier tampon d'amiante au-dessus duquel le tube est effilé capillairement. On chauffe alors fortement le tube sur un fourneau à grille, en commençant par l'extrémité fermée, et le mercure vient se condenser dans la partie effilée; on sépare celle-ci et on reconnaît la présence du métal par l'emploi de la vapeur d'iode. L'oxyde de cuivre porté au rouge détruit les matières organiques volatiles qui se dégagent avec les vapeurs mercurielles; le zinc desséché décompose la vapeur d'eau qui se condenserait en gouttelettes dans le tube capillaire.

Ce procédé ne saurait prétendre à la simplicité, car il exige le recours à des moyens d'action qu'on ne trouve réunis que dans un laboratoire bien outillé; la précision lui fait aussi défaut, car l'oxyde de zinc volatil, provenant de l'action du zinc sur la vapeur d'eau, peut recouvrir l'anneau mercuriel formé dans le tube capillaire, et masquer ainsi la réaction de l'iode; enfin, sa sensibilité, qui est très faible, est au-dessous même de celle du procédé de Mayençon et Bergeret, et c'est à peine si on peut lui assigner la fraction 1/100,000 comme expression de sa limite inférieure.

Procédé de Fürbringer (9). — En conservant le principe de la méthode de Ludwig, Fürbringer s'est proposé de l'appliquer dans de meilleures conditions de simplicité et de sûreté.

Pour la précipitation du mercure il remplace le zinc par du laiton, qu'il prend à l'état connu en Allemagne sous le nom de *bourre de laiton,* ou *lamette,* et qu'il introduit à la dose de 25 centigrammes dans 100 centimètres cubes d'urine légèrement acidulée. On chauffe le tout à une température de 70° environ, et on maintient cette température pendant quelques minutes, ce qui suffit, d'après Fürbringer, pour terminer l'amalgamation. On retire alors la bourre de laiton pour la laver d'abord à l'eau chaude, puis à l'alcool et à l'éther, et, après l'avoir bien desséchée entre des doubles de papier buvard, où l'introduit au milieu d'un tube de verre qu'on étire aux deux bouts. En chauffant au rouge la partie moyenne de ce tube, le mercure distillé vient se condenser à l'entrée de chacun des bouts effilés et on a recours à la réaction de l'iode pour démontrer sa présence.

Sans contredit, ce procédé est beaucoup plus simple que celui de Ludwig, mais sa simplicité est plus apparente que réelle, et il est loin d'être aussi facilement applicable qu'il le semble au premier abord. Le Dr J. Nega (10), qui en a fait une très sérieuse étude, y a justement signalé plusieurs causes effectives d'erreur, dont on ne réussit à se préserver qu'en s'astreignant à la rigoureuse observation de tout un ensemble de précautions minutieuses.

Le procédé de Fürbringer ne peut donc fournir des résultats exacts qu'en se compliquant de détails nombreux et délicats qui surchargent d'autant son manuel opératoire; et quand on veût l'appliquer dans toute sa rigueur, il faut avoir à sa disposition les ressources d'un de ces laboratoires spéciaux qu'on trouve partout en Allemagne à côté des services de clinique, mais qui n'existent nulle part en France. Quant à sa sensibilité, en recherchant, suivant la convention précédemment établie, la proportion minimum de mercure qu'il peut faire reconnaître dans le volume normal d'urine bichlorurée, on trouve qu'elle a une limite inférieure exprimée par la fraction 1/700,000; elle est donc deux fois plus faible que celle du procédé de Schneider.

Les savants allemands, fort partisans du procédé de Fürbringer, qui est fréquemment employé par eux, ont voulu remédier à son défaut relatif de sensibilité, et ont proposé des moyens divers pour y parvenir. Comme ce défaut provient de la présence dans l'urine de matières organiques qui empêchent la précipitation complète du mercure par la bourre de laiton, ils ont visé, comme on va le voir, à se débarrasser de ces matières.

Schridde (11) fait passer à travers l'urine un courant d'acide sulfhydrique, filtre pour séparer le sulfure de mercure formé, attaque le filtre et le précipité par l'eau régale, élimine l'acide azotique en excès et, pour le reste, opère comme Fürbringer.

Lehmann (12) détruit les matières organiques par l'acide chlorhydrique et par le chlorate de potassium, et, après avoir chassé le chlore; c'est dans la liqueur ainsi obtenue qu'il introduit la bourre de laiton.

Pris séparément, ces deux procédés laissent encore échapper

une partie du mercure, et c'est par leur combinaison seulement qu'on a pu arriver enfin à précipiter tout ce métal.

Wolf et Nega (13), qui prétendent y avoir réussi, traitent d'abord l'urine par le chlorate de potassium et l'acide chlorhydrique, jusqu'à ce qu'elle soit claire et sans couleur. Ils la réduisent alors à la moitié ou au tiers de son volume et la font traverser pendant deux ou trois heures par un courant d'acide sulfhydrique, après quoi, ils filtrent pour séparer le sulfure de mercure formé, qu'ils attaquent par l'eau régale. Le liquide provenant de cette opération est évaporé jusqu'à consistance sirupeuse, ramené, par addition d'eau distillée, au volume de 300 centimètres cubes, et on y introduit, à moitié, une mince lame de cuivre de 8 centimètres de longueur. Le tout est porté à 80°, puis, après avoir laissé reposer, lorsqu'on suppose la lame de cuivre bien amalgamée, on la retire, on la lave à la potasse et à l'alcool, et on fait enfin volatiliser le mercure dans un tube effilé, où il est soumis à la réaction de l'iode.

Avec un manuel opératoire poussé à ce degré de complication, le procédé de Wolf et Nega ne saurait être appliqué que par un chimiste de profession, habile dans son art et possédant les ressources multiples nécessaires pour en aborder toutes les applications.

Quant au clinicien, qui est privé de ces ressources, a tous les jours à rechercher le mercure dans les sécrétions et dans les excrétions de plusieurs malades à la fois, il serait absolument dérisoire de lui imposer l'obligation de faire passer, pendant trois heures, un courant d'acide sulfhydrique à travers chacune des dissolutions qu'il devrait analyser, et de pareilles complications équivalent à une véritable impossibilité, lorsqu'il s'agit de pratique courante.

Finalement, ni Ludwig, ni aucun des savants qui lui ont emprunté son principe, en essayant d'en tirer un meilleur parti dans l'application, n'ont réussi à formuler un procédé réunissant à la fois les deux conditions de simplicité et de sûreté qui le rendraient avantageusement applicable aux recherches de clinique.

La méthode de Ludwig et celles qui s'y rattachent ne répondant pas aux desiderata des cliniciens, examinons celles qui ont été proposées à leur place et qui reposent sur des principes différents.

Procédé de Mayer (14). — Dans l'exposé qui précède j'ai cité Fürbringer immédiatement après Ludwig, parce que leurs procédés appliquent le même principe; mais, dans l'ordre historique, les essais de Fürbringer ont été précédés par ceux d'un autre savant allemand, August Mayer, qui s'est beaucoup occupé de la question de la recherche analytique du mercure, et qui l'a résolue par des méthodes nouvelles, où il a visé particulièrement à la sensibilité.

Une de ces méthodes, celle qui a le caractère le plus pratique, est fondée sur la propriété qu'a le mercure, tenu en suspension dans l'eau à un état d'extrême division, d'être mécaniquement entraîné par les vapeurs qui se dégagent de ce liquide, lorsqu'on le porte à l'ébullition.

Pour appliquer cette propriété à l'essai d'une urine mercurielle, on ajoute à cette urine de la chaux et une lessive de potasse, on introduit le tout dans un ballon d'un volume double de celui du volume à traiter, et on adapte à ce ballon un tube en U rempli de bourre de verre préalablement trempée dans la solution du nitrate d'argent ammoniacal dont je me sers pour reconnaître la présence du mercure en vapeurs, mais que Mayer emploie ici pour fixer ce métal. Le ballon et le tube en U sont chauffés ensemble dans un bain de chlorure de calcium porté à la température de 130° à 140°, et les vapeurs d'eau, qui se dégagent de la masse en ébullition très active, entraînent le mercure qui vient se fixer sur la bourre de verre, en noircissant le nitrate d'argent ammoniacal. Cette bourre est chauffée dans un tube fermé à un bout, fortement effilé à l'autre, et c'est à la réaction de l'iode qu'on a finalement recours pour reconnaître le mercure.

Quand on veut, par cette méthode, rechercher le mercure dans les organes d'un animal intoxiqué, il faut d'abord réduire ceux-ci en petits fragments et les porter à l'ébullition dans le bain de chlorure de calcium, après les avoir mélangés, non pas avec de l'eau, qui rendrait l'opération impraticable par une production très abondante d'écume, mais avec une solution, à 20 p. 100 de chlorure de sodium, proposée par Lehmann, et qui donne une ébullition sans trouble.

Avec ce procédé, comme avec celui de Schneider, la proportion minimum de mercure qu'on peut reconnaître, dans le volume normal d'urine bichlorurée, est de 0,074 milligrammes; nous avons donc la même limite de sensibilité, représentée par la fraction 1/1,400,000.

Mayer est encore l'auteur d'un second procédé dont voici les traits principaux :

Ce n'est plus sur l'urine elle-même qu'on opère, mais sur le résidu de son évaporation. Ce résidu mélangé avec de la chaux est fortement chauffé, dans le but de donner naissance à du mercure réduit qui se dégage en vapeurs, et comme ces vapeurs sont accompagnées de produits organiques volatils, on fait passer le tout sur du bioxyde de cuivre chauffé au rouge, qui brûle la matière organique en lui fournissant de l'oxygène. Les vapeurs mercurielles passent intactes et sont soumises, après condensation, à la réaction de l'iode.

Ce second procédé de Mayer, calqué dans ses parties essentielles sur ceux qui servent aux analyses organiques, est, comme eux, d'une application délicate et difficile, et son exécution ne peut être confiée qu'à des mains suffisamment exercées aux travaux chimiques : anssi tous ceux qui l'ont essayé sont-ils unanimes pour le déclarer inacceptable dans la pratique.

Le premier procédé lui-même est loin de se recommander par ses mérites de simplicité, et l'obligation de chauffer longuement un appareil volumineux, dans un bain de chlorure de calcium à 140°, le rend inapplicable partout ailleurs que dans un laboratoire de chimie. Ce n'est donc pas un procédé de clinicien, et, en Allemagne, où il est prisé à cause de sa grande sensibilité, on le réserve pour des cas exceptionnels, tels qu'on en rencontre en médecine légale, alors qu'il s'agit de rechercher des quantités très faibles de mercure dans des masses volumineuses de matière suspecte.

A la suite de ces procédés, sur lesquels Lehmann a fait porter ses études comparatives, je dois en mentionner un autre, qui a été récemment publié, et qui tire son intérêt de l'importance des recherches auxquelles il a servi : je veux parler de celui que Welander a décrit dans son important mémoire sur l'absorption et sur l'élimination du mercure, et dont il attribue la paternité à Vilmein et à Schilliber. Welander l'a d'ailleurs exclusivement employé à l'analyse des urines mercurielles, et voici comment il indique qu'elles doivent être traitées (15).

On ajoute à l'urine essayée de la soude caustique et un peu de miel, puis on fait bouillir le tout dans une cornue pendant un quart d'heure, après quoi on verse le liquide dans un verre, où on le laisse jusqu'à ce que le précipité qui s'y est formé se soit totalement déposé. Cette opération terminée, le liquide surnageant est décanté, additionné d'acide chlorhydrique et introduit dans une petite cornue de verre en même temps qu'un fil de cuivre d'une longueur de 3 centimètres et d'un diamètre de 0,5 millimètres. Quand le tout a été porté à l'ébullition, on ferme la cornue avec un bouchon et on la maintient, de trente-six à quarante-huit heures, dans une étuve chauffée à 60° environ. Le fil de cuivre est alors enlevé, séché avec soin et mis dans un tube de verre mince qu'on ferme par fusion. En chauffant, à la lampe à alcool, la partie du tube qui contient le cuivre, le mercure se sublime et vient se déposer en petits globules sur les parois froides : on le reconnaît directement par un examen qui doit être fait au microscope.

Comme on le voit, ce procédé est loin d'être simple, et avec son manuel opératoire surchargé de détails, avec l'obligation qu'il impose de recourir à l'emploi d'étuves maintenues à un degré déterminé de chaleur, il ne saurait être question de le faire entrer couramment dans la pratique usuelle. Il est d'ailleurs, à certains égards, et par son principe même, d'une application fort délicate, qui impose l'obligation des soins les plus minutieux, malgré lesquels on se heurte encore à des causes d'erreur difficilement évitables. Quand on se propose, en effet, dans la recherche du mercure, de le reconnaître directement, pour se bien assurer qu'on a réellement affaire à lui, il faut l'obtenir déposé sous la forme de globules à reflets nettement miroitants. C'est ce miroitement qui les caractérise spécifiquement; c'est donc lui qu'il est essentiel de constater, et cette constatation est toujours facile lorsque les globules sont au-dessus d'un certain diamètre; lorsqu'ils sont trop petits, ils perdent leur pouvoir réflecteur et deviennent noirs. A cet état, ils ne présentent plus aucune particularité distinctive et ils peuvent être confondus physiquement avec un grand nombre de produits volatils. Cette confusion étant toujours à craindre lorsque la recherche du mercure porte sur de très minimes quantités de ce métal, il en résulte que les procédés fondés sur le principe de la reconnaissance directe ne conviennent pas à ces cas limites; aussi Schneider s'est-il nettement prononcé contre leur emploi dans la pratique, et rien n'autorise à faire une exception en faveur de celui que propose Welander.

Cette élimination faite, si l'on s'en tient aux seuls procédés d'analyse mercurielle qui aient quelque notoriété et qui méritent, à ce titre, d'être pris en considération, on se trouve réduit à ceux que Lehmann a comparativement étudiés, et c'est parmi eux que nous avons maintenant à faire un choix.

Dès l'abord, trois d'entre eux doivent être rejetés sans hésitation : celui de Byasson, parce qu'il est notoirement entaché d'erreur; celui de Mayençon et Bergeret, parce qu'il est trop peu sensible; celui de Ludwig, parce qu'il joint à son défaut de sensibilité l'inconvénient d'un manuel opératoire trop compliqué. Les seuls procédés auxquels on puisse avoir efficacement recours sont donc, soit celui de Schneider avec les perfectionnements de Schmidt et de Hoff, soit ceux de Mayer et de Fürbringer. Les deux premiers entraînant des difficultés d'exécution qui rendent impossible leur emploi usuel, c'est le dernier seulement qu'on appliquerait dans la pratique courante; les deux autres seraient exceptionnellement réservés pour les cas où une précision extrême est de rigueur.

Telle est la conclusion finale à laquelle aboutit Lehmann, et en recommandant, comme il le fait, les procédés pour la conservation desquels il se prononce, il admet implicitement la sûreté absolue de leurs indications. Il se trompe en cela, car ces trois procédés sont entachés d'une même cause d'erreur, que Lefort (16) le premier a signalée, et qui tient au risque qu'ils font courir d'une confusion possible entre le mercure et l'arsenic. Ces deux corps, en effet, sont également réductibles de leurs solutions par les mêmes agents, et tous deux, après avoir été réduits, se volatilisent de la même manière sous l'influence de la chaleur, en formant des anneaux miroitants par la condensation de leurs vapeurs. Enfin, l'iode fait prendre aux deux sortes d'anneaux des colorations qui, sans être identiques, sont assez rapprochées pour qu'il devienne difficile de les distinguer lorsqu'elles sont faiblement accusées.

Les trois procédés de Schneider, de Mayer et de Fürbringer aboutissant finalement à la volatilisation du mercure et à la réaction de l'iode, on est donc, en les employant, exposé au danger de confondre l'arsenic avec le mercure, et cette confusion est si bien possible que les exemples n'en sont pas rares. J'en citerai un qui est particulièrement significatif : les eaux de Saint-Nectaire, qu'un savant hydrologiste prétendait être mercurielles, sur la foi qu'il ajoutait à la réaction de l'iode, sont tout simplement arsenicales, comme Lefort l'a démontré par les preuves les plus indiscutables.

Si l'on tient compte de la cause d'erreur sur laquelle ce chimiste habile a si justement insisté, on voit qu'il n'est plus permis, dans cette discussion des mérites comparatifs des divers procédés d'analyse mercurielle, de s'arrêter à la conclusion de Lehmann, et qu'il faut lui en substituer une autre beaucoup plus radicale. La vérité est qu'en prenant, parmi ces procédés, ceux qui se recommandent le mieux par l'autorité scientifique de leurs auteurs, et qu'on classe au premier rang pour la précision de leurs résultats, il n'y en a pas un seul auquel on puisse accorder une confiance sans restriction. C'est d'ailleurs le plus répandu dans la pratique, celui de Fürbringer, qui offre ici le plus de prise à la critique, car le laiton qu'on y emploie comme agent réducteur est toujours arsenical quand on l'a préparé avec le zinc du commerce.

C'est ce défaut de sûreté commun aux procédés les plus usuels et les plus accrédités d'analyse mercurielle que je me suis efforcé d'éviter dans celui que je propose à leur place, et qui se range, dans l'ordre des dates, immédiatement après celui de Schneider; car, après avoir été publié une première fois en 1871, dans les *Comptes rendus de l'Académie des Sciences,* il a été reproduit dans les *Annales de Physique et de Chimie,* en mars 1872. C'est également en 1872, mais en juillet seulement, que Byasson a publié le procédé dont il est l'auteur et qui se réduit à une simple variante du mien, puisqu'il repose sur le même principe dont les détails d'exécution ont seuls été modifiés.

J'ai dit plus haut en quoi consistait cette modification et quelle cause d'erreur elle entraînait avec elle, je n'ai donc pas à revenir sur une démonstration déjà faite : mais comme Byasson, pour établir la supériorité pratique de son procédé, l'a opposé au mien auquel il reproche de ne pas offrir des garanties suffisantes d'exactitude, c'est en décrivant celui-ci que j'aborderai la discussion de ce reproche.

Procédé d'analyse mercurielle par le cuivre et par l'azotate d'argent ammoniacal. — Pour rechercher le mercure dans les substances organiques, j'ai recours à la méthode la plus généralement suivie, celle qui consiste à détruire plus ou moins complètement ces substances, en attaquant le métal toxique de manière à le faire passer dans une combinaison soluble, qui devient alors le *substratum* de l'analyse.

Le mode de destruction habituel, par l'action du chlorate de potassium et de l'acide chlorhydrique, comporte une manipulation d'assez longue durée exigeant une surveillance incessante et ne répondant nullement à l'objectif de simplicité pratique que j'avais en vue. Mayençon et Bergeret (17), qui ont essayé de l'employer dans leurs nombreuses analyses, ont dû y renoncer par suite des pertes trop considérables de temps qu'il occasionne lorsqu'on le fait servir à des recherches cliniques, et ils l'ont remplacé comme il suit.

Les substances organiques solides, où l'on soupçonne la présence du mercure, sont réduites en pulpe et on les fait bouillir pendant un quart d'heure avec de l'eau fortement additionnée d'acide nitrique. Le liquide ainsi obtenu, filtré ou séparé par décantation, contient tout le métal toxique à l'état de nitrate acide dissous, et c'est sur cette dissolution qu'on opère, soit par la méthode électrolytique, soit par voie de précipitation simple, pour obtenir le mercure réduit. Celui-ci devient ainsi disponible pour les réactions ultérieures auxquelles on a besoin de le soumettre.

Avant d'employer, dans mes recherches, la méthode de Mayençon et Bergeret, je devais préalablement m'assurer de sa rigueur, et voici, dans ce but, à quel contrôle je l'ai soumise.

Profitant des nombreuses autopsies que j'ai faites d'animaux morts après intoxication par les vapeurs mercurielles, j'ai pris sur plusieurs des sujets autopsiés, ceux des viscères, foie, reins et poumons, qui retiennent le plus de mercure, et deux fragments de poids égaux, fournis par chacun d'eux, ont été traités simultanément, l'un par l'acide nitrique à chaud, l'autre par l'acide chlorhydrique et le chlorate de potassium. Les deux liqueurs mercurielles provenant de ce double traitement, soumises aux mêmes essais, ont été constamment trouvées d'une même contenance en mercure.

Le traitement par l'acide nitrique à chaud fournit donc un moyen facilement et sûrement applicable de retirer le mercure des organes des animaux intoxiqués, en faisant entrer ce métal dans une dissolution saline où il passe intégralement.

Ce même mode de traitement suffit encore pour l'essai des excréments. Quant à l'urine mercurielle, il n'y aurait évidemment aucune manipulation préalable à lui faire subir, s'il était vrai, comme on paraît généralement l'admettre, que le mercure s'y trouve tout entier à l'état de combinaison soluble; mais rien ne prouve qu'il en soit rigoureusement ainsi. J'indiquerai ailleurs comment certains faits permettent de penser qu'il y a, au moins partiellement, élimination, en nature, de ce métal par la sécrétion urinaire; et comme il ne peut y être reconnu qu'à la condition d'être engagé dans une dissolution saline, il faudrait alors, dans tous les cas, traiter préalablement l'urine, soit par le chlorate de potassium et l'acide chlorhydrique, soit par l'acide nitrique à chaud.

C'est à ce dernier mode de traitement que j'ai invariablement soumis toutes les urines que j'ai analysées, après les avoir préalablement additionnées d'un volume d'acide pour quinze à vingt volumes d'urine, et après les avoir maintenues à l'ébullition pendant quelques minutes.

Qu'elle s'exerce sur les urines ou sur les excréments des animaux intoxiqués par le mercure, l'action de l'acide nitrique bouillant a toujours le même effet; elle détermine la formation d'un nitrate mercurique dissous sur lequel il reste à faire, avec toute la rigueur possible, la preuve de l'existence du métal.

La méthode que j'ai employée à cet effet se réduit, en principe, aux deux opérations suivantes : 1° précipitation du mercure de sa dissolution par le cuivre; 2° reconnaissance du métal par la réaction de ses vapeurs sur le papier sensible à l'azotate d'argent ammoniacal.

Je passe aux détails de la mise en expérience.

1° *Précipitation par le cuivre.* — Dans les conditions où elle a été obtenue, la solution de nitrate mercurique est toujours assez fortement acide; il ne faut pas qu'elle le soit au point d'attaquer le cuivre avec dégagement de bulles gazeuses; aussi, toutes les fois qu'elle présentera ce caractère, il faudra la neutraliser partiellement par l'addition de quelques parcelles d'un carbonate alcalin : le carbonate d'ammoniaque est celui qui me paraît devoir être préféré.

Ainsi amendée, s'il y a lieu, la solution de nitrate mercurique est introduite dans des flacons à goulot étroit qu'elle doit remplir à peu près complètement, et où elle est soumise à l'action réductrice du cuivre.

Je prends ce métal sous la forme de lames étroites obtenues en aplatissant légèrement, au marteau, des fils d'un millimètre environ de diamètre; et, après avoir engagé ces fils aplatis dans l'axe d'un bouchon percé, je plonge une de leurs extrémités, décapée avec le plus grand soin, dans la liqueur mercurielle à essayer. Une immersion d'un centimètre à un centimètre et demi me paraît pouvoir être adoptée comme suffisante, en moyenne; il n'y aurait aucun avantage à dépasser supérieurement cette limite, mais on peut descendre au-dessous, à des degrés variables, à mesure que la quantité du liquide à essayer et la proportion du métal contenu diminuent.

Pour l'efficacité de la réduction et pour la régularité de l'amalgamation qui la suit, il importe essentiellement que les fils réducteurs soient d'un cuivre très pur; on devra donc choisir, en conséquence, les échantillons auxquels on les emprunte, et les recuire encore fortement avant de les mettre en expérience.

On doit également attacher une importance particulière à ce que ces fils, dans leurs parties immergées, soient en contact bien intime avec la solution de nitrate mercurique, et pour assurer ce contact il ne suffit pas d'un décapage purement mécanique. Les fils ainsi décapés, brunis et graissés par le frottement, retenant en outre à leur surface une couche d'air adhérente, sont, dans ces conditions, incomplètement mouillés par la liqueur mercurielle et leur pouvoir réducteur s'en trouve alors considérablement affaibli. On le conserve intégralement par un décapage à l'acide nitrique, suivi d'un lavage à grande eau et d'une immersion immédiate, sans dessiccation préalable.

Cette immersion, elle-même, doit être plus ou moins longtemps prolongée suivant qu'on opère sur des solutions plus ou moins riches en métal. Si j'en juge par mon expérience personnelle, on n'aurait jamais besoin, dans les cas les plus extrêmes, de dépasser le maximum de trente-six heures. Ici, d'ailleurs, la question de temps ne tire nullement à conséquence, car on n'a plus à s'occuper des fils une fois qu'ils sont mis en place, et, dans les cas où on aurait de nombreuses séries d'analyses quotidiennes à effectuer, le chevauchement des expériences, d'un jour sur l'autre, n'entraînerait aucun inconvénient réel, parce que le matériel élémentaire que chacune d'elles comporte permet de les multiplier dans telle proportion qu'on voudra.

2° *Reconnaissance du mercure par la réaction de ses vapeurs sur le papier sensible à l'azotate d'argent ammoniacal.* — Lorsqu'on juge l'amalgamation terminée, on retire le fil de cuivre de la solution mercurielle, on le lave à plusieurs reprises dans l'eau distillée, de façon à le débarrasser de toute trace de la liqueur d'essai, et après avoir complété sa dessiccation en l'essuyant légèrement avec du papier de soie, après l'avoir nettoyé en le décapant mécaniquement au-dessus de sa portion immergée, on le fait agir sur le papier sensible à l'azotate d'argent ammoniacal.

Celui-ci, pour cette circonstance particulière, doit avoir été préparé par étendage uniforme au pinceau ou au tampon, et j'insiste sur la recommandation expresse de ne l'employer qu'après l'avoir laissé bien complètement se dessécher dans l'obscurité. Quand cela est fait, on le découpe en bandes de 2 à 3 centimètres de large sur 5 à 6 centimètres de long, avec chacune desquelles on forme un pli, la surface sensibilisée en dedans : c'est à l'intérieur de ces plis qu'on introduit les fils de cuivre partiellement amalgamés, en les séparant du papier sensible par l'interposition de deux ou plusieurs doubles de papier de soie. On intercale le tout, soit entre les feuillets d'un livre, soit entre ceux de petits livrets de papier brouillard qu'on affecte spécialement à cet usage et qu'on maintient sous une faible pression. On peut, en ouvrant de temps en temps les plis, sans déranger les fils, suivre les progrès croissants de la réaction des vapeurs mercurielles.

Cette réaction est pour ainsi dire instantanée, quand l'amalgamation est tant soit peu forte; elle se manifeste après quelques minutes, dans les cas où cette amalgamation a lieu au minimum. Elle se traduit, sur chacun des deux feuillets du pli, par la formation d'une tache de plus en plus teintée, qui apparaît juste en regard de la portion amalgamée du fil de cuivre et qui en produit une sorte d'empreinte à contours estompés.

Le fil de cuivre ne touchant nulle part le papier sensible, on ne saurait voir, dans la formation de l'empreinte, un effet de l'action réductrice du métal cuprique, car celui-ci n'agit évidemment pas à distance, et s'il en fallait une preuve, on la trouverait dans ce fait, que le papier sensible n'est impressionné à aucun degré par la portion émergée du fil de cuivre. On ne saurait davantage expliquer la formation de l'empreinte par une altération locale du papier sensible, lequel peut bien à la vérité s'altérer spontanément, à la longue, même dans l'obscurité, mais qui se teinte alors uniformément sur toute sa surface et qui ne peut pas se teinter autrement, puisqu'un étendage régulier l'a partout également recouvert d'une mince couche de la substance impressionnable.

Lorsqu'un fil de cuivre, après avoir servi à l'essai d'une liqueur présumée mercurielle, fournit des empreintes rentrant dans le type, parfaitement caractérisé, de celles que je viens de décrire, on est en droit d'affirmer, avec toute assurance, que ces empreintes sont dues à l'action d'un corps volatil provenant de la portion immergée du fil, et, dans les conditions où l'essai a dû être opéré, ce corps volatil ne peut être que du mercure.

Si l'arsenic, avec lequel seul la confusion est possible, existait dans le liquide analysé, il serait précipité avec le mercure et volatilisé avec lui par une élévation suffisante de température; mais, en opérant à froid, comme je le fais, l'expérience prouve que l'arsenic n'émet pas sensiblement de vapeurs, ou que ces vapeurs, si elles sont émises en proportions infinitésimales, sont absolument dépourvues de la propriété d'impressionner le papier à l'azotate d'argent ammoniacal.

La cause d'erreur, commune à tous les procédés de recherche du mercure fondés sur la volatilisation de ce métal et sur son traitement par l'iode, est donc complètement évitée dans le procédé que je propose à leur place, et il ne fait, par conséquent, courir aucun risque de confondre l'arsenic avec le mercure. Tout danger étant conjuré de ce côté, il n'y a pas à redouter de le voir renaître à propos d'une autre substance; car il faudrait pour cela que celle-ci fût précipitable par le cuivre et volatilisable à froid comme le mercure, et on n'en signale aucune qui présente exceptionnellement cette double particularité. S'il pouvait cependant s'en rencontrer une, et que les vapeurs émises par elle eussent la propriété d'impressionner les papiers sensibles, il resterait encore à compter sur les moyens assurés de différentiation qu'on ne manquerait certainement pas de trouver dans l'examen comparatif des empreintes. Celles que forme le mercure sont si singulièrement remarquables pour leur mode de développement, par la régularité qu'elles affectent dans la succession de leurs teintes et par l'invariabilité de leur type, qu'un pareil ensemble de caractères spécifiques rend, à leur égard, toute méprise impossible. Enfin, pour achever l'énumération des traits qui les distinguent, j'ajouterai qu'elles peuvent être fixées à l'hyposulfite de soude, et renforcées par virage à l'or, au platine ou au palladium.

Le procédé d'essai des liqueurs mercurielles par le cuivre et par l'azotate d'argent ammoniacal, en même temps qu'il est d'une très grande simplicité pratique, présente donc aussi, sous le rapport de la rigueur, toutes les garanties requises pour faire accepter son emploi avec confiance : j'ai à montrer maintenant ce qu'il vaut sous le rapport de la sensibilité.

J'ai dû rechercher, dans ce but, à quelle limite inférieure il cesse d'être applicable, ce qui m'a conduit à opérer sur une série de dissolutions de sublimé que j'ai toutes ramenées au volume constant de 100 centimètres cubes, et que j'ai réduites par le cuivre, en abaissant progressivement leur titre par des degrés très rapprochés, jusqu'à ce qu'on n'observe plus de traces visibles d'empreinte. C'est ce qui arrive lorsque le titre de dissolutions mercurielles essayées descend au-dessous de 1/10,000,000, et comme il s'agit ici du titre en mercure effectif, on a 0,01 de milligramme pour poids correspondant du métal.

Avec la possibilité d'atteindre cette limite inférieure, mon procédé est près de huit fois plus sensible que ceux de Schneider et de Mayer, car ceux-ci ne permettent pas de reconnaître la présence du mercure au-dessous du poids de 0,074 de milligramme.

Il est juste de dire, toutefois, que les empreintes fournies par des liqueurs mercurielles au titre de 1/10,000,000 sont très aiblement marquées, et qu'on ne peut pas en tirer des indications bien sûres, mais toute incertitude disparaît dès qu'on remonte tant soit peu au-dessus de ces limites inférieures si reculées. Il suffit, en effet, d'opérer sur des liqueurs mercurielles contenant 0,02 milligrammes de mercure effectif pour obtenir des empreintes dont la netteté ne laisse rien à désirer. Or, en admettant qu'on doive s'arrêter au titre 1/5,000,000 de ces liqueurs, pour avoir la limite inférieure de l'emploi pratique du procédé au cuivre et à l'azotate d'argent ammoniacal, on voit que ce procédé l'emporterait encore sur ceux de Schneider et de Mayer, puisqu'il serait quatre fois plus sensible.

Si l'on veut, d'ailleurs, lui faire donner tout ce qu'il est capable de rendre et le sensibiliser au plus haut degré, il n'y a qu'à l'appliquer électrolytiquement en le modifiant comme il suit :

Au lieu de soumettre simplement la liqueur mercurielle à l'action réductrice d'un fil de cuivre, on l'électrolyse en la faisant traverser par le courant d'une pile à six éléments de Smée ou de trois à quatre éléments de Bunsen, avec anode en platine et cathode formée par une mince lame d'or, dont on se sert ensuite pour impressionner le papier sensible à l'azotate d'argent ammoniacal. En se conformant, pour cette décomposition électrolytique, aux règles posées par Schneider, et en appliquant ses méthodes avec les perfectionnements qu'elles ont reçus de Schmidt, de Hoff et de Wolf, il n'y a pas de trace, fût-elle infinitésimale, de mercure, qui puisse échapper à l'analyse, et on a des empreintes très apparentes, même avec des liqueurs mercurielles dont le titre est inférieur à 1/10,000,000.

Si ce n'est plus à un accroissement de la sensibilité que l'on vise, mais à une économie de temps résultant d'un mode d'exécution plus expéditif des analyses, on se trouvera bien de l'emploi des deux moyens suivants :

1° Remplacement du fil de cuivre par la limaille du même métal, ou par des copeaux de laiton, et chauffage à une température comprise entre 60° et 70° : action de la limaille ou des copeaux, après lavage et dessiccation, sur le papier sensible à l'azotate d'argent ammoniacal.

2° Application de la méthode de Flandin, pour amener plus

efficacement et plus rapidement toutes les particules de la dissolution mercurielle en contact avec le fil de cuivre réducteur.

Les cas particuliers qui exigeraient le recours à l'une ou à l'autre de ces modifications me paraissent devoir être très rares, et je crois que le procédé d'analyse mercurielle par le cuivre et par l'azotate d'argent ammoniacal, réduit à la formule la plus simple de son manuel opératoire, suffit, tel quel, à tous les besoins de la pratique courante. Applicable surtout aux recherches de clinique, en vue desquelles il a été plus spécialement établi, il est incontestablement, de tous ceux qui ont été proposés dans le même but, celui qui les rend le plus facilement abordables. Il permet, en effet, quel qu'en soit le nombre, de les effectuer partout, sans avoir besoin de l'installation d'un laboratoire, avec un outillage qui ne saurait être ni plus élémentaire, ni plus facilement maniable, et il se place incontestablement au premier rang par l'extrême simplicité des manipulations qu'il exige. Appliqué dans ces conditions de simplicité, il est de beaucoup le plus pratique de tous les procédés d'analyse mercurielle, et comme il va de pair avec les plus sensibles, on voit qu'il offre aux cliniciens les meilleures garanties et les plus notables avantages.

Objections. — On lui a reproché de comporter une cause d'erreur provenant de l'emploi d'un papier sensible qui est impressionnable à la fois par la lumière diffuse et par les vapeurs de mercure; et Byasson, qui a formulé ce reproche, a proposé de remplacer l'azotate d'argent ammoniacal, comme agent sensibilisateur, par un mélange des deux chlorures d'or et de platine. J'ai dit plus haut à quels médiocres résultats cette substitution avait abouti, et j'ai montré la défectuosité flagrante du procédé que Byasson y avait rattaché; il me reste maintenant à établir que le motif invoqué pour la justifier est purement imaginaire.

Pour reprocher au papier sensible à l'azotate d'argent ammoniacal d'être trop facilement altérable à la lumière diffuse, il faut n'en avoir jamais fait usage, ou fausser les faits de parti pris. Pour peu qu'on le manie, en effet, on s'aperçoit bientôt qu'au lieu de cette prétendue altérabilité, il présente, au contraire, une fixité relativement remarquable, qui permet de le conserver, sans variation notable de teinte, pendant un intervalle de temps assez long, et de beaucoup supérieur, dans tous les cas, à celui qui est nécessaire pour la formation d'une empreinte mercurielle bien nettement caractérisée.

Dans ces conditions, on voit qu'il n'y a nullement à se préoccuper de l'action possible de la lumière diffuse sur ce papier sensible : mais lors même que cette action serait trop prompte pour être négligeable, il n'y aurait rien là, cependant, qu'on pût considérer comme défavorable à mon procédé, et qui fût de nature à l'atteindre dans sa rigueur. Au nombre des précautions que je recommande pour la préparation du papier sensible à l'azotate d'argent ammoniacal, j'ai, en effet, mentionné expressément celle de le dessécher dans l'obscurité, et c'est encore dans l'obscurité qu'on le maintient lorsqu'on l'emploie sous forme de pli contenant le fil de cuivre partiellement amalgamé ; puisque ce pli est introduit entre les feuillets d'un livre fermé.

Quoique maintenu ainsi dans l'obscurité la plus complète, il ne s'y conserve pas cependant indéfiniment intact et on le voit toujours s'altérer à la longue, en prenant une teinte de plus en plus foncée, due à l'action réductrice de la matière cellulosique sur le sel argentique. C'est là, d'ailleurs, un effet très lent à se produire et qui est sans influence sur la marche et sur les résultats des essais analytiques, alors même qu'on les laisserait se prolonger beaucoup au delà du temps strictement nécessaire pour obtenir des empreintes mercurielles bien nettement accusées.

Ce qui se produit alors est aussi ce qu'on observe lorsqu'on opère à la lumière diffuse : dans les deux cas, mais plus rapidement dans le second que dans le premier, le papier à l'azotate d'argent ammoniacal prend d'abord une teinte rougeâtre uniforme qui met plusieurs jours à se foncer en passant au brun, et qui, tout en modifiant, ainsi, profondément son aspect, ne paraît rien lui enlever de sa sensibilité primitive aux vapeurs mercurielles. On obtient, en effet, sur ce papier teinté des empreintes en tout semblables à celles obtenues sur du papier récemment préparé, exempt de toute altération, et qui ont la même valeur spécifiquement caractéristique.

Cela étant, quand il arrivera, au cours d'une analyse mercurielle faite par mon procédé, que le papier à l'azotate d'argent ammoniacal se colorera de la teinte rougeâtre dont j'ai parlé plus haut, it n'y aura pas à s'en inquiéter pour la validité du résultat final, et celui-ci, sous quelque apparence qu'il se présente, n'en sera ni d'une constatation moins facile ni d'une interprétation moins sûre.

J'ai dû fournir ces explications pour bien établir qu'il n'y a nullement à tenir compte de l'objection formulée contre l'emploi du papier sensible à l'azotate d'argent ammoniacal dans les essais des liqueurs mercurielles, sous le spécieux prétexte que ce papier est altérable à la lumière diffuse. Cette objection, de parti pris, est doublement réfutée par les faits, car : 1° on peut toujours se préserver de l'action de la lumière diffuse, en opérant dans l'obscurité; 2° en supposant que l'altération photo-chimique se produise, elle n'influe en rien sur l'apparition des empreintes, qui se forment identiquement de la même manière sur le papier teinté et sur le papier normal, et sont également caractéristiques dans les deux cas.

Recherche quantitative du mercure. — Les méthodes d'analyse qui donnent le mercure en nature permettent directement son estimation en poids, et c'est ainsi que l'ont dosé Soubeiran (18), Ettling, Bunsen et Millon (19). Comme on peut avoir à effectuer, par ce procédé, des pesées susceptibles d'aller jusqu'au 1/100 de milligramme, on voit qu'il exige forcément l'emploi de balances d'une extrême sensibilité, ce qui suffit pour le faire rejeter de la pratique courante, à cause du prix élevé et des difficultés de maniement de ces appareils.

A défaut du dosage direct, le dosage volumétrique semble réunir, *a priori*, toutes les conditions requises pour être avantageusement utilisé par les cliniciens; mais, s'il est facile et expéditif, il n'offre aucune garantie de sécurité quand il s'agit d'évaluer des proportions de mercure inférieures à 1 milligramme.

Les procédés qu'on a proposés pour le dosage volumétrique de ce métal sont très nombreux : plusieurs d'entre eux, tels que ceux de Mialhe (20), de Hempel (21) et de Rose (22), sont notoirement défectueux; deux seulement, ceux de Personne (23) et de Riederer (24), ont pris rang dans la pratique.

Personne utilise la réaction du précipité d'iodure rouge de mercure, obtenu par l'emploi d'une liqueur titrée d'iodure de potassium; Riederer précipite le mercure à l'état de sulfure au moyen d'une liqueur titrée d'acide sulfhydrique.

Malgré leur supériorité relative, ces procédés présentent tous deux le grave inconvénient que j'ai signalé plus haut, celui de fournir des indications très incertaines dès qu'on les applique à l'analyse de solutions mercurielles renfermant moins d'un milligramme de métal. Au-dessous de cette limite, il suffit, en effet, d'essayer à plusieurs reprises la même solution avec la même liqueur titrée pour constater qu'on obtient des résultats numériques entachés des variations les plus discordantes.

La ressource des procédés de dosage direct ou volumétrique manquant aux cliniciens, Ludwig a proposé, pour eux, la méthode suivante d'analyse quantitative.

A un volume constant de 100 centimètres cubes d'urine, il mélange successivement des poids de bichlorure contenant 1—0,8—0,6—0,4—0,2 milligrammes de mercure, et après avoir soumis ces mélanges à l'électrolyse, il introduit les lames d'or amalgamées dans des tubes de verre bien appareillés où elles donnent, par l'action de la chaleur, des anneaux miroitants, sur lesquels on fait agir la vapeur d'iode. En passant alors au rouge plus ou moins vif, suivant la proportion de mercure qu'ils contiennent, ces anneaux forment une échelle de teintes typiques dont on rapproche celles des liqueurs mercurielles qu'on veut analyser quantitativement; on peut ainsi déterminer, au moins approximativement, les titres de ces dernières.

Ce qui ôte toute valeur pratique au procédé de Ludwig, c'est qu'il fait intervenir la réaction de l'iode, à laquelle se rattachent des causes d'erreur déjà signalées, et qui doit, par conséquent, après avoir été exclue de la recherche qualitative du mercure, l'être également de la recherche quantitative.

Le procédé que j'ai proposé pour la première de ces recherches dispensant de tout recours à l'emploi de l'iode, on peut, en lui conservant cet avantage essentiel, et sans compliquer beaucoup son manuel opératoire, le rendre facilement applicable à la seconde.

Je m'en tiens au seul cas intéressant à traiter pour des cliniciens, celui où l'on a de nombreux dosages à mener de front.

Quand ce cas se présente, on commence par réduire au même volume les liqueurs mercurielles qui doivent être dosées, puis on introduit un fil de cuivre dans chacune d'elles, en n'employant que des fils bien exactement appareillés et en ayant soin qu'ils soient tous égalment immergés. Après le même temps d'immersion, on les retire pour les faire agir, suivant le mode connu, sur le papier sensible à l'azotate d'argent ammoniacal, et on obtient ainsi des empreintes qui sont susceptibles d'un double mode d'utilisation, au point de vue de l'analyse quantitative du mercure.

On peut en effet comparer leurs teintes après des temps égaux de séjour des fils dans les plis du papier sensible, et en noter les tons plus ou moins foncés. Ceux-ci sont en rapport direct avec les proportions de mercure prises par les fils dans les solutions réduites par eux, et, par suite, avec celles du mercure contenu dans les solutions elles-mêmes.

On peut aussi, et cela me paraît plus sûr, mesurer, pour chaque fil, le temps qui s'écoule entre le moment de son introduction dans le pli et celui où il cesse d'impressionner le papier sensible. En admettant la régularité de l'émission des vapeurs mercurielles, ces temps sont proportionnels aux poids des vapeurs émises, et les poids de ces vapeurs sont précisément ceux du mercure primitivement contenu dans les solutions essayées.

Si l'on tient seulement, comme cela suffit dans beaucoup de cas, à savoir dans quel ordre se rangent ces solutions au point de vue de leur richesse comparative en mercure, tout se réduit à leur appliquer l'un ou l'autre des deux modes de traitement qui viennent d'être indiqués ; mais quelques soins de plus sont nécessaires lorsqu'on veut les doser.

A la série qu'elles forment on en ajoute alors une seconde formée par des liqueurs titrées dont on a fait varier la composition par degrés suffisamment rapprochés, et toutes deux sont traitées simultanément, de la même manière, pour obtenir deux séries d'empreintes mercurielles, dont la comparaison fournit tous les éléments du dosage qu'il s'agit d'effectuer.

On n'a besoin, en effet, pour doser les liqueurs de la première série, que de connaître leurs titres respectifs, et on y arrive ici très facilement, car chacune d'elles a précisément un titre égal à celui de la liqueur de la deuxième série qui donne une empreinte identique à la sienne.

Si l'identité fait défaut, on trouvera toujours, par la comparaison des empreintes, deux liqueurs titrées consécutives entre lesquelles sera comprise la liqueur dont on cherche le titre, et cela permettra de doser celle-ci avec une approximation dont on peut reculer la limite aussi loin qu'on voudra.

Le procédé d'analyse qualitative des liqueurs mercurielles par le cuivre et par l'azotate d'argent ammoniacal est donc facilement transformable en procédé d'analyse quantitative, et je l'ai assez fréquemment employé, comme tel, dans mes recherches sur le mode de répartition du mercure dans les divers organes des animaux intoxiqués, pour affirmer la possibilité de l'introduire utilement dans la pratique.

BIBLIOGRAPHIE

(1) SCHNEIDER. — *Ueber der chemische und electrolytische Verhalten des Quecksilbers* (*Sitz. der Kais. Akad. der Wissensch*, Class. IX, Bd 40, p. 2139, 1860).

(2) LEHMANN. — *Experiment. Untersuch. über des besten Methoden Quecksilber im thier. Org. nachzuweisen* (*Zeitschrift für physiol. Chemie*, t. VI, Heft I, p. 25, 1882).

(3) SCHMIDT. — *Elimination des Quecksilbers*, Dorpat, 1879.

(4) HOFF. — *Repert. für an. Chemie*, 1883.

(5) WOLF. — Strasbourg, 1883.

(6) BYASSON. — *Recherche qualitative du mercure dans les liquides de l'économie* (*Journal de l'Anat. et de la Phys.*, 8e année, p. 397).

(7) MAYENÇON et BERGERET. — *Moyen chimique de reconnaître le mercure dans les excrétions* (*Journ. de l'Anat. et de la Physiologie*, 9e année, p. 81, 1873).

(8) LUDWIG. — *Eine neue Methode zum Nachweis des Quecksilbers in thierischen substanzen* (*Med. Jahr. der K. K. Gessellschaft der Aerzte*, Heft I, p. 143, 1877).

(9) FÜRBRINGER. — *Quecksilbers Nachweiss mittelst Messingwolle* (*Berl. Clin. Woch.*, Heft XXIII, p. 27, 1878).

(10) J. NEGA. — *Ein Beitrag zur Frage der Elimination des Mercurs* (Strasbourg, p. 11, 1882).

(11) SCHRIDDE. — *Ueber des Fürbringersche Methode* (*Berl. Klin. Woch.*, t. XVIII, 34, 1881).

(12) LEHMANN. — *Schmidts. Jahr.* (Bd. 211, n° 8, 1886).

(13) WOLF et J. NEGA. — *Untersuch. uber die Zweckmassigste Meth. zum Nachw. minimaler Menge von Queck. in Harn* (*Deuts. med. Woch.*, t. XII, 15, 16, 1886).

(14) AUGUST MAYER. — *Versuch. über den Nach. des Queck. in Harn*, (*Med. Jahr. der K. K. Gesellschaft der Aerzte*, Heft I, p. 29, 1877).

(15) Edvard Welander. — *Recherches sur l'absorption et l'élimination du mercure dans l'organisme humain (Nordiskt med. Ark.*, t. XVIII, n° 12, p. 1, 1886).

(16) Lefort. — *C.-R. de l'Acad. des Sc.*, t. XC, p. 141, 1880.

(17) Mayençon et Bergeret. — *Loc. cit.*, p. 237.

(18) Soubeiran. — *Traité de Pharmacie*, 4e édit.

(19) Ettling, Bunsen, Millon. — *Ann. de Chim. et Phys.*, 3e série, t. XVIII, p. 341.

(20) Mialhe. — *Journal de Ph. et Ch.*, 3e série, t. I, p. 293, 1842.

(21) Hempel. — *Rep. de Chimie pure de Würtz*, t. I, p. 60, 1859.

(22) Rose. — *Rep. de Chimie pure de Würtz*, t. III, p. 141, 1861.

(23) Personne. — *Journal de Ph. et Ch.*, 3e série, t. XLIII, p. 477, 1854.

(24) Riederer. — *Buchner's W. R.*, Bd XVII, Heft 5.

CHAPITRE III

Action toxique des vapeurs mercurielles. Historique.

L'histoire du progrès de nos connaissances relativement à l'action toxique des vapeurs mercurielles peut se partager en trois périodes assez nettement délimitées.

1re Période. — Du IVe siècle environ avant l'ère chrétienne au commencement du XVIe siècle : très pauvre, au début, en documents spéciaux, c'est vers sa fin surtout qu'elle en fournit une moisson abondante. Les faits relatés par ces documents mettent en évidence l'action toxique des vapeurs mercurielles, mais dans des conditions où celles-ci ne sont pas seules en jeu ; ce qui enlève tout caractère de rigueur aux résultats qu'on leur attribue.

2e Période. — Du commencement du XVIe siècle aux premières années du XIXe : on y étudie l'action des vapeurs mercurielles intervenant sans aucun mélange de substances étrangères, mais émises à des températures élevées ; ce qui complique leur action de celle dû mercure liquide, en gouttelettes fines, provenant de leur condensation.

3e Période. — Des premières années du XIXe siècle jusqu'à nos jours : on y continue l'étude commencée dans la période précédente, en l'étendant aux vapeurs émises à de basses températures.

PREMIÈRE PÉRIODE.

Comme je l'ai dit ailleurs, les premières observations relatives à l'action toxique des vapeurs de mercure datent du jour où l'on trouva le moyen d'extraire ce métal de son minerai le plus répandu, le cinabre; et quoique l'on ne sache rien de bien précis sur les origines de cette invention, il y a tout lieu de croire qu'elle remonte à une antiquité très reculée.

Attribuée, sans preuve bien certaine, aux Hindous et aux Chinois, et apportée de l'extrême Orient en Egypte d'abord, puis en Phénicie, c'est par cette voie qu'elle serait arrivée jusqu'en Grèce, où elle était connue quatre siècles environ avant l'ère chrétienne, car on la trouve mentionnée dans les écrits de Théophraste (1).

Les Grecs, d'ailleurs, n'avaient pas besoin d'apprendre à préparer le mercure pour le connaître, car ils l'avaient rencontré à l'état natif avant de l'obtenir par des moyens artificiels; et comme ils admettaient une différence de nature entre ces deux mercures de provenances diverses, ils donnaient au premier le nom d'argent vif (ἀργυρος χυτος), tandis qu'ils appelaient le second *hydrargyre,* ou argent liquide.

L'exploitation des riches mines d'hydrargyre d'Espagne paraît avoir commencé 300 ans environ avant l'ère chrétienne, et Dioscoride (2), qui en décrit les procédés, témoigne de leur pernicieuse influence, en nous apprenant que les ouvriers chargés de les appliquer se recouvraient le visage d'un masque fait avec une vessie, afin de se préserver des vapeurs suffocantes dégagées pendant l'opération. Voici, en effet, ce qu'il dit en parlant du cinabre : « In metallis vero strangulantem halitum eructat, ob id » que fossores vesicis sibi faciem obvelant, ut per illas spectent, » nec respirando noxium vaporem attrahant. » (Traduction de Matthiole.)

On a eu longtemps recours à l'emploi de ce moyen de préservation dans l'exploitation des mines de mercure, et Matthiole (3) le retrouvait encore en usage au XVIe siècle, chez les mineurs d'Idria.

Dioscoride, en signalant les dangers qui pouvaient résulter de la respiration des vapeurs mercurielles, ne dit pas en quoi ils consistent; mais ce qu'il nous apprend des précautions prises pour les éviter nous prouve suffisamment combien ils étaient redoutés. C'est probablement la connaissance des effets désastreux constatés sur les ouvriers employés à l'extraction du mercure qui a fait tenir si longtemps ce métal en suspicion, à cause des prétendues propriétés vénéneuses qu'on lui attribuait, même à l'état liquide.

Dioscoride, qui vivait vers le milieu du premier siècle de l'ère chrétienne, est le plus ancien des auteurs qui ait mis ainsi le mercure en cause : il l'accuse d'être un poison violent, qui tue, lorsqu'on le prend à l'intérieur, parce qu'il déchire les viscères par son poids, — *quoniam interiora membra disrumpit gravitate*, — et il n'hésite pas à le proscrire rigoureusement de la pratique médicale (4).

Pline (5), venu peu de temps après Dioscoride, qualifie le mercure de « poison de toutes choses, *venenum omnium rerum* » et il le tient pour tellement dangereux qu'il proscrit, avec lui, tous les médicaments dans la composition desquels il rentre directement ou indirectement. Il est possible d'ailleurs que Pline ait eu, pour condamner le mercure, des motifs tirés de son expérience personnelle; car il connaissait l'industrie de la dorure à chaud par l'amalgame d'or, et on doit supposer qu'il connaissait aussi les maladies auxquelles les doreurs sont sujets; mais il n'y fait aucune allusion.

A la suite de Dioscoride et de Pline, Galien (6), qui partage toutes leurs préventions contre le mercure, le place au premier rang des substances ennemies du corps humain, et qui ne doivent jamais figurer dans aucun médicament, en si faibles proportions que ce soit. Il le regarde comme également nuisible sous quelque forme qu'on l'administre, intérieurement ou extérieurement, et il est le premier qui ait signalé le danger de son emploi pour l'usage externe. Cela semblerait indiquer que l'action délétère des vapeurs mercurielles ne lui était pas inconnue; mais, ce qui enlève toute autorité à ses assertions, c'est qu'il les formule sur la foi d'autrui, sans jamais s'être mis en peine d'en vérifier l'exactitude : « Se » nullum unquam hydrargyri periculum fecisse, interimat ne » devoratum, aut extrinsecus admotum. »

Après Galien, tous les médecins grecs et latins qui mentionnent le mercure, Aëtius (7), Paul d'Égine (8), Actuarius (9), Oribase (10) et d'autres encore, le considèrent comme un poison redoutable, et ne parlent de lui que pour indiquer les moyens de conjurer ses effets pernicieux.

Ces préventions se perpétuèrent ainsi jusqu'au xe siècle, où les médecins arabes en finissent avec elles.

Ce fut Rhazès (11) qui démontra le premier la complète innocuité du mercure coulant, pris à l'intérieur, en expérimentant sur un singe auquel il fit avaler une assez forte dose de ce métal, dont l'élimination eut lieu par le tube digestif sans produire aucun phénomène morbide.

Antérieurement à cette expérience, on trouve dans une épigramme d'Ausone (12) la mention d'une tentative d'empoisonnement par ingestion de mercure, d'où il n'était résulté aucun inconvénient pour la victime; mais ce fait passe inaperçu des médecins grecs et romains, qui continuèrent à traiter le mercure en ennemi. La réaction qui se produisit au xe siècle, en faveur de ce métal, est entièrement due aux médecins arabes, éclairés et convertis par le succès de l'expérience de Rhazès.

Je n'ai pas à rappeler ici dans quelle large mesure ces médecins ont contribué à l'instauration et aux progrès de la thérapeutique mercurielle. Pour rester dans les limites de mon sujet, il me suffira de dire qu'on leur doit l'emploi des onguents mercuriels dont Rhazès et Mésué (13) proposèrent les premières formules, et dont ils surent, dès le début, tirer très avantageusement parti. Après s'en être d'abord servis contre la gale et contre la vermine, ils les utilisèrent bientôt pour le traitement de quelques maladies cutanées, et les observations, que l'application usuelle de ce médicament leur fournit l'occasion de faire, devaient inévitablement les conduire à constater l'action toxique des vapeurs mercurielles sur les parasites de l'homme et sur l'homme lui-même.

Abugérig, qui paraît avoir vécu vers la fin du xe siècle, et dont nous ne connaissons l'œuvre que par des citations de Sérapion (14), s'exprime à cet égard de la manière suivante : « Argentum vivum

» aliis quidem medicamentis ad scabiem accommodatis permixtum » non inutile. Suffitum tamen maximopere noxium. Liberalior si » quidem ejus usus potissimum nervis est inimicissimus, resolu- » tionem quam Græci παράλυσιν vocant excitat, sensum et motum » perdit, omnes enim sensus, præsertim visum et auditum lædit : » animæ itidem gravitatem facit, venenataque omnia animalia » fugat. »

Avicenne (15), qui vivait à la fin du xe siècle et au commencement du xie (980-1037), rapporte que les vapeurs mercurielles déterminent la paralysie, le tremblement et des mouvements convulsifs; il constate aussi qu'elles rendent l'haleine fétide, et, ce qui est surtout caractéristique, il propose, contre les maladies cutanées et parasitaires, des remèdes qui doivent exclusivement leur efficacité à l'action de ces vapeurs.

C'est ainsi qu'il guérissait la gale en faisant simplement porter aux galeux des ceintures dites *mercurielles* qu'ils s'appliquaient autour des reins, et qui contenaient soit du mercure en nature, soit un liminent, préalablement desséché, obtenu par le battage du métal avec du blanc d'œuf.

Ces mêmes ceintures, attachées autour des cuisses des brebis et des porcs, servaient à préserver ces animaux d'être infectés de parasites.

On doit également à Avicenne l'introduction dans la pratique médicale, à titre de spécifiques contre la gale, des sachets en peau pleins de mercure qu'on portait suspendus au cou ou aux poignets, et celle des tuyaux de plume où l'on renfermait aussi du mercure, et qui, cachés dans les tresses des cheveux, faisaient périr les poux par le seul effet des émanations du métal intérieur.

Aux symptômes décrits, par Abugérig et par Avicenne, comme caractéristiques de l'intoxication par les vapeurs mercurielles, Alsaharavius (16) ajoute ceux des ulcérations à la bouche, de l'angine mercurielle et de la salivation, et, avec ce complément, on voit que les médecins arabes ont connu tout ce que cette question présente d'important à noter.

Constantinus Africanus (17), qui devait son surnom au long

séjour qu'il avait fait chez les Arabes, et qui traduisit plusieurs de leurs écrits pour l'École de Palerme, fut le premier à introduire en Europe, vers la fin du XIᵉ siècle (1087), l'usage du mercure et des médicaments empruntés à ce métal; mais, en le recommandant à certains égards, il ne manque pas de signaler très explicitement le danger de la respiration de ses vapeurs : « Argentum » vivum est calidum et humidum in quarto gradu, ideoque » pediculos et omnia reptilia necat. Cum lithargyro et aceto » mixtum fit bonum unguentum ad curandam scabiem et pus- » tulas. Cujuscumque membro adhœret, ipsum percutit et » corrodit. Quod si ad ignem ponatur, destruitur et fumum facit; » cui fumo si quis appropinquaverit, mollificantur ossa, et nervi » deficiunt et lacerti ejus, omnia etiam membra, quæ propter » voluntarios motus sunt composita. Unde plurimum incidunt in » paralysim, tremorem, sudorem et inanimatæ actionis corrup- » tionem, et habent pessimum odorem, et putridum os, et sicci- » tatem cerebri. »

La dernière partie de cette citation est à remarquer parce qu'elle établit que Constantin l'Africain avait observé les effets des vapeurs mercurielles isolées; cette observation est la seule de ce genre qu'on rencontre dans tout le cours de la première période.

Le mouvement d'adhésion aux doctrines de l'École arabique, qui commence à la fin du XIᵉ siècle avec Constantin l'Africain, s'accentue rapidement et devient bientôt général en Europe, en raison des rapports fréquents qui s'établissent entre les Arabes et les chrétiens, tant par les croisades que par les guerres des Maures en Espagne. Depuis lors, jusques à la Renaissance, tous les médecins européens en renom font largement entrer le mercure dans la pratique de leur art.

C'est en frictions surtout qu'ils l'emploient, soit comme insecticide, soit comme agent curatif très puissant dans certains cas d'affections cutanées, et nous le trouvons recommandé en cette double qualité par Roger de Parme (18) (1259), Rolandus Capellatus (19) (1268), Petrus Hispanus (20) (1270), Théodoric (21) (1280), Gulielmo Varignano (22) (1300), Bernard Gordon (23)

(1305), Arnauld de Villeneuve (24) (1306), Guy de Chauliac (25) (1350) et Valesco di Taranta (26) (1415).

Marchant servilement sur les traces des Arabes, les médecins que je viens de citer n'ajoutent rien aux observations recueillies avant eux sur l'action toxique des vapeurs mercurielles, et il faut arriver à la fin du xve siècle, vers 1494, au moment où la grande épidémie, qui devait plus tard prendre le nom de syphilis, éclata brusquement en Europe, pour qu'on reprenne intérêt à l'étude des effets de ces vapeurs.

Comme quelques-uns des symptômes de la syphilis, au début de cette contagion, se rapprochaient de ceux des maladies cutanées qu'on traitait alors par les frictions, on fut naturellement conduit à user du même mode de traitement pour la syphilis; et comme les premiers essais qu'on en fit donnèrent d'excellents résultats, il eut d'abord un grand succès de vogue.

La priorité de l'emploi de l'onguent mercuriel contre la syphilis revient à deux médecins allemands, Grümpeck de Burchausen (27) et Widmann de Meichinger (28), qui, dès 1494, conseillent l'application de ce remède; mais, s'ils l'ont introduit dans la pratique médicale, c'est à Béranger de Carpi (29) et à Jean de Vigo (30), en 1512 et 1513, que revient le mérite de l'avoir fait adopter par la généralité des médecins, en régularisant scientifiquement son usage.

Pratiquées d'abord avec une grande prudence, et au moyen d'onguents dans la composition desquels il n'entrait que de faibles proportions de mercure mêlé aux drogues les plus variées, les frictions réussirent partout à souhait; mais les doses primitives furent bientôt dépassées, et les empiriques, en les poussant à l'excès, ne tardèrent pas à déterminer les accidents les plus graves, tels que le ptyalisme, les ulcères de la bouche, le tremblement, la paralysie, etc.

Ulrich de Hutten (31) (1519), qui fut soumis à ce traitement nous a laissé une description saisissante des souffrances qu'on y endurait : « Les choses, dit-il, en venaient au point que les ma-
» lades en ayant les dents ébranlées ne pouvaient pas s'en servir.

» Comme leur bouche n'était qu'un ulcère puant, et que leur » estomac était affaibli, ils n'avaient plus d'appétit, et quoiqu'ils » fussent tourmentés d'une soif intolérable, leur estomac ne » pouvait s'accommoder d'aucune sorte de boisson. Plusieurs » étaient attaqués de vertige, quelques-uns de folie. Ils étaient » saisis d'un tremblement aux mains, aux pieds et par tout le » corps, et ils étaient exposés à un bégaiement quelquefois » incurable. J'en ai vu mourir plusieurs au milieu du traitement. » J'en ai vu d'autres suffoqués par le gonflement de la gorge et » d'autres qui ont passé par une difficulté d'uriner. Très peu ont » recouvré la santé, encore ce n'a été qu'après les dangers, les » souffrances et les maux dont j'ai parlé. »

Quand c'était sur les sujets frictionnés eux-mêmes que ces accidents se produisaient, on pouvait les attribuer exclusivement à l'absorption directe et locale du mercure et refuser d'y reconnaître l'influence délétère des vapeurs de ce métal, mais il fallut bien recourir à l'intervention de ces vapeurs pour expliquer les cas d'intoxication présentés par les aides chargés d'opérer les frictions.

Quoique ceux-ci prissent la précaution d'éviter tout contact avec l'onguent, en le maniant avec les mains recouvertes de gants de peau très épais, ils n'en étaient pas moins atteints, comme les malades qu'ils assistaient, et ils donnaient lieu à l'observation des mêmes symptômes.

Fabrice de Hilden (32) et plusieurs autres encore ont consigné dans leurs écrits de nombreuses observations de ce genre, et ce fut probablement en voyant, dans la pratique des frictions, les mêmes effets produits par le mercure en nature et par ses vapeurs, qu'on en vint à imaginer de traiter la syphilis par les fumigations mercurielles.

Ce mode de traitement fut proposé d'abord par Jacques Catanée (33) et par Ange de Bologne (34), en 1505 et 1508, mais ce fut Nicolas Massa (35) qui formula le premier, en 1536, des règles précises ponr l'appliquer, et qui analysa ses effets avec soin.

De partielles que les fumigations étaient au début, on s'enhardit bientôt jusqu'à les rendre générales, et autant elles paraissent, sous leur première forme, avoir été avantageuses pour la guérison des sphacèles, des gourmes de mauvais caractère, des douleurs opiniâtres et des ulcères rebelles, autant elles furent désastreuses sous la seconde.

On sait comment elles étaient administrées : le malade tout entier était renfermé dans une étroite étuve; on plaçait à ses pieds un réchaud plein de charbons ardents sur lequel on jetait, à diverses reprises, par une ouverture *ad hoc*, un mélange de mercure éteint ou de cinabre, avec des matières grasses ou résineuses de facile inflammation, propres à dégager des fumées abondantes et des vapeurs mercurielles, auxquelles le patient restait exposé jusqu'à ce qu'il suât abondamment. Cela fait, on le couchait dans un lit chaud et on le couvrait bien, afin de le faire suer encore davantage. Une ou deux heures après on l'essuyait et on lui donnait de la nourriture; on réitérait cette pratique pendant quelques jours de suite jusqu'à ce que la salivation apparût.

Il est évident qu'on réunissait là, comme à plaisir, tout ce qui pouvait contribuer à rendre inévitable un empoisonnement violent par les vapeurs mercurielles, et ce mode de traitement de la syphilis produisit bientôt des accidents tellement désastreux, qu'il ne tarda pas à devenir l'objet d'une réprobation universelle et des condamnations les plus sévèrement motivées.

Déjà, en 1507, Johannes Vochs de Cologne (36) accusait les fumigations d'avoir tué un nombre considérable de malades : « Infinitos occidunt, licet aliqui bene fortunati ex his tormentis » evadant. »

Frascator (36'), en 1530, les déclare dangereuses au premier chef, et les proscrit formellement de la pratique médicale.

Benedictus Victor (37), en 1551, les incrimine dans les termes suivants : « Hoc enim suffumigium pravi et venenosi fumi, atque » vapores insurgunt, qui per os intrantes, attingentesque membra » et spirationis organa, in hisque decumbentes, suâ vi astric- » toriâ spirationem tollunt et repente patientem strangulant. » Pariter quoque per nares ad cerebrum permeant et organa

» atque instrumenta facultatis animalis adeo offendunt ut in » multis pereant sensus atque facillime fiat lapsus in epilepsiam » et apoplexim, in tremoremque et paralysim ac spasma. »

Fernel et Fallope affirment, eux aussi, qu'on a vu des malades, soumis aux fumigations, mourir pendant le traitement, leurs bourreaux les tenant impitoyablement enfermés dans des étuves où la chaleur était excessive.

En rapprochant ces désastreux effets des fumigations de ceux qu'on reprochait si justement aux frictions, et en présence de la communauté de symptômes qu'ils affectaient si manifestement, on ne pouvait autrement conclure qu'en affirmant les propriétés toxiques des vapeurs mercurielles, et, à la fin du xve siècle, cette conclusion était acceptée, en effet, sans contradiction par tous les médecins, qu'ils fussent ou non favorables à l'emploi du mercure contre la syphilis. Tout en reconnaissant qu'elle ne saurait être sérieusement contestée, il y a lieu de remarquer cependant qu'elle n'est pas absolument rigoureuse.

Quand il s'agit de frictions faites à chaud, comme elles l'étaient toujours aux premiers temps de leur emploi contre la syphilis, ce ne sont pas seulement des vapeurs mercurielles qui se dégagent, mais aussi des corps gras volatils, parfois même des acides rances, qui ajoutent leur action à celle du mercure vaporisé. Le cas est bien plus complexe encore quand on use des fumigations, si on les opère surtout avec du cinabre. Ici les vapeurs mercurielles se trouvent mélangées avec les produits volatils les plus variés, parmi lesquels peut figurer l'acide sulfureux, et il devient difficile d'assigner exactement à chacun des éléments de ce mélange la part d'action qui lui revient effectivement dans le résultat total.

Pendant la période qui s'étend du commencement du xe siècle à la fin du xve, toutes les observations dont les vapeurs mercurielles ont été l'objet se sont produites dans des conditions où celles-ci n'étaient pas seules à intervenir, ce qui exposait à méconnaître leur mode d'action véritable. On doit noter aussi ce qu'il y avait d'anormal dans l'état des sujets mercurisés, et dont la constitution profondément altérée par un mal d'une extrême violence ne se prêtait guère à une évolution régulière des phases de l'intoxication à laquelle ils étaient soumis.

Constantin l'Africain semble bien, d'après le texte que j'ai rapporté, avoir constaté les effets pernicieux des vapeurs mercurielles isolées, mais il ne traite cette question qu'en passant, sans détails et sans preuves, et c'est Fernel qui, le premier, se préoccupa de l'étudier scientifiquement.

DEUXIÈME PÉRIODE.

Fernet (38), la plus grande autorité médicale de son temps (1497-1558), était aussi au premier rang des antimercurialistes ses contemporains, et pour montrer, sans réplique, que le mercure était bien la cause unique des accidents dus à l'usage des frictions et des fumigations, il voulut mettre en évidence les fâcheux effets que produisent les vapeurs de ce métal, lorsqu'on les fait agir seules et sur des organismes sains.

On pourrait croire qu'il a tenté personnellement quelques expériences pour éclairer ce sujet, car, dans un passage de ses écrits, où il parle de l'action stupéfiante des vapeurs mercurielles sur l'homme, il ajoute qu'elles peuvent aussi frapper mortellement les oiseaux : « Cujus solo vapore non homines solum perculsi, » sæpe stupidi ac prorsus veternosi reddentur, sed aves quoque » omnes repente mortuæ concidunt. »

Que ce soient là, d'ailleurs, des faits d'expérience ou de simple observation, ce qu'il importe de noter, c'est que Fernel constate leur production par la vapeur seule, *solo vapore ;* et pour trouver d'autres exemples de cette action isolée, au lieu de s'en tenir, comme on le faisait avant lui, à l'examen des vénériens traités par la méthode des frictions et des fumigations, il étend ses investigations aux artisans que leur profession mettait dans la nécessité de manier habituellement le mercure. « On voit, dit-il, » le tremblement survenir non seulement chez les gens atteints » du mal vénérien, mais chez ceux qui, bien portants d'ailleurs, » recueillent le vif argent dans les puits de mines, extraient le » vermillon et en tirent l'hydrargyre, ou bien additionnent

» celui-ci de soufre et les font chauffer pour obtenir le cinabre; » ou bien encore chez les doreurs, enfin chez tous ceux qui, par » n'importe quel moyen, absorbent par la bouche ou par les » narines les vapeurs empoisonnées du vif argent, *venenatum* » *argenti vivi vaporem* (39).

» J'ai connu, ajoute-t-il, un doreur, homme robuste et bien bâti, » dont les vapeurs hydrargyriques avaient tout d'un coup affecté » le cerveau et le système nerveux au point, non seulement, que » ses bras et ses jambes tremblaient violemment, mais qu'il ne » pouvait se tenir debout, ou tenir droite sa tête tremblante et » étonnée. Si les orfèvres ou doreurs sur pièces d'argent respirent » imprudemment deux ou trois fois du mercure, aussitôt ils » tombent dans la stupeur et l'engourdissement et deviennent » muets (40). »

Pour les doreurs et pour les orfèvres, Fernel apportait les résultats de ses observations personnelles, mais il ne dit pas avoir constaté *de visu* ce qu'il affirme des troubles éprouvés par les ouvriers employés aux travaux des mines de mercure. Si ses affirmations sur ce point particulier manquent d'autorité, il n'en est pas de même de celles de deux médecins célèbres du XVIe siècle, Fallope et Matthiole, qui sont allés recueillir à Idria les renseignements qu'ils nous ont laissés sur les maladies des mineurs de cette localité.

Fallope (41) (1523-1562) nous apprend que ces mineurs ne peuvent guère dépasser le terme de trois années de travail continu, et s'ils vont au delà, ils sont atteints de surdité, d'épilepsie, d'apoplexie, de vertige, de paralysie et autres maux de ce genre : « Si ulterius talem artem exerceant, fiunt surdi, vel » incidunt in malum habitum, vel in epilepsiam, vel in apo- » plexiam, vel in vertiginem, vel in paralysim, vel in alios » similes affectus. »

Matthiole (42) (1501-1577) énumère comme il suit les accidents auxquels s'exposent les ouvriers chargés de l'extraction du mercure, lorsqu'ils négligent de se couvrir le visage de masques en vessie, pour se préserver de l'absorption des vapeurs mercurielles :

« Non solum hujus halitus noxâ, anhelosi sunt qui hauserint, sed » plerumque dentes universas amittunt, putrescentibus circum- » quaque gingivis, ut quidam apertissime testantur, qui spreto » narium et oris velamento, ut cæteris videantur fortiores, » edentuli prorsus facti sunt continuo tremore convulsi. »

Si nous ajoutons à ces observations celle d'un cas de paralysie et de tremblement signalé par Petrus Forestus (43), en 1593, chez un doreur qui avait imprudemment respiré des vapeurs de mercure, nous aurons tout le contingent des documents, peu nombreux, mais décisifs, fournis par le xvie siècle sur l'action pernicieuse de ces vapeurs isolées. Bien avertis désormais du danger de leur absorption immodérée, les médecins, quand ils n'abandonnèrent pas complètement la médication mercurielle dans le traitement de la syphilis, surent au moins qu'ils devaient y apporter de la mesure et de la prudence.

Sur l'autorité de Fernel, on cessa pendant quelque temps de donner du mercure; pour les fumigations l'abandon fut définitif, mais les frictions, un moment délaissées, reprirent bientôt faveur, avec ce correctif qu'on les appliqua avec plus de modération et plus de méthode, en les arrêtant aux premiers symptômes de salivation. A partir de cette réforme, les cas d'intoxication par les vapeurs mercurielles deviennent rares dans la pratique médicale, et on n'en trouve pas un seul rapporté dans les ouvrages médicaux de la seconde moitié du xvie siècle. Depuis lors jusqu'à notre époque, le nombre de ceux qui sont authentiquement constatés est aussi très restreint, et ils se produisent d'ordinaire dans des circonstances trop accidentelles pour qu'il y ait lieu d'en tenir compte.

Le xviie siècle est pauvre en documents relatifs à l'action toxique des vapeurs mercurielles isolées, et ces documents ne contiennent rien d'important à noter, si ce n'est cependant la mention de deux faits d'empoisonnement qui seraient très dignes d'attention si l'on pouvait être assuré qu'ils ont été bien exactement observés.

L'un, rapporté par Olaüs Borrichius (44), est relatif à un homme qui serait mort, après vingt-quatre heures, pour s'être laissé mettre aux poignets deux sachets contenant du mercure; l'autre, attesté par Jalon (45), concerne un individu qui aurait été empoisonné par le mercure parce qu'il portait une ceinture de laine renfermant ce métal.

La conclusion à tirer de ces faits, en les supposant véridiques, était que les vapeurs mercurielles agissent encore toxiquement, lors même qu'elles sont émises à une température relativement basse, comme celle du corps humain; mais rien n'indique que cette conclusion ait été tant soit peu pressentie par les savants auxquels on doit les deux observations précédentes. Celles-ci d'ailleurs n'eurent aucun retentissement à l'époque où elles furent publiées, et, si elles parurent dépourvues d'intérêt, c'est probablement par suite du peu de confiance qu'elles étaient faites pour inspirer.

En passant à un ordre de faits plus sérieux, nous trouvons, à l'actif du XVIIe siècle, la confirmation, par S. Walter Pope (46) et par Etmuller (47), des observations de Fallope et de Matthiole sur les maladies des ouvriers employés aux travaux des mines de mercure, et celle, par Borrichius (48) et par Jungken (49), de la description qu'on doit à Fernel des effets de l'intoxication mercurielle sur les doreurs et sur les orfèvres.

S. Walter Pope, qui visita, en 1665, les mines de mercure de Frioul, est très sobre de détails sur l'état pathologique des mineurs qu'il a examinés; il se borne à nous apprendre qu'ils deviennent tous paralytiques, les uns plus tôt, les autres plus tard, et qu'ils finissent par mourir de consomption. Ce qu'il y a d'intéressant à noter, dans sa relation, c'est la mention qu'on y trouve, pour la première fois, des maladies des étameurs de glaces; il dit avoir appris que ces ouvriers, dans les grandes fabriques de Venise, étaient sujets à la paralysie comme ceux qui travaillaient à l'extraction du mercure, mais il n'a rien vérifié personnellement à cet égard.

Etmuller, en affirmant que les mineurs sont presque tous atteints de tremblement, affirme aussi, ce qui est relativement vrai, qu'ils n'ont pas de salivation, alors que celle-ci est la conséquence ordinaire de l'administration des mercuriaux à l'intérieur : « Hoc notandum quod fossores cinnabaris sunt plerumque tremuli » propter mercurium, unde si contingant manu vas aliquid » aureum statim albescit; hoc tamen mirandum quod non con- » querantur de salivatione, quæ tamen alias assumpta mercurialia » subsequi solet. »

Les orfèvres, d'après lui, ne jouiraient pas de cette immunité, car voici comment il s'exprime sur leur compte : « Nervis mercu- » rius est inimicissimus, ita ut tremores manuum, paralysim, » contracturas, etc., aurifabris subnasci quotidie observemus, ut » nihil dicam de attenuatione corporis a salivatione nimiâ mercu- » riali excitatâ. »

Les observations de Borrichius et de Jungken sur le mercurialisme des doreurs et les orfèvres ne disant rien de plus que celles de Fernel, je n'ai pas à les rapporter ici.

La première année du XVIIIe siècle fut marquée par la publication d'un ouvrage entièrement nouveau dans son genre, et dont la renommée resta longtemps considérable : je veux parler du Traité de Ramazzini (50) sur les maladies des ouvriers, traduit plus tard en français par Fourcroy (51) (1777), et en allemand par Ackermann (52) (1780). Ce traité contient trois chapitres consacrés spécialement aux maladies des mineurs, des doreurs et des étameurs de glace; mais, à part une observation, faite par lui personnellement, du cas d'un jeune doreur mort d'intoxication mercurielle, Ramazzini se contente d'emprunter aux auteurs qui l'ont précédé, la description des symptômes caractéristiques de cette intoxication chez les malades des trois groupes ci-dessus mentionnés. Il n'y a donc rien qui mérite d'être noté dans la partie de son œuvre qui se rapporte aux effets des vapeurs mercurielles, et Fourcroy, en la traduisant, s'est borné à la faire suivre d'annotations sans importance réelle, les faits nouveaux leur faisant absolument défaut.

Ackermann, au contraire, a donné, du traité de Ramazzini, une traduction revue et augmentée, où les documents ajoutés par lui sont nombreux et intéressants à consulter. C'est ainsi que les maladies des mineurs, dont Ramazzini et Fourcroy n'avaient parlé qu'en termes fort généraux sont, de sa part, l'objet d'une description détaillée et complète, dont je n'ai rien à dire ici, parce que nous allons en retrouver les traits principaux dans les travaux originaux dont l'analyse va suivre.

Le premier en date de ces travaux a pour auteur A. de Jussieu (53) qui visita les mines d'Almaden en 1710, et qui exposa les résultats de cette visite dans un mémoire présenté plus tard à l'Académie des Sciences. Ce que de Jussieu allait surtout étudier à Almaden, c'étaient les procédés particuliers qu'on y employait pour l'exploitation des minerais de mercure, et les maladies des ouvriers ne l'occupent que secondairement. Il signale cependant les plus ordinaires d'entre elles, en accordant une attention spéciale au tremblement, à propos duquel il a noté certaines particularités dont j'aurai plus tard à faire ressortir l'importance. Entre autres mérites il a eu celui de faire remarquer, le premier, le peu de gravité de cette affection lorsqu'elle n'est pas invétérée, et la facilité avec laquelle les mineurs s'en guérissent, dans ce cas, sans autre traitement que celui d'un repos de quelques jours simplement passés en plein air.

La remarque faite avec tant de justesse par A. de Jussieu pour les ouvriers d'Almaden, fut bientôt confirmée pour les ouvriers d'Idria; Keyssler (54), qui les visita en 1740, constate aussi l'efficacité du séjour à l'air libre pour guérir le tremblement, et il nous apprend, en outre, que cette affection n'atteignait pas seulement les mineurs, mais aussi les rats et les souris qui s'aventuraient dans la mine, où ils trouvaient promptement la mort.

Les deux observateurs précédents n'ayant exploré qu'en passant les deux mines de mercure les plus célèbres de l'Europe, le temps leur fit évidemment défaut pour étudier complètement les maladies des mineurs : cette étude qu'ils ne s'étaient pas trouvés en situation d'aborder, fut l'œuvre d'un praticien éminent, le Dr Scopoli (55), qui pendant six années, de 1755 à 1761, remplit à Idria les fonctions de médecin.

Nous devons à Scopoli une description très savante et très

complète de tous les troubles morbides auxquels les mineurs sont exposés, mais celui qu'il place au premier rang pour la gravité, et qu'il considère comme le plus nettement significatif, est le tremblement dont il trace un tableau très fidèle. Il se prononce très catégoriquement sur sa cause en affirmant qu'il est dû à la pénétration des vapeurs mercurielles dans l'organisme, et il le guérit, comme de Jussieu et Keyssler l'avaient déjà indiqué, par un simple changement de milieu. Il est enfin le premier à remarquer qu'on peut en être atteint sans que l'examen le plus attentif fasse découvrir la plus minuscule trace d'altération dans aucune des parties de l'organisme.

Après Scopoli, un spécialiste du même ordre, le Dr Arebalo, médecin de l'hôpital des forçats d'Almaden, pendant dix années, a résumé les résultats de ses observations personnelles dans une courte notice que Thierry (56) a jointe à la relation de son voyage en Espagne, en 1791.

Cette notice, qui ne contient aucun fait nouveau digne de remarque, n'en constitue pas moins un document utile à retenir, car il émane d'un témoin en bonne situation pour bien voir, et il apporte un surcroît d'autorité aux documents antérieurs, en les confirmant sur tous les points essentiels.

Au nombre des savants du XVIIIe siècle qui ont parlé des maladies des mineurs, on peut encore citer Swédiaur (57) et Gmelin (58); mais comme ils s'en tiennent à la répétition des faits connus avant eux, sans y rien ajouter personnellement, c'est seulement pour mémoire que je fais figurer ici leurs noms.

Ce que je dis de ceux-ci à propos des maladies des mineurs, je puis le dire aussi d'autres observateurs appartenant également au XVIIIe siècle, à propos des maladies des autres ouvriers exposés à manier le mercure. Comme les études déjà mentionnées de Ramazzini, de Fourcroy et d'Ackermann, celles de Jacob Trew (59), de Anton de Haën (60), de C. Bartoldi (61) et de Sauvages (62), se réduisent tantôt à de simples compilations, tantôt à des constatations de faits isolés, et leur analyse ne saurait offrir aucun intérêt véritable.

Pour rencontrer, sur ce terrain, un travail qui mérite de fixer l'attention, il faut sortir du XVIIIe siècle et arriver à Mérat (63), qui fit paraître en 1804, dans le Journal de Médecine, son mémoire sur le *Tremblement auquel sont sujettes les personnes employant le mercure,* et qui le réédita, en 1810, à la suite de son traité classique de la *Colique métallique.*

Ce qui appartient en propre à Mérat, ce qui le distingue avantageusement de ses prédécesseurs, c'est la netteté de vues dont il a fait preuve, en séparant de la question fort complexe du *mercurialisme professionnel* la question plus simple de l'action isolée des vapeurs de mercure ; c'est aussi la justesse d'appréciation avec laquelle il a su définir et caractériser, dans ce qu'ils ont d'essentiel, les effets toxiques de ces vapeurs.

Voulant se borner à l'examen des cas où elles sont seules à intervenir, il a pris ses sujets d'observation dans une catégorie d'ouvriers plus particulièrement exposés à les respirer, celle des doreurs au feu, nombreux alors à Paris, et dont les malades professionnels affluaient à sa clinique de la Charité.

De ses études pathologiques sur ces artisans, Mérat fut amené à conclure que, dans les cas d'intoxication par les vapeurs mercurielles seules, le symptôme le plus remarquable, celui qui, suivant son expression, *résume en lui tout le mal,* est le tremblement, dont il donne une description très exacte et auquel il applique le nom, depuis lors universellement adopté, de *tremblement mercuriel.*

Il constata également que cette affection nerveuse est fort simple, qu'elle reste toujours semblable à elle-même quand des causes étrangères ne viennent pas la compliquer, et que le repos seul, loin des ateliers infectés, suffit ordinairement pour la guérir.

Dans ce court exposé des faits principaux résultant de ses observations, Mérat a condensé tout ce qu'il y a de vraiment important à dire sur l'action des vapeurs mercurielles, lorsqu'elles agissent seules, mais dans le cas, tout spécial, de leur émission à des températures très élevées. Ce cas est celui de l'ensemble des observations recueillies pendant la deuxième période, de celles au moins qui reposent sur un examen sérieux et méritent ainsi quelque confiance, car elles ont porté sur des doreurs au feu et sur des mineurs, c'est-à-dire sur des ouvriers également exposés au danger de l'intoxication par le mercure volatilisé à chaud. Or, quand les vapeurs mercurielles sont émises à une haute température, en se diffusant dans un air beaucoup plus froid, elles le sursaturent et s'y condensent en gouttelettes liquides; de sorte qu'elles sont alors inhalées, non seulement à l'état de fluide élastique, mais aussi à l'état de fine poussière mercurielle. C'est une même substance, mais sous deux états essentiellement différents, et l'erreur des savants de la deuxième période a été de croire que cette différence n'influait pas sur la nature des effets toxiques produits. Aucun d'eux, depuis Fernel jusqu'à Mérat, n'a pensé à se demander ce qui résulterait de l'emploi de vapeurs émises à la température ordinaire et soustraites ainsi à toute possibilité de sursaturation et de condensation : c'est tout à fait fortuitement que cette question a été introduite dans la science, et voici à quelle occasion.

TROISIÈME PÉRIODE.

Pour attirer l'attention des savants sur les propriétés toxiques des vapeurs mercurielles émises à de basses températures, il fallut tout l'éclat d'un fait accidentel qui fit beaucoup de bruit en son temps, et qui est resté légendaire dans l'histoire du mercure: je veux parler ici de ce qui se passa, en 1810, à bord du vaisseau anglais *le Triumph.*

Ce vaisseau étant entré dans le port de Cadix, dont les batteries étaient alors occupées par les Français, et un navire espagnol étant venu s'échouer sous ces batteries, le *Triumph* lui porta secours. On transborda sur celui-ci environ 130 tonnes de mercure contenu dans des vessies qui pourrirent, en laissant échapper tout le métal, et celui-ci s'éparpilla dans toutes les parties du vaisseau. Trois semaines après, 200 hommes étaient pris de salivation, affectés d'ulcères à la bouche et à la langue, frappés en plus ou moins grand nombre de paralysie. Le vaisseau fut conduit à Gibraltar, des ordres furent donnés pour changer ses provisions et son lest, pour le laver, le nettoyer et renouveler les objets d'équipement. Malgré tous ces lavages réitérés, et malgré toutes ces précautions, les hommes occupés à recharger le fond de la cale éprouvèrent encore le ptyalisme, et, pendant le retour de Gibraltar à Cadix, les rechutes furent nombreuses. La maladie, qui continua jusqu'au retour en Angleterre, détermina la mort de deux hommes de l'équipage.

Les effets observés dans cette circonstance étaient dus évidemment à la respiration d'une atmosphère chargée de vapeurs mercurielles; ils ne se firent pas sentir seulement sur les hommes de l'équipage, mais aussi sur les animaux qui étaient à bord. Les moutons, les porcs, les chèvres succombèrent sous l'influence de cette cause pernicieuse. Les souris, les chats, un chien et même un serin éprouvèrent le même sort, quoique le grain dont se nourrissait cet oiseau fût contenu dans une bouteille fermée, et Plowman, le chirurgien du bord, affirme avoir vu des souris entrer dans l'infirmerie, s'élancer en l'air et retomber mortes sur le pont.

Quoique la conclusion, tirée de l'événement du *Triumph*, relativement à l'action du mercure volatilisé à la température ordinaire, ne rencontrât aucune opposition, il importait néanmoins de la soumettre au contrôle de l'expérience, et un savant français, Gaspard (65), entreprit dans ce but, en 1821, une série de recherches qu'il fit porter, non sur des animaux tout développés, mais sur des germes et sur des fœtus aux diverses phases de leur évolution : elles ont donné d'ailleurs les résultats les plus frappants et les plus décisifs.

Des œufs de poules ayant été mis en incubation dans des vases contenant du mercure, mais sans contact avec lui; les fœtus se sont développés pendant deux jours, mais ils ont été constamment trouvés morts à cette époque, au moment de la formation du sang.

Deux œufs contenant deux poulets bien vivants âgés de six jours, ayant été exposés aux émanations du mercure, sans contact immédiat, les poulets ont péri en vingt-quatre heures.

Un morceau de viande de boucherie garnie d'œufs de mouche ayant été suspendu au-dessus du mercure, dans des conditions convenables de température et d'humidité, aucun ver ne s'y développa, tandis qu'ils naissaient par centaines dans les expériences de comparaison, sans mercure.

Une douzaine d'œufs de blatte, les uns récemment pondus, d'autres plus avancés, quelques-uns contenant déjà de petits fœtus tout formés, avec leurs yeux et leurs membres distincts, exposés, sans contact, aux vapeurs de mercure, n'ont donné lieu à aucune éclosion, tandis que ceux des expériences de comparaison ont produit de petites blattes à terme ordinaire. A l'ouverture des premiers on a trouvé les fœtus morts et les liquides décomposés.

Des œufs de colimaçon, pondus de la veille, ayant été introduits, avec quelques globules de mercure dans un petit trou creusé en terre et bien fermé, n'ont pris aucun développement, tandis que les autres œufs de la même portée, placés dans les mêmes conditions, mais sans mercure, se sont très bien développés.

On doit encore à Gaspard d'autres expériences relatives à l'action de l'eau mercurielle sur les œufs et les têtards des grenouilles et des crapauds; elles trouveront plus naturellement leur place dans le chapitre où j'étudierai l'action de cette même eau mercurielle sur les animaux aquatiques.

A défaut d'expériences, dont il ne saurait être question quand il s'agit de l'homme, um autre savant français, Colson (66), dont les travaux ont suivi de près ceux de Gaspard, a groupé des faits bien observés destinés à établir, d'une part, la volatilité du mercure à la température ordinaire, d'autre part, l'action délétère des vapeurs émises dans ces conditions.

Après avoir rappelé comment la démonstration de ces deux points résulte de toutes les particularités de l'accident du

Triumph, des expériences de Faraday, qu'il dit avoir répétées, et de celles de Gaspard, voici ce qu'il ajoute à cet ensemble de preuves. Médecin d'un hospice de vénériens, il constate que, dans les salles où sont réunis les malades traités par la méthode des frictions, on peut recueillir sur les murs, par le grattage, du mercure en nature, qui ne peut provenir que de la condensation des vapeurs de ce métal, et il en conclut à la diffusion de ces vapeurs dans l'atmosphère de la salle. Comme dans ce milieu vicié, lui-même et cinq élèves du service ne tardent pas à présenter les symptômes les plus marqués de l'intoxication mercurielle, Colson n'hésite pas à mettre exclusivement ces effets toxiques sur le compte de la respiration des vapeurs hydrargyriques. Il ne s'est pas trompé sur leur mode d'action en affirmant que leur absorption, par les voies pulmonaires, a pour conséquence immédiate leur pénétration dans le sang avec lequel il admet qu'elles circulent dans tout l'organisme. Il est allé plus loin encore en cherchant à vérifier expérimentalement ces vues *a priori* dont j'aurai, plus tard, à démontrer l'exactitude, et on lui doit l'initiative des premières recherches analytiques tentées pour déceler la présence du mercure dans le sang des sujets soumis à un traitement mercuriel. Comme il n'avait à sa disposition que des procédés d'analyse très imparfaits, on ne saurait accepter, avec une entière confiance, les résultats positifs qu'il prétend avoir obtenus.

A partir du moment où il fut bien démontré que les vapeurs mercurielles, même émises à la température ordinaire, ont une action toxique des plus prononcées, on s'attacha, avec un redoublement d'attention, à étudier les troubles qu'elles produisent dans l'organisme humain, et on alla chercher surtout les éléments de cette étude dans l'observation des symptômes présentés par les ouvriers des professions qui comportent le maniement du mercure à froid.

De l'ensemble de ces observations, quoiqu'elles fussent faites dans des conditions peu comparables, on se crut en droit de conclure à l'existence d'une affection spéciale bien définie, déterminée par l'introduction du mercure dans l'économie, et à laquelle on donna le nom de *mercurialisme professionnel.*

Plus tard, lorsqu'à la suite des travaux de Mialhe, de Voït et d'Overbeck, on admit que tous les médicaments mercuriaux, y compris le mercure en nature, ne pouvaient agir physiologiquement et thérapeutiquement qu'en se transformant d'abord en bichlorure, puis en chloralbuminate ou oxydalbuminate solubles, on fut naturellement conduit à admettre que le métal et ses composés donnaient forcément lieu aux mêmes troubles morbides, et on généralisa comme il suit : on appela *mercurialisme,* sans épithète, ou bien *mercurialisme constitutionnel,* le processus pathologique provenant de l'administration du mercure, sous quelque forme que celle-ci se produise.

J'aurai à discuter ailleurs la légitimité d'une généralisation aussi large ; ce qui doit m'occuper ici, ce n'est pas le mercurialisme pris dans son acception la plus générale, mais simplement le mercurialisme professionnel, parce qu'il est le seul dont l'étude se rattache à celle de l'action toxique des vapeurs mercurielles.

Après le remarquable mémoire de Mérat sur les maladies des doreurs, on ne compte en France qu'un très petit nombre de travaux sur le mercurialisme professionnel, et encore se réduisent-ils, pour la plupart, au collationnement de quelques observations portant sur des faits trop isolés pour qu'on puisse attribuer une grande importance aux déductions qu'on voudrait en tirer : cela me permet d'être bref dans l'exposé qui va suivre.

En 1821, dans l'article *Tain*, du *Dictionnaire des Sciences médicales*, Burdin (67) décrit brièvement les troubles morbides auxquels sont sujets les étameurs de glace, en notant surtout la prédominance du tremblement.

Peyrot (68) signale, en 1834, un cas où le tremblement, en prenant le caractère convulsif, détermine la mort de l'individu qui en était atteint.

En 1841, le *Journal de Médecine de Bordeaux* (69) publie le fait suivant, qui est particulièrement significatif. Une salle de l'hôpital maritime de Rochefort étant infestée de punaises fut évacuée et on y distilla deux kilogrammes de mercure; lorsque les malades qui l'avaient momentanément quittée y revinrent, ils furent tous pris de salivation.

En 1841, Olivier (d'Angers) et Roger (de l'Orne) (70) mentionnent un commencement d'intoxication, avec affaiblissement intellectuel allant jusqu'à l'idiotie, survenu chez deux enfants logés au deuxième étage d'une maison donnant sur une cour où l'on distillait journellement du mercure.

Un fait d'intoxication plus grave encore est consigné, en 1845, par Grapin (71). Il s'agit, cette fois, d'une famille de quatre personnes soumise accidentellement à l'action délétère des vapeurs mercurielles dégagées par la combustion d'une sébile de bois qui avait servi à contenir du mercure : l'une des victimes de cet accident succomba dans l'intervalle de deux jours.

Rayer et Guérard (72) font paraître en 1846 des observations sans portée sur des faits isolés de mercurialisme professionnel, et les documents produits par eux sont absolument dénués d'intérêt.

Il n'en est pas de même de ceux que renferment les *Lettres médicales* de Roussel (73) sur l'Espagne, publiées en 1848 par l'*Union :* les chapitres consacrés aux mines d'Almaden ont principalement trait aux maladies des mineurs, qui ont été très attentivement et très judicieusement étudiées par Roussel, et j'aurai plus tard à puiser dans cette étude des renseignements dont je dois signaler dès à présent l'importance.

Après les *Lettres médicales* de Roussel, je trouve encore reproduites dans l'*Union*, à la date de 1867, quelques leçons intéressantes de Gallard (74) sur les maladies causées par le mercure, et de 1867 à 1878, en dehors d'une série d'observations isolées dues à Moutard-Martin, Bouchard, Jean et Sée, je n'ai pas à signaler de travaux de provenance française sur la question de l'action toxique des vapeurs mercurielles. Ces observations, dont il ne ressort rien de particulièrement important à noter, et que je puis par conséquent passer sous silence, ont été recueillies et pertinemment commentées par Hallopeau (75) dans sa thèse inaugurale sur le *Mercure*, œuvre remarquable d'érudition et de science, où l'étude du mercurialisme professionnel ne pouvait manquer de trouver sa place. Pour réunir les matériaux de cette étude, Hallopeau a plus emprunté à la littérature médicale allemande qu'à la nôtre, assez pauvre, depuis Mérat, en travaux de quelque importance ayant le mercurialisme professionnel pour objet.

En Allemagne, au contraire, les travaux de ce genre sont très nombreux et très complets, ce qui s'explique naturellement par les facilités exceptionnelles qu'offraient aux savants de ces pays, pour l'étude du mercurialisme professionnel, les services hospitaliers de plusieurs centres industriels, tels que les mines d'Idria, les grandes fabriques de miroiterie de Furth, d'Erlangen, de Prague et du Bomerwald, qui réunissaient des centaines d'ouvriers en contact incessant avec le mercure, et chez lesquels, par conséquent, les cas d'intoxication devaient fréquemment se produire. Ce sont surtout les étameurs de glace qui ont attiré l'attention des observateurs allemands, et leurs maladies ont fourni la matière d'études très intéressantes à Werbeck du Château (76), Anton Bayer (77), Bamberger (78), Fronmuller (79), Koch (80), Aldinger (81), Keller (82), Baum (83), Gotz (84) et Kussmaül (85), auxquels on peut ajouter deux savants anglais, Bateman (86) et Mitchell (87), qui se sont occupés du même sujet.

Les maladies des doreurs ont été étudiées en Allemagne et en Angleterre par Karl Sundelin (88), Bright (89), Arrowsmith (90), Van Charante (91) et Vallon (92); celles des constructeurs de baromètres, par Pleischl (93), et celles des mineurs d'Idria, par Hermann (94).

Je n'entreprendrai pas ici l'analyse de cette longue série de travaux; elle a été faite avec tout le soin et avec toute l'autorité désirables par Kussmaül, qui a mis en œuvre, dans son ouvrage classique, sur le *Mercurialisme constitutionnel,* non seulement les résultats de ses observations personnelles, mais aussi ceux des observations recueillies par ses devanciers; de sorte qu'il nous suffira de rapporter ici ses conclusions pour avoir la substance des travaux dont il a fait son profit.

Par *mercurialisme constitutionnel,* Kussmaül entend la diathèse spéciale due à l'introduction du mercure pur dans l'organisme, et comme il ne pouvait la rencontrer que chez les individus astreints, par état, à manier journellement le mercure, c'est forcément à cette catégorie de sujets qu'il a dû limiter son examen. Aussi, ce qu'il appelle *mercurialisme constitutionnel* n'est-il rien de plus que ce qu'on qualifie ordinairement de *mercurialisme professionnel.*

Or, comme il le remarque avec justesse, pour les ouvriers en contact habituel avec le mercure, l'absorption de cet agent toxique peut résulter, soit du maniement du métal, soit de l'inhalation de ses poussières, soit enfin de l'inhalation de ses vapeurs. Ces trois cas donneraient lieu, d'après lui, à la même genèse de symptômes, qui varieraient seulement d'intensité suivant que la marche de l'absorption elle-même serait plus ou moins rapide, et produiraient ainsi les deux formes, aiguë et chronique, du mercurialisme professionnel.

Sous ses deux formes, cette diathèse impliquerait, comme phénomènes primitifs, des troubles du côté du canal alimentaire, tels que stomatite, salivation, gastricisme, catarrhe intestinal, diarrhée; comme phénomènes consécutifs, des troubles de l'innervation, éréthisme, tremblements plus ou moins marqués pouvant aller jusqu'aux convulsions, aux vertiges, au délire et à la paralysie.

Comme il s'agit ici de faits que Kussmaül avait eu l'occasion de relever par centaines, pendant dix années de pratique médicale non interrompue à Furth et à Erlangen, on doit tenir pour exactement observés les symptômes qu'il assigne au mercurialisme constitutionnel; mais il y a lieu de se demander si ce mercurialisme lui-même, dont il fait une entité morbide à type distinct, a réellement le caractère de simplicité qu'il croit pouvoir lui attribuer.

A priori, rien n'autorise à penser que l'introduction du mercure pur dans l'organisme doive aboutir toujours au même résultat, à quelque titre qu'elle ait lieu, et c'est plutôt le contraire qu'on est tenté de préjuger, quand on voit combien sont dissemblables les conditions dans lesquelles elle est appelée à se produire.

Lorsqu'elle est la conséquence du maniement habituel du mercure, celui-ci à l'état d'extrême division, sous la forme d'une crasse où il entre probablement à l'état d'oxydation partielle, se loge profondément dans les replis et dans les sillons de la peau des mains, que des lavages réitérés à l'eau simple ne parviennent pas toujours à débarrasser de cet enduit adhérent.

Dans les manipulations des gaz sur la cuve à mercure, il suffit d'avoir tenu pendant quelques instants ses mains sous le métal liquide pour reconnaître qu'elles en sont imprégnées au point d'impressionner très fortement une feuille de papier sensible à l'azotate d'argent ammoniacal, à travers plusieurs doubles de papier buvard interposés afin d'empêcher le contact immédiat.

Appliqué sur la peau intacte, même avec frottement, le mercure, comme des expériences récentes l'ont irréfutablement démontré, n'est pas absorbable en nature, mais on admet qu'il peut le devenir à l'état de combinaison, après avoir été attaqué par les agents chimiques contenus dans les sécrétions des organes glanduleux de la peau. Si cette attaque se produisait réellement, ce qui est fort contestable, comme je le montrerai plus loin, je dois ajouter qu'elle serait toujours assez faible et assez lente pour rendre à peu près nul le danger d'absorption qui en résulterait.

Ce qui est autrement grave, quand on manie habituellement le mercure, quand les mains en restent imprégnées et qu'on les fait servir à la préhension des aliments sans les avoir préalablement lavées avec soin, c'est le risque auquel on s'expose de mélanger le métal aux aliments ingérés, et de l'introduire ainsi dans les voies digestives, où l'action des sucs gastriques et intestinaux peut le transformer en composés éminemment toxiques.

Donc, quand le mercure est introduit dans l'organisme par le fait de son maniement habituel, il n'y pénètre qu'à l'état de combinaison, et c'est encore ainsi que les choses se passent quand son absorption se produit à la suite d'une inhalation de poussières fines. Arrêtés au passage et retenus sur les muqueuses des voies respiratoires, les globules du métal pulvérulent, quelle que soit leur petitesse, ne peuvent pas traverser, en nature, les *septa* qui les séparent du réseau des capillaires sanguins, mais soumis, comme ils le sont alors, à l'action combinée de l'oxygène de l'air et des chlorures alcalins, ils se transforment en composés solubles qui se prêtent facilement à l'absorption. Ils peuvent aussi jouer le rôle de corps étrangers et, dans ce cas, l'irritation qu'ils produisent provoque la formation d'abcès susceptibles de dégénérer en ulcères.

Quand le mercure est inhalé à l'état de vapeurs, celles-ci agissent de façon fort différente suivant qu'elles sont émises à des températures très élevées, telles que celle de l'ébullition, par exemple, ou à la température ordinaire.

Dans le premier cas, les vapeurs qui se dégagent dans l'air ambiant, sensiblement plus froid qu'elles, s'y condensent en gouttelettes liquides très fines, et on est ainsi ramené aux effets connus de l'inhalation des poussières mercurielles. Dans le second cas, les vapeurs, en se diffusant dans l'air, qui est à une température égale ou supérieure, y conservent leur état de fluide élastique, et comme elles ne sauraient le perdre en pénétrant dans les voies respiratoires, elles peuvent alors participer aux échanges gazeux dont les poumons sont le théâtre et pénétrer directement dans le sang, au même titre que les gaz atmosphériques auxquels elles sont mélangées.

Après cette analyse qui montre combien sont variables les modes de pénétration du mercure dans l'organisme, il y a lieu de se demander si chacun d'eux comporte aussi un mode particulier d'intoxication, ou bien si tous indistinctement, malgré les différences essentielles qui les séparent, donnent naissance à des effets toxiques identiques.

Sans discuter contradictoirement ces deux opinions, sans se préoccuper de les soumettre au contrôle des faits, Kussmaül admet, *a priori*, la vérité de la seconde, et cela le conduit à faire entrer, dans la description qu'il donne du mercurialisme, l'ensemble des symptômes constatés par lui, et par d'autres savants allemands, sur les nombreux sujets qu'il leur a été donné d'observer.

On ne saurait évidemment douter de l'exactitude de ces observations, mais comme elles se rapportent à des cas spécifiquement très dissemblables, Kussmaül, qui n'a pas tenu compte de ces différences spécifiques, s'est exposé à une première cause d'erreur en n'admettant qu'une seule forme de mercurialisme, à laquelle il faudrait attribuer la totalité des symptômes dont il fait une énumération si longuement détaillée.

Comme cause d'erreur plus grave encore, on peut lui reprocher de s'être servi d'observations qui le mettaient en danger de confondre les symptômes de l'intoxication mercurielle avec ceux qui pouvaient résulter de l'intoxication par d'autres métaux. Il convient en effet de remarquer que ses études cliniques, et celles de la plupart de ses devanciers allemands, ont porté à peu près exclusivement sur des étameurs de glace, lesquels risquent d'être intoxiqués, non seulement par le mercure, mais aussi par l'étain, qu'ils manient à l'état de *regratures*, et qu'ils inhalent à l'état d'*avivures*.

Les *regratures*, résidus fournis par le grattage des glaces cassées ou défectueuses, et les *avivures*, poussières fines soulevées par le nettoyage des ateliers, sont deux amalgames d'étain, renfermant le premier 75 p. 100, le second 25 p. 100 de ce métal, et comme les ouvriers spécialement employés aux travaux de l'étamage absorbaient de l'étain en même temps que du mercure, leur situation est loin de ressembler à celle des autres ouvriers du même atelier que la nature de leurs occupations, distillation ou transport du mercure, emmagasinage et emballage des glaces, exposait uniquement à l'action des vapeurs mercurielles émises, tantôt à des températures élevées, tantôt à la température ordinaire.

En ne distinguant pas entre ces deux catégories d'ouvriers, Kussmaül a pu se trouver amené à mettre sur le compte du mercure des effets toxiques appartenant réellement à l'étain, et, lors même qu'on serait d'accord avec lui pour n'admettre qu'une seule forme de mercurialisme, il y aurait encore des réserves à faire au sujet des symptômes qu'il se croit en droit de lui assigner.

On ne saurait aborder la discussion de ces symptômes sans

avoir préalablement résolu la question de savoir si le mercurialisme est une entité morbide dont le type reste invariable malgré la variation des causes qui peuvent lui donner naissance, et cela nécessiterait, pour chacune de celles-ci, l'étude séparée des effets toxiques qu'elle est capable de produire.

On sait que ces causes sont au nombre de quatre principales : l'absorption du mercure par les voies digestives, l'inhalation de ses poussières, l'inhalation de ses vapeurs émises à des températures élevées, et celle des mêmes vapeurs émises à la température ordinaire. L'étude de la dernière rentrait seule dans le plan du sujet qui m'occupe, et je vais maintenant exposer les résultats des recherches dont elle a été l'objet de ma part.

BIBLIOGRAPHIE

(1) Théophraste. — *Opera omnia. Liber de lapidibus*, p. 12 et 13.

(2) Dioscoride. — *De materià medicà*, t. I, *de Hydrargyro*, cap. CX, p. 776.

(3) Matthiole. — *Comment. in lib. Dïoscoridis*, lib. V, cap. LXX : *de Arg. Viv.*, p. 936.

(4) Dioscoride. — *Loc. cit.*, lib. V, ch. IX.

(5) Pline. — *Hist. nat.*, t. V, lib. XXXIII, cap. VII, p. 38.

(6) Galien. — *De simpl. med. facul.*, t. XI, lib. V, p. 707.

(7) Aetius. — *Med. græc. tetrabiblos*, sermo I, p. 712.

(8) Paul d'Égine. — *Op. omn.*, lib. VII, cap. III, p. 400.

(9) Actuarius. — *Op. omn.*, lib. V, c. XII, p. 315.

(10) Oribasé. — *Medic. collectan.*, lib. XIII.

(11) Rhazès. — *De re medicâ*, lib. VIII, cap. XLII, p. 203.

(12) Ausone. — Can. II, cap. XLVII, épig. X.

(13) Mésué. — *Op. omn.*, lib. IV, cap. XIII, p. 162.

(14) Sérapion. — *De simpl. medic. hist.*, p. 135.

(15) Avicenne. — *Canon medicinæ*, lib. II, tract. XI, cap. XLVII, p. 207.

(16) Alsaharavius. — *Lib. theor. ac. pract.*, fol XXXV, p. 108.

(17) Constantinus Africanus. — *De morb. cogn. et curat.*, lib. IX, p. 103.

(18) Roger de Parme. — *Pract. med.*, lib. V, cap. XI.

(19) Rolandus Capellatus. — *De cur. pestif. apostematum*, tract., lib. II.

(20) Petrus Hispanus — *Lib. emp. de medendis, hum. corp. morbis.*

(21) Théodoric. — *Chir. de morbo mortuo*, lib. III, cap. LV, fol. 127, p. 2.

(22) Gulielmo Varignano. — *Chirurg.*, lib. V, cap. X.

(23) Bernard Gordon. — *Lib. méd. de morb. curatione*, lib. II, cap. XVI.

(24) Arnauld de Villeneuve. — *De grad. med. Aphorismi*, tract. VI.

(25) Guy de Chauliac. — *Chir.*, fol. 83, p. 2.

(26) Valesco di Taranta. — *Philosopharm.*, lib. VI, fol. 156.

(27) Grunpeck de Burchausen. — *Tract. de pestil. scorrâ, sive de morb. gall.*, t. I, p. 57.

(28) Widmann. — *Tract. de pust. quæ vulgato nomine dicuntur mal. gall.*, t. I, p. 47.

(29) Béranger de Carpi. — *Comm. cum. ampl. add.*, t. I, cap. VII.

(30) Jean de Vigo. — *Chirurg.*, lib. V, cap. I, n° 2.
(31) Ulric de Hutten. — *De quaj. med. et morb. gall. Luisinus*, lib. I, cap. IV.
(32) Fabrice de Hilden. — *Eph. des C. de la N.*, cent. V, obs. 98.
(33) Jacques Catanée. — *Luisinus*, lib. III, cap. II.
(34) Ange de Bologne. — *Libellus de curâ ulc. et de unguentis. Bas. Sammlung*, p. 288.
(35) Nicolas Massa. — *Luisinus*, lib. VI, cap. IV.
(36) Johannes Vochs. — *De pestilentiâ anni 1507 et ejus curâ.*
(36') Frascator. — *De cont. morb. curâ*, lib. III, cap. X, fol. 109, p. 2.
(37) Benedictus Victor. — *Luisinus*, t. I, cap. II, p. 96.
(38) J. Fernel. — *De luis venereæ curat. perfect.*, t. I, cap. VII, p. 99, Trad. de Le Pileur, Paris, 1879.
(39) J. Fernel. — *Loc. cit.*, p. 137.
(40) J. Fernel. — *Loc. cit.*, p. 139.
(41) Fallope. — *Op. omn. De metallis seu foss.*, cap. XXXVII, p. 345.
(42) Matthiole. — *Comment. in lib. Dioscor.*, l. V, cap. LXX, p. 937.
(43) P. Forestus. — *Observationum*, lib. VIII, obs. 5.
(44) O. Borrichius. — *Act. Cop.*, 1673, obs. 79.
(45) Jalon. — *Eph. des C. de la N.*, dec. II, obs. 107.
(46) S. Walter Pope. — *Phil. Trans.*, t. I, p. 21, 1665.
(47) Etmuller. — *De Vertigine*, t. I, cap. VIII, 1671.
(48) O. Borrichius. — *Eph. des C. de la N.*, dec. II, obs. 16, p. 45.
(49) Jungken. — *Chymia exp. cur.*, sect. II, cap. *de Mercurio*, p. 149.
(50) Ramazzini. — *De morbis artificum*, p. 13.
(51) Fourcroy. — *Essai sur les maladies des artisans*, p. 38.
(52) Ackermann. — *Krank. d. Kunst. und. Handw.*, Bd II, S. 63.
(53) A. de Jussieu. — *Hist. de l'Ac. roy. des Sc. pour l'année 1719*, p. 359, 1721.
(54) Keyssler. — *Neueste Reisen durch. Deutsch.*, Bd II, p. 861.
(55) Scopoli. — *De morbis fossorum hydrargyri.*
(56) Thierry. — *Obs. de Phys. et Méd. en Espagne*, t. II, p. 22.
(57) Swediaur. — *Traité compl. des mal. syph.*, t. II, cap. XIX.
(58) Gmelin. — *App. médic., Règne minéral*, t. II, p. 22.
(59) Jacob Trew. — *Atrox-Merc. vidi effectus. Act. phys. med.*, t. IV, obs. 111, p. 540.
(60) Anton de Haen. — *Rat. med. in Nosoc. pract. Pars tertia*, p. 201.
(61) Bartoldi. — *Dissert. med. de morb. artif.*, p. 112.
(62) Sauvages. — *Nosologie méthodique*, t. IV, p. 38, 1772.
(63) Mérat. — *Mémoire sur le tremblement auquel sont sujettes les personnes qui emploient le mercure* (*J. de Méd.*, 1804, et art. *Tremblement mercuriel*, *Dict. des Sc. méd.*, t. IV, 1821).
(64) Burnett. — *Fait du Triumph, Phil. Trans.*, t. II, p. 402, et *Billioth. Brit*, t. XLVII, p. 365.
(65) Gaspard. — *J. de Phys. de Mag.*, t I, p. 185, 1821.
(66) Colson. — *Arch. gén. de Méd.*, t. XII, p. 68, 1826.

(67) Burdin. — *Dict. des Sc. Méd.* Article *Tain*, t. LIV, p. 271.
(68) Peyrot. — *Arch. gén. de Méd.*, avril 1834.
(69) *Journ. de Méd. de Bord.*, cité par *Revue méd.*, févr. et mars 1840.
(70) Olivier (d'Angers) et Roger (de l'Orne).— *Ann. d'Hyg.*, avril 1841.
(71) Grapin. — *Effets des vap. merc. sur l'homme. Arch. gén. de Méd.*, t. VII, p. 327, 1841.
(72) Rayer et Guérard. — *Ann. de Thér.*, t. III, p. 470, 1846.
(73) Roussel. — *Lettres méd. sur l'Espagne. Un. méd.*, 1848.
(74) Gallard. — *Des mal. causées par le Merc. Un. méd.*, t. II, p. 18, 137, 152.
(75) Hallopeau. — *Du Mercure*, p. 89, 90, 113, 141, 145.
(76) Werbeck du Chateau. — *Beob. über die Wirck. der Queck. Med. Jahr. 1814.*
(77) Anton Bayer. — *Beob. über Queck. Vergift, Horn's Arch.*, 1820.
(78) Bamberger. — *Klin. Beob.* — *Deutsch Clin.*, 1850.
(79) Fronmuller. — *Deutsche Klinik.*, N. III, S. 32, 1854.
(80) Koch. — *Bemerk. uber Hydrarg.* — *Canstatt. Jahr.*, 1855.
(81) Aldinger.— *Zur Lehre von Merc.* — *Diss. inaug.* Wurzburg, 1801.
(82) Keller.— *Uber die Erkrang. in der Spieg. Fab.*—*Deutsch. med. Woch*, 1860.
(83) Baum. — *Zur die Zust. der Arbeit. in den Spieg. Fabr.*, 1860.
(84) Gotz. — *Cité par Kussmaül*, p. 136.
(85) Kussmaul.— *Untersuch. uber die. constit. Mercur.* Wurzburg, 1861.
(86) Bateman. — *Report of Diseases, Ed. med. and sur. J.*, t. VII, p. 176.
(87) Mitchell. — *Lond. med. and surg. J.*, nov. 1831.
(88) Karl Sundelin. — *Horn's Arch.*, 1829, S. 550.
(89) Bright. — *Rep. of. med. Deseases*, t. II, p. 2 à 495, 1831.
(90) Arrowsmith. — *Uber das bei Metallvergift. vork. Zittern. Schmidts Jahr.*, Bd V, S. 304.
(91) Van Charante. — *Beobacht. einer Falls von Gliederzittern Schmidts Jahr.*, Bd VIII, S. 176.
(92) Vallon. — *Schmidts Jahr.*
(93) Pleischl. — *Tremores mercuriales, Œst. Zeitschr. für. pr. Heilk.*, nos 38, 39, 40, 41, 1856.
(94) Hermann. — *Studien in Idria, Wien. med. Woch.*, nos 40, 41, 43, 1858.

CHAPITRE IV

Action toxique des vapeurs mercurielles. Expériences.

Dans les cas où il a été permis d'observer l'action toxique exercée sur l'homme, à la température ordinaire, par les vapeurs mercurielles, celles-ci étaient rarement seules à intervenir. Ces observations, avec la complexité de leurs résultats, laissaient donc indécise la question de la détermination des symptômes vrais de l'intoxication hydrargyrique, et on ne pouvait sortir de cette indécision qu'en expérimentant, dans des conditions bien définies, sur des animaux supérieurs.

C'est ce qu'ont tenté, en Allemagne, Barensprung, Eulenberg et Kirchgasser; mais leurs expériences, insuffisantes par le nombre et défectueuses par la méthode, sont loin d'être décisives, comme je vais le montrer en les exposant brièvement.

Barensprung (1), dont les travaux datent de 1850, s'est moins préoccupé d'étudier l'action toxique des vapeurs mercurielles sur les animaux, que de prouver leur pénétration directe dans les voies pulmonaires, et, pour fournir cette preuve, voici comment il opérait.

Expérimentant sur des lapins, il plaça successivement trois de ces animaux sous une cloche à l'intérieur de laquelle il faisait dégager des vapeurs de mercure bouillant, puis il les tua, après les avoir soumis, pendant quelques heures, à ce traitement.

A l'autopsie il trouva dans le tissu pulmonaire de nombreuses hyperémies variant de la grosseur d'une tête d'épingle à celle d'une lentille, et quelques taches rouges et grises correspondant à autant d'hépatisations. Le microscope lui révéla nettement la présence de gouttelettes de mercure formant le noyau de ces hyperémies et de ces hépatisations, et il rencontra d'autres gouttelettes très apparentes dans les mucosités des bronches. La muqueuse de la trachée et celle des bronches étaient d'ailleurs fortement injectées.

S'ils n'eussent été sacrifiés, les lapins qui présentaient d'aussi graves lésions seraient morts certainement des suites des désordres occasionnés par elles ; mais, tout en admettant que cette conclusion découle rigoureusement des expériences de Barensprung, il importait cependant de la confirmer par des preuves de fait, et c'est le Dr Herman Eulenberg (2) qui s'est le premier préoccupé de les fournir.

Il renferma d'abord un lapin dans une grande cage vitrée, où il fit évaporer, pendant sept jours, du mercure chauffé au bain de sable. Après quinze jours de séjour dans ce milieu, l'animal ne présentant aucun changement d'état apparent, Eulenberg fit arriver à la partie supérieure de la cage les vapeurs produites par 5 grammes de mercure en ébullition, et six jours plus tard, le lapin cessant de manger, ses gencives ainsi que ses conjonctives rougirent et se tuméfièrent. Ces symptômes disparurent au bout de quelques jours et la santé générale resta bonne.

Dans une seconde expérience, faite encore sur un lapin, la cage vitrée, qui était plus petite, reçut, le premier jour, toute la vapeur provenant de l'ébullition de 20 grammes de mercure. Le second et le quatrième jour eurent lieu deux volatilisations de 10 grammes chacune, sans que l'animal manifestât d'autre symptôme qu'un peu d'enflure des conjonctives, avec un léger dépôt de mucosités aux angles internes des yeux ; le sixième jour il fut trouvé mort en posture assise.

A l'autopsie, Eulenberg ne découvrit pas, comme cela était arrivé à Barensprung, des gouttelettes de mercure dans le tissu pulmonaire, mais des lames de cuivre humectées d'acide nitrique, appliquées sur ce tissu, s'amalgamèrent très distinctement. Les grosses veines, et toutes les cavités du cœur renfermaient du sang caillé noir, la muqueuse de la trachée et celle des plus petites branches étaient fortement injectées, les poumons et le cerveau étaient notablement congestionnés.

De cette unique expérience Eulenberg se croit en droit de conclure que les vapeurs mercurielles sont mortelles pour les animaux de petite taille, pourvu toutefois qu'on les fasse agir à doses fortes et fréquemment renouvelées; mais cette conclusion est doublement attaquable, car elle pèche, à la fois, par excès de généralisation et par défaut de rigueur, puisqu'elle repose uniquement sur un fait, et que ce fait, lui-même, a été fort inexactement interprété.

Quand on renferme, en effet, comme le pratiquait Eulenberg, des animaux dans une enceinte limitée où l'on fait dégager des vapeurs émises par du mercure bouillant, ces vapeurs, en pénétrant dans un milieu dont la température est de beaucoup inférieure à la leur, s'y condensent en gouttelettes très fines que les courants d'air respiratoires amènent jusqu'au contact avec la muqueuse pulmonaire, sur laquelle elles se déposent et se fixent. Là, jouant le rôle de corps étrangers, elles donnent lieu à des phénomènes inflammatoires dont le retentissement peut s'étendre au reste de l'économie, et provoquer ainsi des troubles généraux assez graves pour déterminer la mort, à échéance plus ou moins prochaine. Les vapeurs mercurielles proprement dites n'entrent pour rien dans ces manifestations de nature purement traumatique, et ce qui arrive alors ne leur est nullement imputable. Pour les mettre en situation d'agir seules, sans l'intervention d'aucun facteur étranger, il faut qu'elles soient émises à une température inférieure à celle des organismes où elles doivent pénétrer; car l'échauffement qu'elles subissent, au moment même de cette pénétration, s'oppose à leur condensation, et c'est bien alors en conservant jusqu'à la fin leur état de fluide élastique qu'elles se présentent à l'absorption.

On s'est peu préoccupé des effets qu'elles produisent lorsqu'elles sont employées dans ces conditions, et Kirchgasser (3) qui a seul abordé expérimentalement cette question, ne l'a traitée que fort accessoirement dans un travail où il avait en vue d'élucider certains points du traitement de la syphilis par la méthode des frictions mercurielles.

D'après ce savant, la stomatite et les phénomènes de salivation auxquels peut donner lieu l'application de cette méthode proviennent d'une action toute locale des vapeurs émises par l'onguent napolitain, et, à l'appui de son opinion, il apporte l'expérience suivante.

Deux lapins de moyenne grandeur, une femelle et un mâle, la première plus jeune et par conséquent plus petite, ont été renfermés par lui dans une niche en bois de sapin de 50 centimètres de long sur 30 centimètres de large et de haut, hermétiquement close de partout, et percée seulement de quelques trous pour laisser passer l'air. Une porte à joints bien serrés ne s'ouvrait que pour l'introduction des aliments, et, le jour où commença l'expérience, le plafond de la niche fut frotté avec $4^{gr},5$ d'onguent napolitain, dont les animaux mis en expérience étaient séparés par quelques bâtons en travers qui empêchaient tout contact. Le tout était contenu dans une pièce à température constante, de 20° centigrades, mais la température à l'intérieur de la niche devait être sensiblement plus élevée.

Après quatre jours ainsi passés, les deux lapins montrèrent un peu de rougeur aux gencives supérieures, qui étaient primitivement pâles, et Kirchgasser fit alors, sur le plafond de la niche, une nouvelle friction de 9 grammes d'onguent. Le cinquième jour, la femelle manifesta, dans les extrémités postérieures, une faiblesse visible qui se traduisait par de légers tremblements, lorsqu'on tenait l'animal par les oreilles. Elle mourut le sixième jour, et on lui trouva, à l'autopsie, une stomatite légère, avec une injection, légère également, de la muqueuse pituitaire.

Le second lapin qui était plus fort et qui, à ce moment-là, présentait, lui aussi, des symptômes de paralysie dans les jambes de derrière, fut laissé pendant un jour à l'air libre pour se rétablir un peu, et quand on le remit en expérience, le lendemain, une nouvelle friction de 9 grammes d'onguent fut faite sur le plafond de la niche. L'animal mourut le dixième jour sans avoir présenté aucun phénomène anormal, en dehors de la paralysie de ses membres postérieurs qui devint plus complète, et il conserva son appétit intact jusqu'à la fin.

A l'autopsie on constata, sur ce lapin, une stomatite sensiblement plus intense que sur le premier, car elle s'accompagnait d'abcès gangréneux aux muqueuses des deux joues et d'ulcères aux bords de la langue; la muqueuse pituitaire, celle de la luette et des bronches étaient en outre fortement injectées, les glandes salivaires très tuméfiées et très rouges, la muqueuse de l'intestin grêle légèrement hypertrophiée.

Dans aucun des deux cas Kirchgasser ne put observer de salivation, et il s'en étonne pour le second, où elle semblait devoir résulter de la tuméfaction inflammatoire des glandes salivaires. Il essaie d'expliquer cette anomalie apparente en disant que l'animal, tout en salivant davantage, a pu avaler l'excès de sa sécrétion salivaire.

Il attribue d'ailleurs, sans hésiter, les lésions produites à une action excitatrice locale des vapeurs mercurielles sur la muqueuse buccale, où il incline à penser qu'elles trouveraient des conditions favorables à leur transformation en sublimé corrosif. Ce serait alors à l'absorption de ce composé, si éminemment toxique, qu'il faudrait rapporter la mort des deux animaux mis en expérience.

Sans rechercher ici ce que vaut cette explication, sur laquelle je reviendrai plus tard, je me bornerai à faire remarquer qu'elle n'est pas acceptable, en principe, parce que son auteur n'a pas pris la précaution de faire agir seules les vapeurs mercurielles sur lesquelles portait son étude. Celles-ci, en effet, étaient émises par du mercure divisé, incorporé à l'axonge de l'onguent napolitain servant aux frictions du plafond de la niche, et quand on opère dans ces conditions, surtout à une température aussi élevée que celle des expériences de Kirchgasser, le rancissement rapide des corps gras, qui entrent dans la composition de l'onguent, donne naissance à des produits volatils, âcres et irritants, qu'on ne peut pas considérer comme inactifs. Les niches à l'intérieur desquelles ce dégagement a lieu en ont leur atmosphère insupportablement empestée, comme je l'ai constaté à plusieurs reprises, et les animaux que l'on condamne à vivre dans un milieu aussi infect y sont soumis à des influences perturbatrices qu'il n'est pas permis de négliger.

On ne peut donc pas accepter les résultats obtenus par Kirchgasser comme caractéristiques de l'action propre des vapeurs de mercure, et lors même qu'on ne serait pas aussi justement autorisé à douter de leur exactitude, ce n'est pas avec le trop insuffisant apport des deux seules expériences sur lesquelles ils s'appuient qu'on est en droit de les généraliser.

Après Kirchgasser, la question de l'action que les vapeurs mercurielles exercent sur les organismes animaux, quand elles sont émises à des températures plus basses que celles de ces organismes, restait donc tout entière à traiter : je vais exposer ce que j'ai tenté, à mon tour, pour contribuer à sa solution.

Mes recherches, qui ont porté sur des animaux aériens et aquatiques de l'embranchement des vertébrés, comprennent deux catégories d'expériences distinctes.

PREMIÈRE CATÉGORIE. — **Animaux aériens.**

J'ai soumis à l'action des vapeurs de mercure des chiens, des lapins, des cobayes, des rats et des oiseaux.

Les chiens étaient renfermés dans des niches en bois de sapin recevant le jour par une large ouverture supérieure recouverte d'une vitre, et clôturées latéralement par une porte pleine qu'on n'ouvrait que deux fois par jour, matin et soir, lorsque l'animal confiné était extrait de sa niche pour prendre ses repas au dehors.

Les lapins et les cobayes mangeaient dans leurs niches, qui étaient également en bois de sapin, mais sans ouverture supérieure et sans porte. Sur une de leurs faces latérales, la paroi, qui manquait complètement, était remplacée par une vitre glissant lâchement dans deux coulisses, et ne produisant, à dessein, qu'une occlusion très imparfaite.

Les rats et les oiseaux étaient renfermés dans des cages en fil de fer, qui étaient placées elles-mêmes dans des niches identiques à celles des lapins et des cobayes.

Toutes ces niches étaient construites avec des planches mal jointes et percées de trous nombreux afin d'assurer largement la circulation de l'air à l'intérieur, de sorte que les animaux qu'on y confinait y trouvaient à peu près autant de facilités qu'à l'air libre pour respirer. Aussi l'expérience prouvait-elle surabondamment qu'ils pouvaient y prolonger indéfiniment leur séjour sans en éprouver le plus léger détriment, tant qu'on les préservait de l'action nocive des vapeurs mercurielles.

Pour mettre en jeu celles-ci, sans rien changer d'ailleurs aux conditions de milieu que je viens de décrire, voici les méthodes que j'ai employées :

J'ai d'abord essayé, en le modifiant légèrement, le procédé de Kirchgasser; au lieu d'étendre l'onguent mercuriel sur les plafonds des niches, j'en ai enduit des toiles que j'ai appliquées à l'intérieur, par leur côté net, sur les trois faces latérales disponibles dans chaque niche; et pour éviter aux animaux, sur lesquels j'expérimentais, tout contact avec ces toiles, j'avais soin de les en séparer par un grillage métallique en fil de fer fort, à mailles très serrées. Cette précaution, d'ailleurs, devenait inutile pour ceux de ces animaux qui devaient être tenus en cage, comme c'était le cas pour les oiseaux et pour les rats.

En reprenant plusieurs fois, dans ces conditions, l'expérience de Kirchgasser, j'ai constaté qu'on ne pouvait pas, à moins d'un redoublement excessif de précautions, se soustraire à la cause d'erreur que j'ai signalée plus haut; celle du dégagement simultané de vapeurs mercurielles et d'autres produits volatils, dont l'action sur les organismes animaux est loin d'être négligeable.

Ces produits volatils sont dus, comme j'ai eu déjà l'occasion d'en faire la remarque, au rancissement de la matière grasse de l'onguent napolitain; la moindre élévation de température à l'intérieur des niches favorise beaucoup leur développement, et il faudrait, pour éviter leur formation, renouveler très fréquemment les toiles enduites, dont l'emploi deviendrait ainsi d'une complication gênante.

Pour obtenir ce qu'on ne peut pas avoir avec elles, c'est-à-dire une émission de vapeurs mercurielles pures de tout mélange, je les ai remplacées, soit par des plaques de cuivre amalgamées, soit par des toiles que je trempais successivement dans une solution de nitrate acide mercureux et dans de l'eau fortement ammoniacale; double opération qui a pour effet d'imprégner ces dernières d'un dépôt adhérent de mercure métallique, rendu éminemment propre à l'émission des vapeurs par son état d'extrême division.

Les toiles qui ont subi cette préparation, et que j'appellerai, pour abréger, *toiles mercurielles* ou *mercurisées*, ont, en effet, un pouvoir émissif considérable, et qui dépasse de beaucoup, à surface égale, celui des plaques amalgamées, mais il faut se tenir en garde contre un risque auquel expose leur emploi. Mal préparées, il peut leur arriver, par suite d'un défaut d'adhérence du mercure qui les imprègne, d'introduire des poussières fines de ce métal dans les atmosphères respirées par les animaux mis en expérience, et on se tromperait fortement en attribuant aux vapeurs ce qui proviendrait de l'action de ces poussières. Cette cause d'erreur est évitée par l'emploi des plaques amalgamées, qui est moins commode mais plus sûr.

Qu'on se serve, d'ailleurs, de plaques ou de toiles, l'effet produit par elles est toujours le même : revêtant les parois latérales des niches, les vapeurs qu'elles émettent abondamment et incessamment, n'ayant pour se diffuser qu'un espace relativement très limité, le maintiennent, sinon toujours saturé, du moins dans un état très voisin de la saturation, et cela malgré le renouvellement continu de l'atmosphère intérieure. Comme ces vapeurs prennent toujours naissance à la température de l'air ambiant, qui est elle-même toujours inférieure à celle des animaux confinés, en passant de ce milieu dans l'appareil respiratoire de ces animaux, elles y subissent une élévation de température qui rend leur condensation impossible.

Intimement mélangées à l'air qui s'introduit dans les poumons, elles participent avec lui aux échanges gazeux dont cet organe est le théâtre, et c'est par cette voie surtout, comme nous le verrons bientôt, qu'elles trouvent accès dans l'économie. Leur mode de pénétration dans le sang ne diffère aucunement de celui des gaz qu'elles accompagnent; il est direct et immédiat pour elles, aussi bien que pour l'oxygène et l'azote atmosphériques.

Leurs effets toxiques dépendant de la continuité de leur action, il faut avoir soin d'entretenir les surfaces qui les émettent dans un état permanent de bon fonctionnement, et pour cela il convient, à partir du commencement de chaque expérience, de s'assurer, par un contrôle quotidien, de la régularité du dégagement des vapeurs mercurielles dans les niches. Ce contrôle est facile à exercer au moyen des indications fournies par des papiers réactifs, au chlorure de palladium ou à l'azotate d'argent ammoniacal, qu'on a soin de préparer et d'employer toujours de la même manière. En se guidant sur la rapidité plus ou moins grande avec laquelle ils se teintent, on peut suivre pas à pas, dans toutes ses phases, l'affaiblissement progressif, mais toujours très lent, du dégagement des vapeurs mercurielles; et quand cet affaiblissement devient notable, il est temps d'intervenir pour y remédier. Cela, d'ailleurs, n'est pas souvent nécessaire; lorsque les plaques et les toiles ont été préparées avec soin, elles conservent longtemps leur pouvoir émissif sans trop d'altération, et en supposant cette condition remplie, il arrivera rarement qu'on ait besoin de les renouveler plus d'une fois par quinzaine.

Comme renseignement qui ne saurait être séparé de ceux déjà donnés sur le dispositif de mes expériences, je dois ajouter que celles-ci ont toutes été effectuées dans une grande pièce bien close, aux murs épais, dont la température restait invariable tant que celle du dehors ne présentait pas de trop grands écarts de valeur moyenne. Comme ces expériences, à part une seule qui s'est prolongée pendant plusieurs mois, ont été d'assez courte durée, pour chacune d'elles, entre ses dates extrêmes, la température du jour, prise dans les niches et déduite de trois observations faites à sept heures du matin, à midi et à sept heures du soir, a généralement très peu varié; les moyennes entre les températures des jours ainsi déterminées m'ont donné les températures des expériences.

Comme celles-ci ont été très nombreuses, en les échelonnant sur un intervalle de plusieurs années et en les partageant entre les diverses saisons, j'ai pu les effectuer dans des conditions thermométriques dont les écarts ont été assez considérables pour me permettre d'apprécier l'influence de la température sur le pouvoir toxique des vapeurs mercurielles.

Dans l'obligation où j'étais de m'assurer que les animaux, soumis à l'action de ces vapeurs, n'ont pas à compter avec d'autres causes nocives, comme celles qui pourraient provenir, par exemple, de leur séjour continu dans un milieu autre que leur milieu habituel, j'ai eu recours au moyen suivant de contrôle. Toutes mes expériences ont été faites en double, et pendant que l'une d'elles portait sur un animal exposé aux vapeurs mercurielles, l'autre portait sur un témoin placé dans des conditions qui, le mercure excepté, étaient identiques pour tout le reste.

Comme tous les témoins qui ont servi à ces expériences de contrôle n'en ont jamais éprouvé aucun dommage, comme ils n'ont présenté aucune apparence de troubles fonctionnels et qu'ils ont régulièrement augmenté de poids, pendant que les sujets dépérissaient rapidement et ne tardaient pas à succomber après avoir invariablement passé par la même série de symptômes, il devenait dès lors bien évident que l'action du mercure pouvait seule expliquer ces faits d'intoxication.

Telle a été la méthode que j'ai suivie dans mes recherches : il me reste maintenant à exposer les résultats auxquels ces recherches m'ont conduit; on les trouvera consignés dans les tableaux qui suivent.

PREMIÈRE SÉRIE. — Chiens.

Dimensions des niches. { Chiens de grande taille : 0m60, 0m60, 0m60.
Chiens de petite taille : 0m35, 0m38, 0m40. }

	DATE de la mise en expérience.	DATE de la mort.	POIDS à la 1re date.	POIDS à la 2e date.	Température.
			k	k	
Expér. I. — Toile	11 août 1883.	23 août 1883.	2,711	2,203	24°
Expér. II. — Plaque....	11 août 1883.	29 août 1883.	2,715	2,177	
Expér. III. — Toile	8 septemb. 1883.	2 octobre 1883.	6,200	4,504	»
Témoin...............	....	....	8,004	8,508	22°
Expér. IV. — Toile	2 octobre 1883.	5 mars 1884.	8,508	4,503	de 22° à 11°

DEUXIÈME SÉRIE. — Lapins.

Dimensions des niches : 0m35, 0m40, 0m55.

	DATE de la mise en expérience.	DATE de la mort.	POIDS à la 1re date.	POIDS à la 2e date.	Température.
			k	k	
Expér. V. — Toile......	30 juillet 1882.	6 août 1882.	1,913	1,600	22°
Expér. VI. — Plaque....	30 juillet 1882.	10 août 1882.	1,904	1,543	
Témoin................	»	»	»	»	
Expér. VII. — Toile	18 septemb. 1882.	28 septemb. 1882.	2,320	1,810	18°
Expér. VIII. — Plaque...	18 septemb. 1882.	1er octobre 1882.	2,345	1,792	
Témoin................	....	....	2,120	2,625	
Expér. IX. — Toile	17 décemb. 1882.	8 janvier 1883.	2,004	1,418	9°
Expér. X. — Plaque....	17 décemb. 1882.	21 janvier 1883.	2,115	1,382	
Témoin................	....	....	2,190	2,340	
Expér. XI. — Toile.....	27 mars 1883.	7 avril 1883.	1,877	1,532	11°
Expér. XII. — Plaque ...	27 mars 1883.	12 avril 1883.	1,862	1,475	
Témoin................	....	....	1,645	1,877	
Expér. XIII. — Toile...	23 juillet 1884.	27 juillet 1884.	2,616	2,205	21°
Expér. XIV. — Plaque.	23 juillet 1884.	31 juillet 1884.	2,487	2,108	
Expér. XV. — Toile...	20 juillet 1885.	6 août 1885.	2,516	2,105	24°
Expér. XVI. — Toile...	24 septemb. 1885.	1er octobre 1885.	2,120	1,609	19°
Expér. XVII. — Toile...	13 mars 1886.	2 avril 1886.	1,720	1,507	12°
Expér. XVIII. — Toile...	8 novemb. 1886.	23 novemb. 1886.	1,768	1,476	9°
Expér. XIX. — Toile...	17 décemb. 1886.	21 janvier 1887.	2,015	1,553	8°
Expér. XX. — Toile...	17 septemb. 1887.	30 septemb. 1887.	3,140	2,449	18°

TROISIÈME SÉRIE. — **Cobayes, Rats et un jeune Chat.**

Dimensions des niches : 0m30, 0m25, 0m25.

Cobayes.	DATE de la mise en expérience.	DATE de la mort.	POIDS à la 1re date.	POIDS à la 2e date.	Température.
Expér. XXI. — Toile.	12 septemb. 1883.	14 septemb. 1883.	k 0,895	k 0,733	22°
Expér. XXII. — Plaque	12 septemb. 1883.	16 septemb. 1883.	0,890	0,711	
Témoin	....	....	0,796	0,854	
Expér. XXIII. — Toile..	8 novemb. 1883.	13 novemb. 1883.	0,620	0,443	8°
Expér. XXIV. — Plaque	8 novemb. 1883.	15 novemb. 1883.	0,673	0,428	
Expér. XXV. — Toile..	24 septemb. 1884.	27 septemb. 1884.	0,653	0,549	20°
Expér. XXVI. — Toile.	7 décemb. 1884.	18 décemb. 1884.	0,610	0,512	8°
Expér. XXVII. — Toile..	2 décemb. 1885.	16 décemb. 1885.	0,630	0,425	7°
Expér. XXVIII. — Toile..	2 décemb. 1885.	3 décemb. 1885.	0,260	0,240	
Expér. XXIX. — Toile..	30 octobre 1886.	21 novemb. 1886.	0,482	0,365	10°
Expér. XXX. — Toile..	21 novemb. 1886.	5 décemb. 1886.	0,620	0,425	8°
Rats.					
Expér. XXXI. — Toile..	23 avril 1883.	25 avril 1883.	0,244	0,217	12°
Expér. XXXII. — Toile..	21 septemb. 1883.	22 septemb. 1883.	0,108	0,088	19°
Jeune Chat.					
Expér. XXXIII. — Toile..	12 septemb. 1883.	14 septemb. 1883.	0,595	0,533	20°

QUATRIÈME SÉRIE. — **Oiseaux.**

Dimensions des cages. { Pour les Pinsons et les Verdiers : 0m30, 0m25, 0m25.
Pour les Pigeons : 0m35, 0m40, 0m45.

Verdiers et Pinsons.	DATE de la mise en expérience.	DATE de la mort.	POIDS à la 1re date.	POIDS à la 2e date.	Température.
Expér. XXXIV. — Toile..	14 septemb 1882.	17 septemb. 1882.	k 0,023	k 0,019	19°
Expér. XXXV. — Plaque	14 septemb. 1882.	18 septemb. 1882.	0,018	0,014	
Expér. XXXVI. — Toile..	5 mars 1883.	8 mars 1883.	0,027	0,022	13°
Expér. XXXVII. — Plaque	5 mars 1883.	12 mars 1883.	0,026	0,020	
Exp. XXXVIII. — Toile..	17 septemb. 1883.	20 septemb. 1883.	0,024	0,020	21°
Expér. XXXIX. — Toile..	8 décemb. 1883.	13 décemb. 1883.	0,025	0,019	7°
Expér. XL. — Plaque	8 décemb. 1883.	16 décemb. 1883.	0,025	0,020	
Expér. XLI. — Toile..	10 décemb. 1883.	25 décemb. 1883.	0,026	0,022	7°
Pigeons.					
Expér. XLII. — Toile..	27 juillet 1884.	2 août 1884.	0,375	0,256	23°
Expér. XLIII. — Toile..	3 août 1884.	11 août 1884.	0,397	0,250	24°
Expér. XLIV. — Toile..	14 mars 1885.	2 avril 1885.	0,324	0,285	13°

Ce qui ressort essentiellement de cet ensemble de résultats, c'est que les vapeurs mercurielles, émises à saturation à des températures plus basses que celles des organismes dans lesquels elles pénètrent, ont toujours une action mortelle sur les animaux qui les respirent, mais à la condition, toutefois, que cette respiration s'opère d'une manière continue. De plus, comme on devait s'y attendre, leur toxicité s'accroît dans la mesure même de l'accroissement de leur émission.

Les résultats de celles des expériences précédentes, que j'ai distribuées par couples et marquées d'une succession d'accolades, sont particulièrement significatifs à cet égard.

Dans chaque couple, les deux expériences conjointes ont porté simultanément sur des animaux de même espèce et sensiblement de même poids, soumis à l'action des vapeurs mercurielles dans des niches de dimensions et de dispositions absolument identiques. Pour l'un d'eux, ces vapeurs étaient émises par des plaques amalgamées, pour l'autre par des toiles mercurisées de même aire; et comme celles-ci, à surface égale, ont un pouvoir émissif notablement supérieur à celui des plaques, elles ont aussi déterminé plus promptement, dans la généralité des cas, la mort des sujets soumis à leurs émanations.

Une élévation dans la température des expériences se traduisant, en définitive, par un surcroît de dégagement des vapeurs mercurielles, devait nécessairement aboutir à une aggravation de leur pouvoir toxique; et les faits observés s'accordent tous avec cette interprétation du mode d'action de la chaleur.

En rangeant ces faits, pour chaque série, en deux groupes correspondants aux deux saisons extrêmes, on trouve que les animaux d'une même espèce meurent, en moyenne, plus promptement dans la saison la plus chaude : on en jugera par la comparaison des temps moyens après lesquels la mort survient, en été et en hiver.

	ÉTÉ.	HIVER.
Lapins..................	9 jours	20 jours
Cobayes................	3 —	10 —
Pinsons et Verdiers.....	3 —	6 —
Pigeons...............	7 —	9 —

Si l'on peut, en s'appuyant sur les résultats qui précèdent, affirmer, comme un fait général, que l'action toxique des vapeurs mercurielles dépend principalement des causes extérieures qui influent sur le plus ou moins d'activité de leur émission, il faut aussi, dans l'appréciation de leurs effets sur les animaux atteints par elles, tenir compte d'un facteur emprunté à ces derniers eux-mêmes; je veux parler des différences individuelles qu'ils présentent dans leur résistance à l'intoxication mercurielle.

Ils peuvent, sous ce rapport, offrir de très grandes inégalités, dont on ne découvre, *a priori*, la raison d'être dans aucune particularité de leur constitution; et certains cas de mort très prompte, que j'ai constatés au cours de mes expériences, ne sont explicables que par un affaiblissement notable du pouvoir résistant des sujets sur lesquels ils ont été observés.

La possibilité de ces cas constituerait un danger sérieux dont nous aurions à nous préoccuper éventuellement pour nous-mêmes, s'il était vrai qu'il menaçât également tous les animaux, y compris l'homme, exposés aux émanations du mercure. Je me hâte de dire que nous n'avons pas à le redouter personnellement, car on ne le voit frapper que les individus appartenant aux espèces de petite taille, et jamais les autres. Seuls, en effet, parmi les nombreux sujets que j'ai mis en expérience, les cobayes et les petits oiseaux (verdiers et pinsons) m'ont fourni un certain nombre de cas de morts promptes par intoxication mercurielle, et je n'en ai trouvé aucun à noter chez les chiens, les lapins et les pigeons : l'immunité qui leur est acquise, sous ce rapport, s'étend, *a fortiori*, à tous les animaux d'une taille supérieure.

Sur une quinzaine de cobayes exposés aux vapeurs mercurielles, trois sont morts : le premier, en septembre 1884, après douze heures seulement d'exposition; les deux autres, en novembre et décembre 1885, après dix-huit et vingt-quatre heures; un verdier est mort en deux heures, le 15 juillet 1883; un autre en huit heures, le 17 septembre de la même année.

Ces faits ont leur contre-partie dans ceux qui suivent : le lapin de l'expérience XV a mis dix-sept jours à mourir, en plein été, et une femelle de cobaye, qui était pleine, est restée, du 18 septembre au 2 octobre 1885, sous l'influence des vapeurs mercurielles sans en paraître aucunement incommodée. Au terme de cette période d'immunité complète, qui s'était prolongée pour elle pendant quinze jours, elle mit bas une portée de trois petits dont un mort-né. Comme les viscères de celui-ci, soumis à l'analyse, donnèrent la réaction caractéristique de la présence du mercure, on ne saurait mettre en doute l'absorption du métal toxique par la mère. Laissée en liberté pendant deux mois, elle fut remise au mercure le 2 décembre 1885 et elle mourut le 16 du même mois, après avoir présenté tous les symptômes de l'intoxication hydrargyrique (Exp. XXVII). Un de ses petits, conservé avec elle, se montrait beaucoup moins résistant, car il succombait dès le second jour de la mise en expérience (Exp. XXVIII).

Ce fait, qui montre si nettement l'influence de l'âge sur la marche de l'intoxication, n'est nullement isolé; Kirchgasser en signale un du même genre dans l'expérience rapportée plus haut, et toutes les fois que des familles entières ont été empoisonnées par des émanations mercurielles, ce sont les enfants qui ont succombé les premiers. On peut donc affirmer, comme expression d'une loi générale, *que les animaux d'une même espèce sont d'autant moins résistants à l'action toxique des vapeurs mercurielles qu'ils sont plus jeunes*.

En laissant de côté les cas exceptionnellement rares où cette action se produit avec un caractère de soudaineté qu'elle ne présente jamais quand c'est sur nous qu'elle s'exerce, en la considérant dans la marche régulière de son évolution normale, on la voit se traduire pathologiquement par l'apparition d'un ensemble bien défini de symptômes spéciaux, que leur constance et leur netteté rendent particulièrement caractéristiques. Comme il importait qu'ils fussent déterminés avec une extrême précision et que je manquais de compétence en cette matière, j'ai prié mon savant ami, M. le Dr Solles (4), de vouloir bien se charger de cette détermination qui, faite par lui, devait sûrement réunir toutes les conditions de la plus rigoureuse exactitude. On trouvera, dans le

Bulletin de la Société d'Anatomie et de Physiologie de Bordeaux, le remarquable travail qu'il a publié sur les effets de l'intoxication par les vapeurs mercurielles ; je me borne à transcrire ici les conclusions auxquelles il est arrivé et qu'il formule comme il suit :

« 1° Amaigrissement rapide, d'autant plus prononcé que la » respiration est plus active, qui se produit malgré la persistance » de l'appétit, et qui a sa cause dans une déperdition plus grande » d'azote par la sécrétion urinaire, à la fois plus abondante et » plus riche en matières azotées chez le sujet que chez le témoin.

» 2° Tremblements qui se déclarent à peu près vers le milieu » de la période d'intoxication, agitation et convulsions sans » rythme bien marqué, qui atteignent tous les membres, mais » en premier lieu, et à un degré très élevé, les membres posté- » rieurs, et qui sont d'autant plus prononcés que la mort est plus » prochaine.

» 3° Paralysie précédée d'ataxie.

» 4° Nécropsie absolument négative : tous les organes, les » poumons, le foie, les reins, les intestins, la rate, le cerveau, la » moelle et les nerfs, ont été tour à tour examinés, macroscopi- » quement et microscopiquement, sans qu'aucun d'eux ait jamais » présenté la plus légère trace d'altération à laquelle la mort pût » être attribuée. Il semblerait donc que celle-ci aurait eu sa cause » dans l'amaigrissement extrême et la débilité des sujets intoxi- » qués, et on ne saurait, en particulier, l'attribuer à des convulsions » des muscles respiratoires, car les poumons n'ont jamais présenté » les lésions de l'asphyxie. Les globules sanguins ne varient pas » sensiblement en nombre, ils conservent leur forme et leur » couleur, le sang n'est nullement altéré. »

Les observations et les examens nécropsiques du Dr Solles ont exclusivement porté sur des animaux dont l'intoxication était due à une inhalation de vapeurs émises par des plaques de cuivre amalgamées, et c'est à ce mode d'émission qu'il faut recourir, lorsqu'on veut être bien assuré que ces vapeurs sont rigoureusement seules à intervenir. Avec des toiles mercurisées mal préparées, les animaux mis en expérience sont exposés à inhaler des poussières organiques qui servent de véhicule à du mercure réduit, et dont la pénétration dans les voies pulmonaires ne laisse pas d'offrir un assez grand danger. Si elles arrivent, en effet, jusque sur la muqueuse pulmonaire et qu'elles s'y fixent, elles jouent alors le rôle de corps étrangers, et leur nature irritante les rend particulièrement propres à provoquer des phénomènes morbides inflammatoires.

Les premières toiles que j'ai employées présentaient, par suite de leur préparation défectueuse, les inconvénients que je viens de signaler, et comme je m'en servais pour tapisser, non seulement les parois latérales, mais aussi les plafonds des niches, cette disposition tendait à favoriser la dissémination des poussières mercurielles dans l'air respiré par les animaux mis en expérience. Sous cette influence, l'autopsie a révélé, chez quelques-uns d'entre eux, les signes caractéristiques d'un commencement de congestion pulmonaire, mais les seuls atteints ont été des lapins et des cobayes, qui sont, à cet égard, d'une fragilité exceptionnelle, et il y a toujours eu immunité complète pour les chiens, les oiseaux et les rats. Cette immunité se retrouve d'ailleurs, non moins complète, pour les lapins et pour les cobayes, lorsqu'on se sert, avec ceux-ci, de toiles bien préparées et, mieux encore, de plaques métalliques amalgamées ne recouvrant que les parois latérales des niches.

L'absence de lésions capables d'expliquer la mort paraît donc être une particularité symptomatiquement caractéristique de l'intoxication par les vapeurs mercurielles émises à une basse température et agissant ainsi à l'état gazeux pur, sans aucun mélange possible de gouttelettes provenant de leur condensation. Sur ce point important, Kirchgasser confirme pleinement les résultats des observations du Dr Solles, car les deux lapins de son expérience sont morts sans présenter, dans leur organisme parfaitement intact pour tout le reste, d'autre trace de lésion qu'un commencement d'insignifiante inflammation du côté de la muqueuse buccale, irritée, non pas, comme il le prétend, par les vapeurs mercurielles, mais par les produits âcres et volatils provenant du rancissement de l'onguent qui les fournit.

Les faits de nécropsie négative, dont il vient d'être question,

n'ont été constatés par le Dr Solles et par Kirchgasser que pour des animaux de petite taille, mais des observations, qui méritent toute confiance, établissent qu'on les retrouve également chez les animaux des tailles les plus grandes.

La partie la plus insalubre d'Almaden est l'enclos des fours. Les animaux, envoyés dans cet enclos pour le travail ou pour brouter l'herbe, sont plus ou moins sujets au tremblement; les mules particulièrement qui font mouvoir les tours employés à l'extraction du minerai. Lorsqu'on les abat parce qu'elles sont devenues incapables de travailler, au témoignage de Roussel (5), on ne trouve pas en elles de traces de lésions intérieures.

Les mules employées, dans les mines d'argent du Mexique, à piétiner le mélange de minerai, de chlorure de sodium, de sulfate de cuivre et de mercure où s'opère l'amalgamation, abattues dans les mêmes conditions, donnent les mêmes résultats négatifs. Je tiens ce fait d'un jeune pharmacien, élève distingué de la Faculté de Bordeaux, M. Ch. Elissague, qui a bien voulu mettre à ma disposition les renseignements, rigoureusement contrôlés, qu'un séjour prolongé aux mines de Charcas et de Zacatecas lui a permis de recueillir sur l'action toxique du mercure.

Constaté pour toutes les parties de l'organisme des animaux intoxiqués par les vapeurs mercurielles émises à froid, le fait de l'absence de lésions apparentes est surtout important à noter pour certaines d'entre elles, telles que la muqueuse buccale, les glandes salivaires et l'appareil gastro-intestinal, dont l'état d'intégrité, après la mort, est, ici, naturellement en rapport avec le fonctionnement normal pendant la vie.

Sur ce point particulier, mes expériences m'ont donné des résultats d'une concordance absolue et sans une seule exception. Jamais aucun des animaux qui ont servi à ces expériences n'a été pris, au plus minuscule degré, ni de stomatite, ni de salivation, ni de dérangements gastro-intestinaux, tels que vomissements ou diarrhées; et ce que j'affirme pour eux est également affirmé par Roussel et par M. Ch. Elissague pour les mules d'Almaden, aussi bien que pour celles de Charcas et de Zacatecas.

Pendant que les choses se passent ainsi pour les animaux, et qu'on les voit succomber à l'action des vapeurs mercurielles sans présenter aucune lésion, ni du côté de la bouche, ni du côté de l'intestin, ces mêmes lésions sont très fréquentes chez l'homme, dans les professions qui l'obligent au maniement du mercure; et Kussmaül qui les considère comme symptomatiquement caractéristiques du mercurialisme professionnel, les attribue expressément à l'inhalation des vapeurs mercurielles. Ce qu'il affirme d'elles, à cet égard, accepté sans contradiction sur l'autorité de sa parole, est devenu une sorte de lieu commun qui a sa place consacrée, au premier rang, dans toutes les descriptions des symptômes du mercurialisme professionnel, et qui exprime, dans la pensée de ceux qui le formulent, le trait le plus saillant de cette affection. Rien n'est moins démontré, cependant, que cette prétendue vérité classique, et il est facile de s'assurer qu'on s'est manifestement trompé dans l'interprétation des faits invoqués pour l'établir.

Kussmaül, en effet, et tous les savants qui ont étudié, après lui, le mercurialisme professionnel, ont commis, ici, une commune erreur provenant de préoccupations *a priori* dont ils n'ont pas su suffisamment se défendre. Cette erreur est de n'avoir vu, dans les symptômes d'ailleurs très exactement observés par eux, que le résultat de l'intervention des vapeurs mercurielles et de n'avoir pas tenu compte des autres causes d'intoxication hydrargyrique qui agissaient simultanément sur les sujets soumis à leur examen; je veux parler de l'inhalation du mercure en poussières fines et de son ingestion en nature.

C'est à la première de ces causes qu'il faut attribuer, comme je le démontrerai plus tard, la stomatite et la salivation; c'est de la seconde que proviennent les troubles gastro-intestinaux. Les vapeurs mercurielles, en contact avec la muqueuse buccale, loin de produire, sur celle-ci, aucun effet d'irritation inflammatoire, peuvent au contraire, lorsqu'elle est primitivement enflammée, exercer sur elle une action curative.

C'est ainsi que, chez le chien de l'expérience IV, les gencives, fortement phlogosées à la suite des blessures que l'animal s'y était faites en essayant d'arracher le grillage en fil de fer qui recouvrait les parois de sa niche, ont été trouvées parfaitement saines à l'autopsie. Chez plusieurs syphilitiques, qui avaient des plaques muqueuses à la bouche, ces plaques ont disparu après un intervalle de temps qui a varié de 24 à 48 heures, par le seul fait d'un traitement qui a consisté à leur faire simplement respirer des vapeurs mercurielles.

C'est quand on voit ces vapeurs produire de pareils effets qu'on reconnaît tout ce qu'il y a d'erroné à ranger la stomatite et la salivation au nombre des symptômes qui caractériseraient le mercurialisme résultant de leur inhalation : de même, loin qu'elles aient de la tendance à provoquer des troubles gastro-intestinaux accompagnés de flux diarrhéique, j'ai pu constater qu'elles disposaient plutôt à la constipation l'homme et les animaux qui les respirent.

Elles sont essentiellement un poison des nerfs, mais on ne sait pas encore comment elles agissent sur le système nerveux qu'elles modifient si profondément.

En dehors de la question réservée de son mécanisme, cette action, considérée au point de vue purement empirique, nous offre des particularités, jusqu'à présent méconnues, qui modifient singulièrement l'opinion généralement acceptée sur son compte.

Quand elle est continue, et qu'elle provient de vapeurs émises à saturation, elle est toujours irrémédiablement fatale aux animaux qui la subissent; mais la mort, qui est pour eux de nécessité commune, les atteint à des échéances très diverses.

Ils meurent, en effet, d'autant plus promptement, toutes choses égales d'ailleurs, que l'espèce à laquelle ils appartiennent est d'une masse plus exiguë, et leur résistance à l'intoxication semble croître d'après une loi de progression plus rapide que celle des masses elles-mêmes; car nous voyons les temps, après lesquels survient la mort, varier de deux jours à cinq mois lorsqu'on passe d'un cobaye du poids de 0^k,895 à un chien du poids de 8^k,598 (Expériences XXI et IV).

En admettant que la résistance à l'intoxication par les vapeurs mercurielles suive toujours la même loi de progression accélérée, lorsqu'on s'élève du chien aux animaux qui le dépassent de plus en plus par leur masse, il faudrait, non plus des périodes de mois, mais des périodes d'années, pour amener ceux-ci au terme final de leur intoxication; et c'est bien ainsi que les choses se passent, comme le prouvent, à défaut d'expériences, des observations très précises faites sur les chevaux et sur les mules employées aux travaux des mines. A Almaden, en particulier, les mules qui travaillent, dans l'enclos des fours, à mouvoir le tour pour l'extraction du minerai, sont au poste le plus dangereux de la mine, et cependant, d'après Roussel, elles sont généralement bien portantes, tout en absorbant journellement et notablement du mercure, dont l'influence nocive est très lente à se produire sur elles, car elles ne commencent à trembler qu'après plusieurs années de service.

Cette étude du mode d'action des vapeurs mercurielles nous conduit donc à la constatation d'un premier fait, important à noter et qui peut se formuler comme il suit : *Émises à une basse température et respirées d'une manière continue, elles sont toujours toxiques, quand elles sont saturées, mais elles agissent très lentement sur les animaux de grande taille.*

A ce premier fait, qui atténue déjà considérablement le danger de leur respiration continue, en l'ajournant à de fort lointaines échéances, s'en ajoute un second, qui avait échappé à toutes les investigations antérieures; celui de l'innocuité complète de leur respiration intermittente.

Cette innocuité peut se rencontrer avec deux modes d'intermittence, qui ont fait l'objet de deux séries nouvelles d'expériences.

Dans l'une de ces séries, les animaux sur lesquels j'opérais étaient alternativement soumis et soustraits à l'action des vapeurs mercurielles, pendant des périodes dont les retours étaient invariablement réglés par une loi de succession régulière.

Dans l'autre série, les sujets étaient laissés sous l'influence du mercure jusques à ce que l'intoxication se révélât par un commencement bien caractérisé de tremblement; à ce moment, on les changeait de milieu, en les maintenant, dans le nouveau, rigoureusement à l'abri des émanations mercurielles, jusqu'à ce qu'ils fussent complètement rétablis. On pouvait alors les remettre itérativement au mercure pour les en retirer encore dès qu'ils recommençaient à trembler, et rien n'empêchait de continuer pour ainsi dire indéfiniment la série de ces traitements alternatifs.

5me Série. — Deux lapins bien développés, très vigoureux et très sains, ont été soumis, l'un pendant six mois, l'autre pendant une année entière, à l'épreuve de la respiration intermittente des vapeurs mercurielles, sous l'influence desquelles on les maintenait quotidiennement pendant douze heures, alors qu'ils passaient les douze autres en plein air et en toute liberté, dans l'enclos d'un assez vaste jardin.

Dans ces conditions, malgré la présence constante, bien régulièrement constatée, du mercure dans leur urine et dans leurs excréments, ils n'ont offert, à aucun degré, aucun des symptômes de l'intoxication mercurielle; ils ont conservé toute leur vigueur primitive, et l'augmentation de leur poids qui a été de 0k,295 pour le premier, de 0k,266 pour le second, atteste suffisamment la permanence de leur parfaite intégrité organique.

Comme on aurait pu attribuer le bénéfice de leur préservation à quelque particularité de leur constitution propre, qui les aurait rendus exceptionnellement réfractaires à l'action toxique des vapeurs mercurielles, pour démontrer qu'ils ne rentraient pas dans une exception de ce genre, du régime de la respiration intermittente, dont ils venaient de sortir sains et saufs, je les ai fait passer à celui de la respiration continue, auquel ils ont bientôt succombé, après avoir épuisé toute la série des symptômes caractéristiques en pareil cas.

Pour des lapins plus jeunes que ceux des deux essais précédents, les périodes de respiration alternant de douze heures en douze heures avec des périodes d'interruption, retardent plus ou moins considérablement la mort, mais sans en conjurer le danger. Quand il s'agit de sujets d'une même espèce, soumis au régime des intermittences, on voit varier, avec l'âge, le rapport qu'il faut établir entre les durées des périodes d'interruption et celles des périodes de respiration, pour arriver à la limite variable où l'immunité est acquise. Ce rapport augmente rapidement à mesure que l'âge diminue.

Il augmente encore, toutes choses égales d'ailleurs, lorsqu'on passe d'une espèce à une autre de taille inférieure; ainsi, les pigeons, dans aucun cas, n'échappent à l'action toxique des vapeurs mercurielles, lorsqu'ils les respirent quotidiennement douze heures sur vingt-quatre. Pour obtenir leur préservation, il a fallu rendre les durées des périodes d'interruption triples, au minimum, de celles des périodes de respiration, et quadruples avec de jeunes sujets.

Comme preuve de l'innocuité de la respiration intermittente des vapeurs mercurielles par les animaux de grande taille, on peut citer l'observation de Roussel relative aux animaux du bourg d'Almaden, lesquels restent parfaitement indemnes de tout accident d'intoxication, quoique journellement exposés aux émanations mercurielles provenant de la fumée des fours abondamment rabattue sur tout le voisinage.

6me Série. — Les expériences de cette série ont porté sur deux lapins et sur deux pigeons, qui ont été, à plusieurs reprises successives, alternativement soumis et soustraits à l'action des vapeurs de mercure, et qu'on laissait dans la première situation jusqu'à l'apparition d'un commencement bien marqué de tremblement; dans la seconde, jusqu'à guérison complète. En réglant ainsi les alternatives par lesquelles on les fait passer, on peut leur en faire supporter, pour ainsi dire indéfiniment, les retours successifs, et les troubles légers qu'ils présentent, après quelques jours d'exposition aux vapeurs mercurielles, disparaissent bientôt dès que celles-ci sont supprimées, sans que la santé générale ressente aucun effet fâcheux de ces perturbations passagères, en quelque nombre qu'elles se renouvellent.

En constatant la facilité avec laquelle les animaux, frappés d'un commencement d'intoxication par les vapeurs mercurielles, se rétablissent par le fait seul de leur soustraction à l'action de ces vapeurs, on constate aussi que ce rétablissement précède toujours le moment où le mercure absorbé a complètement disparu des sécrétions et des excrétions.

Les deux séries d'expériences précédentes conduisent donc à une même conclusion; c'est que la présence d'une certaine proportion de mercure dans l'économie, lorsque ce métal y est introduit à l'état de vapeurs, est parfaitement compatible avec le maintien de l'état sanitaire normal.

Les vapeurs mercurielles ne deviennent donc toxiques, par le fait de leur inhalation, que lorsqu'elles sont émises à saturation dans les milieux où elles se diffusent, et que, respirées avec continuité, elles s'accumulent incessamment dans l'organisme, qui finit ainsi par en être saturé à son tour. Tant que cette limite de saturation n'est pas atteinte, le danger d'intoxication n'existe pas, et il est facile de se rendre compte de la façon dont les intermittences agissent pour le prévenir. Pendant les périodes de respiration, le mercure qui est immédiatement absorbé par les voies pulmonaires, augmente constamment dans l'économie, où il s'emmagasine en proportions très variables dans les différents organes; pendant les périodes d'interruption, le métal absorbé s'élimine par l'ensemble des sécrétions et des excrétions, et, si les alternatives sont convenablement réglées, on reste toujours trop éloigné de la limite de saturation pour que l'intoxication se produise.

Si on remplace la respiration intermittente par la respiration continue, mais que celle-ci, au lieu de porter sur des vapeurs émises à saturation, porte sur des vapeurs émises en proportions suffisamment faibles pour qu'il y ait sensiblement équilibre entre l'absorption et l'élimination, il est évident, sous ces réserves, que la respiration continue peut perdre, elle-même, tout caractère nocif.

Je m'en suis assuré en expérimentant sur des lapins placés dans des niches dont une portion seulement des parois latérales était recouverte de plaques amalgamées ou de toiles mercurisées, de manière à réduire la surface émissive au quart ou au cinquième de ce qu'elle est dans les expériences ordinaires; les animaux placés dans ces conditions ont pu rester soumis, pendant plusieurs mois, à l'action continue des vapeurs mercurielles, sans en paraître aucunement incommodés.

Finalement les résultats essentiels de cette étude, sur l'action des vapeurs mercurielles émises à une basse température, peuvent se résumer dans les propositions suivantes :

1° Ces vapeurs sont toujours toxiques lorsqu'elles sont émises à saturation et d'une manière continue; mais leur action est alors très lente à se produire sur les animaux de grande taille.

2° Elles cessent d'être toxiques, quoique respirées avec continuité, lorsqu'elles sont émises en proportions suffisamment faibles.

3° Elles cessent d'être toxiques quand elles sont absorbées par voie de respiration intermittente.

4° Quand l'intoxication se produit, ses symptômes sont exclusivement nerveux, et ils ne présentent, à leur début, aucune espèce de gravité; ils disparaissent bientôt, spontanément, par le seul fait de l'éloignement du mercure.

Action des vapeurs mercurielles sur l'homme.

A défaut de données expérimentales se rapportant à l'action des vapeurs mercurielles sur l'homme, nous avons des faits nombreux d'observation, tendant tous à démontrer l'identité de cette action avec celle qu'elles exercent sur les animaux de grande taille : les quatre propositions qui viennent d'être formulées pour ces derniers nous seraient donc également applicables, et nous allons examiner dans quelle mesure cela est vrai pour chacune d'elles.

1re Proposition. — Parmi les ouvriers employés au travail du mercure, il n'est pas rare d'en rencontrer qui restent, jour et nuit, sous l'influence des émanations de ce métal ; le jour, à l'atelier où ils vivent dans un milieu saturé de vapeurs mercurielles ; la nuit, chez eux où le mercure qu'ils emportent déposé en poussière, sur leur personne et sur leurs vêtements, entretient au même état de saturation l'atmosphère confinée dans laquelle ils respirent.

Tous les ouvriers que j'ai eu l'occasion d'examiner dans trois grands ateliers d'étamage de glaces, à Lyon, appartenaient à cette catégorie, et le mercure pulvérulent dont ils étaient partout imprégnés impressionnait fortement le papier sensible à l'azotate d'argent ammoniacal. Leur cas était donc bien celui de sujets qu'on aurait soumis à l'épreuve de la respiration continue et prolongée des vapeurs mercurielles, qu'ils absorbaient ainsi dans des conditions faites pour assurer son maximum d'effet à leur influence toxique. Malgré tout ce qu'une pareille situation avait de compromettant pour eux, ceux que j'ai trouvés atteints de tremblement n'avaient ressenti les premiers symptômes de cette affection que plusieurs années après leur entrée dans les ateliers. A côté de ceux qui avaient été pris de ces troubles nerveux, peu graves en général, d'autres ouvriers, dont quelques-uns travaillaient depuis dix et vingt ans dans la même fabrique, étaient restés parfaitement indemnes, et ils étaient redevables de leur préservation au soin avec lequel ils s'attachaient à maintenir leurs personnes et leurs vêtements dans les meilleures conditions de propreté.

Ce que j'ai constaté sur les étameurs de glaces de Lyon, Kussmaül (6) et Pappenheim (7) *l'avaient constaté, avant moi,* sur d'autres ouvriers de la même profession, intoxiqués, eux aussi, parce qu'ils s'étaient exposés, par une sorte de parti pris d'incurie habituelle, à tous les risques qui se rattachent à la respiration continue des vapeurs mercurielles. Quoi qu'ils ne fissent rien pour se soustraire à ces risques, ils n'en ressentaient néanmoins que tardivement les effets, et le tremblement, qui était leur mal inévitable, n'apparaissait qu'après des périodes de plusieurs années. C'est Kussmaül qui l'affirme, et nul ne pouvait le faire avec plus d'autorité que lui, car il a professé pendant dix ans la clinique à Erlangen, ville où les fabriques de miroirs étamés étaient fort nombreuses ; ce qui lui a permis d'embrasser dans ses observations une série de plus de 1,200 cas de mercurialisme industriel.

Les doreurs au feu, dont Mérat (8) dit expressément *qu'ils ajoutaient à la malignité des vapeurs mercurielles par leur négligence et leur malpropreté,* doivent être, eux aussi, comme les étameurs de glaces de Furth et d'Erlangen, rangés dans la catégorie des sujets soumis au régime de la respiration continue de ces vapeurs. Le tremblement qui devait forcément résulter de cette continuité n'a pas manqué de se produire ; mais, encore ici, sa venue a été fort tardive et Mérat nous fournit, sur ce point, les renseignements les plus précis et les plus sûrs. Il s'est attaché, en effet, à noter, pour tous les doreurs malades admis dans son service, les temps écoulés depuis leur entrée à l'atelier jusqu'au jour de l'apparition des premiers symptômes du tremblement, et ces temps ont varié, de trois années au minimum à vingt-deux au maximum.

Ce qu'il y a surtout à relever dans les observations de Mérat, c'est la séparation bien tranchée qu'elles établissent entre le tremblement et les autres troubles morbides qu'on englobe ordinairement avec lui dans la symptomatologie de l'intoxication mercurielle.

Mérat est très explicite à cet égard, et il met une insistance spéciale à faire remarquer qu'il y a eu, chez tous les sujets traités par lui, coexistence de l'affection nerveuse avec le maintien d'un état général excellent sous tous les autres rapports. Dans toutes ses observations on voit invariablement revenir cette phrase stéréotypée : « *En dehors du tremblement, toutes les autres fonctions s'accomplissent comme en pleine santé.* »

Voici d'ailleurs en quels termes généraux il résume les résultats de ses observations : « Les phénomènes autres que le tremblement

» sont ceux-ci : le malade a la figure d'une teinte bise assez remar-
» quable, l'habitude du corps est peu ou point amaigrie, à moins
» que la maladie ne soit ancienne; la peau est généralement un
» peu sèche et quelquefois un peu chaude; la poitrine ne présente
» rien de particulier; la respiration se fait bien; il n'y a ni toux
» ni douleur particulière, aussi, par la percussion, cette cavité
» résonne-t-elle comme dans le meilleur état de santé; le ventre est
» ordinairement souple, mollet, de volume ordinaire; la sécrétion
» des urines et l'excrétion des matières alvines se fait comme
» en pleine santé, sans douleur, ainsi que sans augmentation
» ni diminution de quantité; finalement, le symptôme le plus
» remarquable de la maladie, celui qui seul la constitue, est le
» tremblement. »

Martin de Gimard (9), qui a fait, en 1818, une thèse *sur le tremblement des doreurs*, et qui a pu examiner cliniquement une trentaine de sujets atteints de cette affection, adopte pleinement les conclusions de Mérat et les reproduit en insistant sur leur caractère de rigoureuse exactitude.

Ce que Mérat et Martin de Gimard ont observé sur les doreurs au feu, Canstatt (10) et Kussmaül (11) ont eu également l'occasion de l'observer avec la même netteté sur les étameurs de glaces de Furth et d'Erlangen, Scopoli sur les mineurs d'Idria, don Lopez de Arebala et Roussel sur les mineurs d'Almaden.

Scopoli (12) déclare que le tremblement survient sans qu'il se produise aucun changement dans les parties solides ou liquides de l'organisme, que la température reste invariable et que le pouls se maintient normal.

Dans sa lettre à Thierry, don Lopez de Arebala (13), médecin de l'hôpital des mines d'Almaden, dit que le tremblement ne nuit pas aux autres fonctions du corps, et Roussel (14), à cent ans d'intervalle, se prononce identiquement dans le même sens.

Parmi les mineurs d'Almaden que la nature de leurs opérations exposait le plus aux émanations mercurielles, il en a rencontré quelques-uns atteints de tremblement depuis plusieurs années sans qu'ils souffrissent bien sensiblement de cette affection et surtout sans qu'elle fût accompagnée d'aucun trouble concomitant. Il s'est adressé, nous dit-il, à plusieurs mineurs ayant de l'embonpoint, le teint frais, et qui déclaraient ne souffrir d'aucun organe, quoiqu'ils tremblassent légèrement au sortir de la mine; il a constaté que cet état de choses pouvait durer longtemps sans autre accident, même lorsque le tremblement arrivait jusqu'à la convulsion.

Il cite en effet un mineur, présentant des convulsions marquées et fréquentes des membres inférieurs, qui ne pouvait ni marcher, ni articuler que difficilement, et chez lequel il trouva le pouls régulier, l'appétit vif, la digestion ainsi que les autres fonctions de la vie en bon état, et l'absence complète de toute douleur.

Le tremblement se sépare donc bien nettement, dans certains cas, de tous les autres symptômes qu'on lui associe traditionnellement dans les descriptions classiques des effets de l'intoxication mercurielle. C'est lui seul qu'on voit apparaître, chez l'homme, lorsque cette intoxication est due à l'inhalation des vapeurs mercurielles émises à une basse température; et encore faut-il que cette émission satisfasse à la double condition d'être continue et de se produire à saturation. Dans les circonstances les plus favorables à son apparition, le tremblement est toujours très lent à se déclarer, et on ne le constate, généralement, qu'après des intervalles de plusieurs années.

2e *Proposition.* — Dans toutes les fabriques de miroirs où mes travaux sur le mercure m'ont conduit à faire des recherches, j'ai constaté la présence des vapeurs de ce métal, non seulement dans les ateliers d'étamage, mais encore dans toutes les pièces en communication directe ou indirecte avec eux; en notant toutefois, par l'emploi des papiers réactifs, une répartition fort inégale des vapeurs ainsi diffusées. Saturantes, en effet, dans les atmosphères des ateliers, elles descendaient plus ou moins au-dessous de la limite de saturation dans toutes les autres pièces, à proportion de l'éloignement de ces dernières, mais aucune de ces pièces n'en était exempte, à aucun moment de la journée. Quelques-unes étaient habitées, soit par des employés sédentaires de la fabrique, soit par le directeur et par sa famille, et toutes ces personnes vivaient dans un milieu où elles étaient, partout et toujours, sous l'influence des émanations mercurielles. Elles n'en éprouvaient cependant aucune espèce d'incommodité, parce que les vapeurs qu'elles respiraient d'une manière continue étaient trop au-dessous de la limite supérieure de saturation. Dans les ateliers au contraire, où cette limite était atteinte, l'intoxication suivait sa marche ordinaire.

Kussmaül (15) a signalé, chez certains employés des fabriques de Furth et d'Erlangen qui habitaient les dépendances des ateliers, des faits d'immunité pareils à ceux que je viens de rapporter, et qui s'expliquent par les mêmes causes.

3e Proposition. — C'est surtout pour établir l'innocuité des vapeurs mercurielles, lorsqu'elles sont respirées d'une manière intermittente que les observations abondent.

La plus ancienne date de 1718; on la doit à de Jussieu (16) qui constate que les habitants d'Almaden, travaillant aux mines de mercure en même temps que les forçats, étaient absolument indemnes d'accidents mercuriels, tandis que les forçats en étaient atteints au plus haut degré. En notant cette différence, il la rattache, avec beaucoup de sagacité, à sa véritable cause; car il la fait dépendre, non seulement du séjour moins prolongé des premiers dans la mine, mais aussi du soin qu'ils avaient de ne jamais y manger, de changer de vêtements des pieds à la tête, lorsqu'ils la quittaient, de s'entretenir la peau nette par des ablutions à l'eau tiède et de se livrer à des exercices violents pour provoquer de fortes sudations.

En agissant ainsi, les habitants d'Almaden se dépouillaient, avant de rentrer chez eux, de tout résidu de mercure, et c'est seulement pendant leur séjour dans la mine qu'ils restaient soumis à l'influence nocive des vapeurs de ce métal. Ils ne respiraient donc ces vapeurs que d'une manière intermittente, et cela suffisait pour qu'ils n'en fussent pas incommodés, alors que les forçats, condamnés à ne jamais quitter la mine, ni pour manger, ni pour dormir, et maintenus ainsi strictement au régime de la respiration continue, étaient tous intoxiqués à des degrés divers.

Roussel confirme, comme il suit, le témoignage de de Jussieu : « Ce savant, dit-il, avait déjà remarqué que les mineurs du bourg » d'Amalden, travaillant librement aux mines, conservaient leur » santé et vivaient comme les autres hommes, tandis qu'au con- » traire les forçats vivant constamment dans les mines étaient » sujets à tous les accidents mercuriels. Aujourd'hui en mettant » à la place des forçats les étrangers malheureux, dénués de » ressources, que la misère pousse à Almaden, les différences » signalées par de Jussieu subsistent toujours. C'est parmi les » habitants seuls que s'observent les exemples d'individus bien » portants, *après trente et quarante ans de travail dans les » mines.* »

Comme un des plus frappants parmi ces exemples il cite celui d'un officier des mines, sexagénaire robuste, jouissant d'une santé générale excellente, et aussi celui d'un ouvrier qui était dans le même cas, quoiqu'il n'eût pas quitté le travail de douze ans à quarante-cinq ans.

On trouve encore une preuve décisive de l'innocuité de la respiration intermittente des vapeurs mercurielles dans cet autre fait rapporté par Roussel, que la population d'Almaden ne paraît ressentir aucun fâcheux effet de la distillation du minerai de mercure dans les fours à aludels, bien que la fumée s'échappant de ces fours soit souvent rabattue sur le bourg par l'action du vent. Notre savant compatriote a vainement cherché à constater dans l'intérieur de ce bourg des accidents produits par les émanations mercurielles, même sur les habitants les plus voisins des foyers de distillation.

Le Dr Raymond (17) qui a fait récemment un voyage d'exploration à Almaden confirme pleinement les assertions de de Jussieu et de Roussel.

Dans les fabriques d'étamage de glaces de Berlin, depuis une réglementation nouvelle qui date de 1886 et qui impose l'alternance régulière des jours de travail et de repos, tous les accidents mercuriels ont disparu (18).

Dans les locaux convenablement clos, quelque vastes qu'ils soient, qui renferment du mercure en masses assez considérables, offrant à l'évaporation des surfaces libres d'une grande étendue, il est facile de s'assurer, par l'emploi des papiers réactifs, que les vapeurs mercurielles ont bientôt envahi, par voie de diffusion, toutes les parties de l'enceinte où elles sont émises. Aussi quand l'air ne se renouvelle pas assez promptement dans cette enceinte, par insuffisance de la ventilation, la limite de saturation est-elle bientôt atteinte. Ceux qui séjournent habituellement dans des atmosphères ainsi saturées de vapeurs mercurielles, sont donc exposés à respirer journellement ces dernières, et souvent même à doses relativement fort élevées.

Tel est, notamment, le cas des chimistes qui passent leurs journées de travail dans des laboratoires, où ils ont de fréquentes manipulations à effectuer sur la cuve à mercure; et Berthelot (19), après s'être assuré de la présence permanente des vapeurs mercurielles dans un laboratoire de ce genre, fait remarquer que leur respiration habituelle, prolongée pendant plusieurs années, avait été absolument sans effet sur ceux qui vivaient dans un pareil milieu. Il attribue l'immunité complète dont ils ont bénéficié à la faible dose de l'agent toxique qu'ils absorbaient journellement; mais cette explication ne me paraît pas être la véritable. Dans les laboratoires où la cuve à mercure est découverte, et où elle sert fréquemment à des analyses de gaz, l'agitation du métal, en augmentant beaucoup sa surface évaporatoire, détermine une émission de vapeurs assez abondante pour amener bientôt la saturation de l'atmosphère ambiante, à moins qu'une ventilation bien réglée n'assure le renouvellement incessant de cette atmosphère. Le plus ordinairement elle est saturée, et les chimistes en rapport avec elle absorbent ainsi le maximum de ce qu'ils peuvent inhaler de vapeurs mercurielles; l'intermittence de cette inhalation suffit pour lui enlever tout caractère de nocivité.

Pendant toute la durée de mes recherches sur la diffusion des vapeurs mercurielles, c'est-à-dire pendant un intervalle de plus de deux années, j'ai passé à peu près régulièrement toutes mes journées dans une pièce d'étendue moyenne, basse de plafond, très imparfaitement ventilée, et où le mercure, largement étalé, offrait une surface émissive considérable. Le milieu dans lequel je vivais habituellement était donc, comme cela résultait des indications des papiers réactifs, saturé de vapeurs de mercure; mais comme je ne les respirais que pendant une partie du jour, elles ne m'ont jamais occasionné le plus minuscule dérangement.

Décisive au point de vue de la durée, mais subie dans des conditions qui avaient très irrégulièrement varié, cette épreuve était loin, cependant, d'avoir la valeur d'une expérience rigoureusement et méthodiquement conduite, et, comme il importait que cette expérience fût faite, je n'ai pas hésité à la tenter sur moi-même.

Après avoir préparé avec le plus grand soin des flanelles mercurielles de 8 à 10 décimètres carrés de surface, je les ai renfermées dans des sacs en toile fine, bien clos, dont j'ai recouvert la partie de mon traversin sur laquelle j'appuyais la tête en dormant. Dans cette situation, l'air que je respirais pendant mon sommeil était saturé des vapeurs mercurielles abondamment émises par les flanelles et, comme celles-ci s'épuisaient à la longue, je les renouvelais tous les quinze jours.

Je me suis soumis à plusieurs épreuves successives de ce genre, sans jamais en avoir été incommodé; mais je n'en mentionnerai ici qu'une seule, parce qu'elle a duré pendant plus de trois mois, et que j'ai pris les plus minutieuses précautions pour la faire rigoureusement aboutir. J'ai voulu même, dans ce but, aller fort au delà des prescriptions générales ci-dessus indiquées, et il m'est souvent arrivé de m'appliquer, en guise de masque, sur le visage, le sac en toile et son contenu; m'astreignant ainsi à respirer, pendant des heures entières, de l'air que son tamisage, à travers des flanelles fortement imprégnées de mercure, saturait forcément des vapeurs de ce métal.

Dans ces conditions, l'absorption de ces vapeurs est instantanée, car j'ai constaté très nettement la présence du mercure dans mes sécrétions et dans mes excrétions recueillies aux premières heures de la matinée qui a suivi la première nuit d'inhalation, et il en a été de même à toutes les époques de l'expérience, conduite comme je viens de le dire.

Tant que cette expérience a duré, c'est-à-dire pendant une période de trois mois et d'une semaine, j'ai régulièrement passé 8 heures sur 24 à respirer des vapeurs mercurielles émises à la température moyenne de 20°, saturées à cette température, et qui étaient absorbées, comme je le démontrerai plus tard, dès que leur pénétration dans les voies pulmonaires les mettait en rapport avec le liquide sanguin.

Comme leur élimination était moins rapide que leur absorption, lorsque celle-ci a pris fin, le mercure dont mon organisme s'était lentement imprégné n'a totalement disparu qu'après un intervalle de trois semaines; mon état d'hydrargyrisme s'est donc prolongé pendant quatre mois sans interruption. Pour que le fait de cette permanence ne pût pas être contesté, pour qu'il fût bien établi que, du commencement à la fin de ces quatre mois, j'avais été constamment sous l'action du mercure, je n'ai pas omis, un seul jour, de rechercher ce métal dans mes urines, mes excréments et ma salive, et je n'ai pas, non plus, une seule exception à noter dans la série complète de résultats positifs que m'ont fournis ces analyses quotidiennement répétées.

Pendant que je subissais volontairement cette épreuve de mercurialisation prolongée, mon état sanitaire, qui était parfaitement normal au début, s'est invariablement maintenu dans les mêmes conditions, et il ne s'est produit aucun trouble qui en dérangeât tant soit peu minusculement l'équilibre. Le sommeil a toujours été calme et régulier, l'appétit excellent; les forces, mesurées chaque jour au dynamomètre, se sont sensiblement accrues, la température n'a pas varié, et la constance du pouls fait rejeter tout soupçon d'altération dans la constitution du sang.

Ce que je dois surtout signaler comme la particularité la plus caractéristique de mon état général, c'est l'absence absolue de toute trace de lésion du côté de la bouche, du tube digestif et du système nerveux. Quoique longtemps continuée, l'inhalation du mercure en vapeurs n'a provoqué chez moi l'apparition d'aucun des symptômes qu'on s'accorde à considérer comme des conséquences inévitables de l'absorption de ce métal par les voies pulmonaires; je n'ai été pris, à aucun degré, ni de stomatite, ni de salivation, ni de dérangements gastro-intestinaux, et je n'ai pas ressenti la plus légère atteinte du plus faible tremblement.

Après cette expérience personnelle, j'ai pu, dans des conditions que j'indiquerai plus tard, soumettre à la même épreuve un certain nombre d'autres patients, qui sont restés, eux aussi, indemnes de tout accident mercuriel. Les preuves de fait ne manquent donc pas pour attester l'innocuité de la respiration intermittente des vapeurs mercurielles saturées, émises à une basse température.

4ᵉ Proposition.—Cette respiration ne devient dangereuse qu'en devenant continue, mais le danger qui en résulte n'est pas de ceux qui éclatent à l'improviste et qui sont rendus redoutables par la soudaineté de leurs surprises. Dans les conditions les plus défavorables, on n'a jamais que très tardivement à compter avec lui, et les premiers symptômes qui le révèlent apparaissent bien longtemps avant qu'il soit arrivé à son paroxysme. On sait que les effets toxiques des vapeurs mercurielles, lorsqu'elles sont respirées d'une manière continue, se réduisent à la production de troubles nerveux capables de déterminer la mort lorsqu'on leur laisse librement suivre leur progression croissante, mais qui débutent par un tremblement d'abord très bénin. Quand on prend ce tremblement à son origine, c'est un mal sans gravité et des plus facilement guérissables; car il suffit, pour en avoir raison, de soustraire ceux qui en sont atteints à l'influence des vapeurs mercurielles, en les éloignant des lieux où ils sont exposés à les respirer. Leur guérison est infailliblement assurée par cette simple mesure, sans qu'il soit besoin de recourir à aucune espèce de traitement.

Don Lopez de Arebala, le médecin déjà cité de l'hôpital d'Almaden, est très explicite à cet égard, dans sa lettre à Thierry : « Le mercure, dit-il, cause aux mineurs un tremblement qui ne » se fait pas par la rétraction de leurs nerfs, mais par leur secousse, » et il ne nuit pas aux autres fonctions du corps. Aussi *ne leur » donne-t-on aucun* remède, la nature seule les guérit en évacuant » le mercure par les selles et par d'autres voies. Il suffit, pour » cela, qu'on *les éloigne pendant quelques jours* de la mine et des » fourneaux. »

Keyssler (20) et Scopoli (21) constatent également, chez les mineurs d'Idria, que le tremblement auquel ceux-ci sont sujets se guérit par le simple retour à l'air libre et le changement d'occupations.

Antonio de Ulloa, cité par Akermann, dit, en parlant des mineurs de l'Amérique du Sud, qu'ils quittent la mine dès qu'ils sont pris de tremblement, et vont travailler la terre dans une vallée où la chaleur est très grande et où ils sont très promptement remis.

Roussel, qui a étudié avec beaucoup de soin le tremblement, à Almaden, en a distingué trois degrés : 1° tremblement simple; 2° avec convulsion ; 3° avec paralysie et affaiblissement des facultés intellectuelles. Pris à son premier degré, le tremblement constitue un symptôme sans gravité, dont on guérit très vite en quittant la mine, en changeant d'occupations et en suant beaucoup. Lorsqu'il est devenu convulsif et douloureux, il est plus difficile à guérir. Le Dr Raymond, qui a visité Almaden, confirme pleinement les assertions de Roussel.

Ce qui est vrai des mineurs, l'est également des étameurs de glaces et des doreurs sur métaux. En parlant des premiers, Canstatt dit que ceux qui sont atteints de tremblement mercuriel *guérissent sans aucun traitement,* lorsque le malade s'éloigne des vapeurs de mercure; en parlant des seconds, voici comment s'exprime Mérat : « La marche de la maladie est très simple, » quand des causes étrangères ne viennent pas la compliquer; elle » est toujours la même et se termine par le repos et la cessation

» de travail, sans qu'aucun phénomène fâcheux se manifeste dans » son cours. Cette maladie se termine toujours, sinon d'une façon » très heureuse, du moins peu fâcheuse, et on ne se souvient pas, » à la Charité, d'avoir vu mourir quelqu'un de cette affection. »

Je pourrais ajouter encore d'autres faits à ceux que je viens d'exposer. Ceux-ci me paraissent plus que suffisants pour montrer comment les vapeurs de mercure agissent sur l'homme; leur action est identique à celle qu'elles exercent sur les animaux, et on peut, par conséquent, la résumer dans les quatre propositions suivantes :

1re Proposition. — Les vapeurs mercurielles saturées, émises à une basse température et respirées d'une manière continue, ont sur l'homme une action toxique qui se réduit à la production de troubles nerveux, tels que tremblement, convulsions, paralysie. Ces troubles, qui finissent toujours par devenir mortels, n'apparaissent que très tardivement et ils évoluent avec une extrême lenteur.

2e Proposition. — Lorsque les vapeurs mercurielles ne sont plus saturées, si elles sont émises en proportions assez faibles au dessous de la limite supérieure de saturation, elles peuvent cesser d'être toxiques, même lorsqu'il y a continuité dans l'acte respiratoire.

3e Proposition. — Elles ne sont pas davantage toxiques, quoique émises à saturation, quand elles sont absorbées par voie de respiration intermittente.

4e Proposition. — Dans le cas de la respiration continue avec effets toxiques, les troubles nerveux, pourvu qu'on ne les laisse pas arriver à leur troisième période, sont dépourvus de tout caractère dangereux et leur guérison s'obtient, sans traitement, par le seul fait de l'éloignement du mercure.

Hygiène des professions mercurielles.

Les professions mercurielles exposent ceux qui les exercent à une grande diversité d'accidents, provenant de causes multiples qui agissent rarement isolées. Comme on avait négligé, jusqu'à présent, de rechercher la part d'action de chacune d'elles dans leur œuvre commune, la confusion qui en était résultée dans l'étude de leurs effets se retrouvait forcément dans l'énoncé des règles à suivre et des précautions d'hygiène à prendre pour se préserver de leur atteinte.

Ces causes peuvent se classer comme il suit : 1° Respiration de vapeurs mercurielles émises à de basses températures; 2° respiration de vapeurs mercurielles émises à des températures élevées et inhalation simultanée de fines poussières de mercure provenant de leur condensation; 3° inhalation de poussières soulevées par des opérations mécaniques, telles que le balayage de pièces dont le sol est recouvert de mercure très divisé; 4° ingestion de mercure mêlé aux aliments lorsqu'on les prend avec les mains imprégnées de ce métal, ou qu'on mange dans des ateliers envahis par ses poussières; 5° absorption du mercure par la peau lésée mise en contact avec des sels mercuriels; 6° inhalation et ingestion de poussières de composés mercuriels.

1° *Respiration des vapeurs mercurielles émises à de basses températures.* — Dans toutes les pièces non chauffées qui renferment du mercure, surtout quand il s'y trouve en masses un peu considérables, ce métal se répand partout en vapeurs qui, se disséminant dans l'atmosphère ambiante, peuvent aller souvent jusqu'à la saturer et sont forcément respirées avec elle. Les cas où ces vapeurs sont seules à intervenir sont assez rares; on peut cependant en citer deux: celui des chimistes exposés aux émanations des cuves à mercure de leurs laboratoires; celui des ouvriers employés dans les fabriques d'étamage, à la distribution du mercure aux étameurs, au transport des bains et à l'emballage des glaces.

Dans ces deux cas et dans quelques autres semblables, tout se réduit à la simple action de vapeurs émises à une basse température, et respirées pendant le jour seulement, c'est-à-dire pendant des périodes qui reviennent à des intervalles régulièrement intermittents. Or, comme ce sont là des conditions qui rendent inoffensive la respiration des vapeurs mercurielles, il s'ensuit qu'il n'y a, lorsqu'il en est ainsi, aucune précaution à prendre contre ces vapeurs.

On constate en effet que ni les chimistes, ni les ouvriers étameurs dont il a été question plus haut, ne sont sujets aux accidents mercuriels. L'immunité dont jouissent les premiers est un fait de la plus incontestable notoriété, celle que présentent les seconds est attestée par Kussmaül, et mes observations personnelles, partout où elles m'ont été possibles, concordent avec celles de ce savant.

2° *Respiration de vapeurs mercurielles émises à de hautes températures.* — Le danger qui résulte du fait de cette respiration est très grand, et il l'est à double titre. Les vapeurs mercurielles ont, en effet, une tension qui croît rapidement avec la température, et qui varie par exemple de $0^{mill},03$ à $0^{mill},23$ lorsqu'on passe de la température ordinaire à celle du corps humain, c'est-à-dire de 16° à 40° environ. Si donc elles ont, quand elles pénètrent dans l'organisme par les voies respiratoires, la seconde de ces températures, elles sont absorbées en proportion sept fois plus forte que lorsqu'elles ont la première. Par suite de cette absorption exagérée, l'économie peut promptement se saturer de mercure qui s'introduit directement dans le sang, et cette prompte saturation, à son tour, se traduit par une apparition hâtive des troubles nerveux qui en sont la caractéristique symptomatique essentielle. C'est ainsi que s'expliquent les cas réels, mais fort rares, de tremblements plus ou moins brusques présentés par des ouvriers de professions mercurielles, peu de temps après leur entrée à l'atelier; on trouve toujours, à l'origine de ces cas exceptionnels, un fait de respiration de vapeurs mercurielles émises à des températures élevées.

A ce premier danger qui naît de l'action de ces vapeurs restant à l'état de fluide élastique, et passant directement dans le sang, s'en ajoute un second résultant des effets de leur condensation. Lorsqu'elles sont émises à une température sensiblement supérieure à celle du milieu ambiant, elles s'y refroidissent en s'y diffusant, et se condensent alors en gouttelettes très ténues qui peuvent rester plus ou moins longtemps en suspension dans l'air et pénétrer, par conséquent, avec lui, dans toute l'étendue des voies respiratoires. Elles peuvent ainsi s'introduire dans les poumons et se déposer sur l'épithélium pulmonaire, par rapport auquel elles jouent le rôle de corps étrangers et qui devient alors le siège d'un travail inflammatoire plus ou moins intense, dont les conséquences sont surtout fâcheuses pour les sujets disposés à la tuberculose. La pesanteur considérable de ces gouttelettes fait que la plus grande partie d'entre elles, avant d'arriver aux poumons, se dépose sur la muqueuse buccale qu'elles enflamment, en produisant de la stomatite. Une autre partie se dépose sur les dents à la surface desquelles elles glissent pour venir se rassembler au collet, où elles déterminent une périostite alvéolo-dentaire, qui provoque, elle-même, de la salivation. Les gouttelettes déposées sur la muqueuse buccale peuvent encore être avalées avec la salive, surtout avec celle qui se mêle aux aliments, et leur introduction dans les voies digestives, si elle est suivie d'absorption, peut faire naître des troubles gastro-intestinaux de diverse nature.

Les ouvriers exposés au double danger de la respiration des vapeurs mercurielles émises à des températures élevées, et de l'inhalation du mercure finement divisé qui provient de leur condensation, appartiennent à des catégories professionnelles très variées. On trouve d'abord parmi eux ceux qui sont employés à distiller du mercure, aux fours d'Almaden, dans les ateliers de bijouterie où on traite par la chaleur les amalgames d'or pour revivifier ce métal, dans les ateliers d'étamage où l'on traite de la même manière les amalgames d'étain, et dans les usines de force électrique où ce traitement est appliqué aux résidus des zincs amalgamés des piles. Viennent ensuite les constructeurs de baromètres, les doreurs au feu, aujourd'hui moins nombreux par suite de la substitution de la dorure galvanique, les manœuvres chargés, dans les exploitations minières, de retirer le mercure des chambres de condensation où ils pénètrent avant qu'elles soient bien refroidies, enfin les mineurs travaillant dans des parties, quelquefois très chaudes de la mine, contenant du mercure vierge.

Quand le milieu dans lequel on respire contient des vapeurs mercurielles à une haute température, ce qui suppose une élévation assez marquée de sa température propre, il est fort difficile de se soustraire à l'influence de ces vapeurs, dont l'action toxique est d'autant plus redoutable qu'elle est très prompte à se produire. Peut-être pourrait-on user contre elles des procédés de destruction dont il sera question dans le paragraphe suivant, mais on n'a rien tenté dans cette voie, et je doute qu'on puisse, en la suivant, arriver à quelque moyen de préservation vraiment efficace.

Le plus sûr, quand il s'agit des vapeurs mercurielles émises à une température élevée, c'est de prendre toutes les précautions nécessaires pour éviter leur dégagement dans une atmosphère limitée qu'on serait exposé à respirer; ou bien, si ce dégagement est inévitable, de ne pénétrer dans les pièces où il s'est produit qu'après s'être assuré de leur entier refroidissement.

Il faudra donc, dans toute opération de distillation de mercure, ou dans la construction des baromètres, redoubler de précautions pour obtenir rigoureusement la condensation de la totalité des vapeurs. Si cette condensation, comme c'est le cas à Almaden, s'effectue dans de grandes chambres où l'on vient ensuite recueillir le métal, il faut absolument interdire, aux ouvriers, l'accès de ces chambres, tant qu'elles sont encore tant soit peu chaudes; on hâterait leur retour à la température ambiante, en les arrosant préalablement avec de l'eau très froide et très abondamment répandue.

La condensation ainsi obtenue n'est pas complète, mais les vapeurs résiduelles, fortement raréfiées par suite de leur passage au degré de saturation qui correspond à une basse température, ont perdu tout caractère nocif, et il n'y a pas à s'occuper d'elles si on n'est pas exposé à les respirer d'une manière continue.

Le refroidissement, par voie d'arrosage, des locaux saturés de vapeurs mercurielles à des températures élevées, suffit donc à écarter le danger redoutable qu'entraînerait la respiration de ces vapeurs, mais il laisse intégralement subsister celui de l'inhalation des fines poussières provenant de leur condensation.

J'ai précédemment indiqué comment ces poussières agissent sur l'organisme, mais comme leur mode d'action ne dépend nullement de leur provenance, ce que je vais dire des mesures de précaution à leur opposer dans le cas le plus fréquent de leur formation, celui où elles prennent mécaniquement naissance, devra s'étendre à tous les autres cas.

3° *Inhalation de fines poussières mercurielles produites mécaniquement.* — On provoque mécaniquement la formation de poussières mercurielles dans le balayage des ateliers dont le sol est recouvert de mercure très divisé, dans le balayage des chambres de condensation, dans le râclage de leurs murs, dans le nettoyage des tuyaux en fonte qui font communiquer ces chambres avec les fourneaux où s'opère le grillage du minerai, dans toutes les opérations qui donnent lieu à une agitation trop vive, à des transvasements répétés ou à des chutes de masses un peu considérables de mercure.

Qu'il s'agisse de poussières provenant d'une pulvérisation mécanique ou d'une condensation de vapeurs par réfrigération, les effets sont toujours les mêmes, et, parmi eux, celui qui est un des plus fâcheux et des plus caractéristiques, la stomatite suivie de salivation, est aussi très prompt à se produire; ce qui ne permet pas de temporiser quand on veut se précautionner contre lui.

En classant suivant leur degré d'insalubrité les industries où le mercure est employé à des titres divers, le premier rang doit revenir, sans contredit, à celles qui font courir le risque d'inhaler le métal toxique en fines poussières, et le danger de cette inhalation est un de ceux contre lesquels il importe le plus de savoir efficacement se prémunir.

Les ouvriers qui s'y trouvent exposés peuvent user, comme moyen de préservation direct, de masques qui se rapportent à deux sortes de types; les uns permettant de respirer de l'air pur pris en dehors des milieux viciés; les autres destinés à arrêter les poussières au passage.

Les premiers, d'une disposition gênante pour le travail, n'ont jamais été, à ma connaissance, pratiquement utilisés dans les ateliers. Les seconds, qui sont d'un emploi plus commode, se composent d'un grillage simple ou double recouvert de mousseline ou de toute autre étoffe poreuse, qu'on retire facilement quand on veut la nettoyer, et qu'on maintient mouillée, pendant qu'elle reste en place, afin de rafraîchir l'air et de retenir plus efficacement les poussières. Les masques d'Eulenberg, de Laffray, de Tyndall, de Paris, de Camus et de Denayrouse, appartiennent à cette catégorie, et aucun d'eux n'a sur les autres l'avantage d'une supériorité assez marquée pour justifier une recommandation spéciale.

A défaut de masques, il suffirait aux ouvriers de porter, au devant de la bouche et du nez, des éponges fines recouvertes extérieurement de potée d'étain ou de feuilles d'or, pour arrêter le mercure au passage, en formant avec lui des amalgames. Stokes a proposé de substituer aux éponges des tissus à trame peu serrée imprégnés de fleur de soufre, et qu'il serait, me paraît-il, préférable encore de mouiller avec des solutions d'azotate d'argent ammoniacal ou de chlorure de palladium.

Qu'il s'agisse de masques ou d'éponges, la difficulté est de faire accepter aux ouvriers l'emploi de ces moyens de préservation qu'ils trouvent insolites et gênants. Aussi, devant leur répugnance formelle à les mettre en œuvre, on s'est attaqué directement à l'agent toxique, et on a proposé, pour écarter son intervention, l'emploi des moyens suivants.

Comme c'est le balayage des sols recouverts de mercure qui détermine la production et la dissémination dans l'air des poussières de ce métal, il faut que ces sols, en les supposant planchéiés, aient un revêtement composé de planches bien bouvetées, afin qu'aucun dépôt de mercure ne puisse se former dans les joints.

On pourrait, je crois, remplacer avantageusement ces planchers par une aire macadamisée, ou mieux encore bitumée, à surface bien unie, avec pentes et rigoles pour l'écoulement du métal liquide.

Il conviendra de nettoyer ces planchers ou ces aires bitumées avec des rognures de feuilles d'étain; il serait même bon de les recouvrir d'une couche permanente de ces rognures ou de potée d'étain, dans le but d'absorber le mercure par amalgamation.

Pappenheim, Stokes et Boussingault recommandent de saupoudrer le sol des ateliers, avant le balayage, de fleur de soufre, ayant, d'après eux, le double avantage de sulfurer le métal à terre et d'émettre des vapeurs qui vont également sulfurer les vapeurs et les poussières mercurielles répandues dans l'atmosphère ambiante. Dans ce cas, l'agent toxique perdrait toute sa malignité spécifique en passant dans une combinaison fixe.

Ce résultat s'obtiendra plus facilement encore en remplaçant le soufre par des corps tout à la fois plus volatils que lui et plus actifs chimiquement.

Schrötter a proposé l'iode qu'on dégagerait en plaçant dans les ateliers des vases plats contenant une solution d'iodure de potassium saturée d'iode.

Dans une série d'expériences entreprises, pour contrôler pratiquement ces vues théoriques, j'ai constaté que les animaux, soumis simultanément à l'action du soufre ou de l'iode et à celle du mercure, mouraient plus rapidement que ceux sur lesquels on faisait agir le mercure seul. Les poussières de sulfure et d'iodure de ce métal ne seraient donc pas moins dangereuses à inhaler que celles du métal lui-même, et on ne gagnerait rien, peut-être même perdrait-on beaucoup, à la substitution.

Le chlore m'a paru donner de meilleurs résultats; si on se décidait à l'essayer, il serait facile de l'introduire à doses convenablement graduées dans l'atmosphère des ateliers, en l'obtenant par la décomposition de l'hypochlorite de chaux exposé à l'air; et il y aurait avantage certain à l'employer, car je me suis assuré qu'en se combinant avec le mercure des vapeurs et des poussières il donne exclusivement naissance au calomel, c'est-à-dire au plus inoffensif des composés mercuriels.

Claude (22), qui a essayé l'ammoniaque dans les ateliers de la fabrique de glaces de Chauny, affirme que tous les accidents d'intoxication ont disparu depuis qu'on a pris l'habitude de répandre tous les soirs, sur le sol de ces ateliers, un demi-litre de solution ammoniacale. Il est difficile de se rendre compte du rôle préservateur joué par l'ammoniaque dans cette circonstance, car les vapeurs ammoniacales, diffusées dans une atmosphère qui contient des vapeurs mercurielles, sont sans action sur celles-ci, qui impressionnent toujours de la même manière le papier réactif à l'azotate d'argent ammoniacal. Claude ne fournit, d'ailleurs, aucune explication à l'appui du fait de préservation qu'il affirme, et je n'ai pas appris que l'essai de Chauny ait été répété ailleurs et couronné du même succès.

En dehors de cette recherche, jusqu'à présent peu méthodiquement poursuivie, de moyens propres à détruire, par voie de combinaison chimique, les vapeurs et les poussières mercurielles dans les milieux respirables où elles sont disséminées, il y a, dans tous les ateliers, des mesures générales à prendre, pour atténuer au moins cette dissémination, sinon pour l'empêcher complètement, et voici ce que l'on prescrit à cet égard.

On apportera le plus grand soin à la propreté des planchers, qu'on arrosera toujours, avant de les balayer, soit avec de l'eau ordinaire, soit avec de l'eau ammoniacale. afin de rabattre le plus possible les poussières que cette opération met en mouvement.

Les ateliers devront être vastes et bien aérés, mais il ne faudra pas, cependant, chercher à y entretenir une ventilation trop vive, qui aurait précisément pour effet, en agissant mécaniquement, d'entraîner, avec l'air agité, les particules mercurielles les plus ténues, qui sont aussi les plus dangereuses à inhaler.

Pour éviter d'ajouter aux effets toxiques des poussières ceux des vapeurs saturées émises à de hautes températures, il importe qne les ateliers soient maintenus, à peu près uniformément, à une température assez basse, qui ne dépasse pas, même en hiver, la limite supérieure de 15 à 16 degrés. Ce qu'on doit s'interdire surtout avec la plus extrême rigueur, c'est le chauffage par la chaleur rayonnante de poêles en fonte portés rapidement au rouge et présentant un long développement de tuyaux. On leur préférera les poêles en briques et en faïence, logés dans l'épaisseur des murs et alimentés du dehors. Pour se prémunir contre les chaleurs excessives de l'été, on aura soin, dans la construction des ateliers, d'orienter vers le nord toutes les ouvertures qui serviront à les éclairer.

Il ne suffit pas d'ailleurs que toutes ces prescriptions relatives à l'appropriation et à l'entretien des ateliers soient rigoureusement observées pour mettre les ouvriers à l'abri de tout danger; il faut encore que ceux-ci, pour assurer leur préservation complète, s'assujettissent à la stricte observance de tout un ensemble de règles d'hygiène personnelle, dont l'omission leur serait très préjudiciable.

La stomatite et la salivation qu'ils ont tant à redouter proviennent : la première, du dépôt des poussières mercurielles sur la muqueuse buccale et de l'action inflammatoire qu'elles exercent à titre de corps étrangers; la seconde, de la périostite alvéolo-dentaire que ces mêmes poussières provoquent en s'accumulant au collet des dents. Ils se préserveront de ces deux affections en s'astreignant à maintenir leur bouche dans un état d'extrême propreté, ce qu'ils obtiendront en recourant à de fréquents lavages avec des gargarismes astringents et à des frictions répétées avec des brosses dures.

Ce n'est pas seulement à raison de leur pénétration possible dans l'économie, par la voie de l'inhalation pulmonaire, que les vapeurs mercurielles sont dangereuses; trop lourdes pour rester longtemps suspendues dans l'atmosphère, elles s'insinuent, en tombant, dans les cheveux et dans la barbe des ouvriers, se déposent sur leurs vêtements, et comme elles recouvrent tous les objets qu'ils manient, ils en retiennent, sur leurs mains, un enduit qui peut devenir très épais.

Cette imprégnation totale de leur personne et de leurs vêtements est facile à démontrer par l'emploi du papier sensible à l'azotate d'argent ammoniacal, et je l'ai constatée, à un très haut degré, chez tous les ouvriers étameurs de glaces que j'ai eu l'occasion d'examiner. C'est surtout à leurs mains qu'adhère le mercure pulvérulent, et je les en ai trouvées imprégnées au point de pouvoir donner des empreintes très fortement marquées sur du papier sensible à l'azotate d'argent ammoniacal, dont elles étaient séparées par plusieurs doubles de papier buvard.

Si les ouvriers, ainsi recouverts de ce dépôt de mercure pulvérulent, qu'ils portent sur toute leur personne et qui pénètre tous leurs vêtements, ne s'en débarrassent pas avant de sortir de l'atelier, ils restent alors, même chez eux, soumis sans interruption à l'influence des vapeurs émises à saturation par le métal toxique, et ils rentrent dans un des cas d'intoxication précédemment examinés, celui de la respiration continue de ces vapeurs.

Dans ces conditions, ils ne sauraient échapper aux accidents nerveux qui sont la conséquence inévitable de cette continuité. En même temps que ces accidents nerveux, ils peuvent aussi présenter des troubles gastro-intestinaux occasionnés par le mercure qu'ils mêlent à leurs aliments, en touchant ceux-ci avec leurs mains salies par le métal pulvérulent, dont l'ingestion les expose à de graves désordres; aussi leur est-il particulièrement dangereux de prendre leurs repas dans les ateliers.

Le défaut des soins de propreté peut donc avoir les conséquences les plus compromettantes pour la santé des ouvriers qui travaillent le mercure dans des ateliers où ils sont exposés à l'action de ce métal disséminé en poussières fines, et le danger qui en résulte pour eux est un de ceux dont il leur importe le plus de savoir se préserver.

En toute rigueur, il devraient avoir des vêtements spéciaux de travail qu'ils endosseraient à leur entrée dans les ateliers, et dont ils se dépouilleraient complètement à la sortie.

S'il est difficile d'obtenir d'eux le strict accomplissement d'une prescription de ce genre, on devra au moins les astreindre à porter, pendant le travail, de longues blouses de toile serrées au cou et aux poignets, et garantissant ainsi le linge de corps de tout dépôt de poussières mercurielles. D'après Stokes, il serait bon que ces blouses fussent imprégnées de soufre, et il suffirait, pour cela, soit de les frotter avec de la fleur de soufre, soit de les tremper dans une solution concentrée de sulfure de potassium, et de les plonger ensuite dans un acide en solution convenablement étendue.

Comme il pourrait arriver, malgré les précautions les plus attentives, que le linge de corps finisse, à la longue, par s'imprégner de mercure, des lavages assez fréquents sont nécessaires pour prévenir tout risque d'accumulation du métal toxique.

Les soins à donner à la peau pour la maintenir dans un état constant de propreté s'imposent plus rigoureusement encore. Les frictions énergiques sur toute la surface épidermique suffisent parfaitement comme moyen d'enlèvement du mercure, et on a introduit une complication inutile en proposant des bains au sulfure de potassium, suivis d'autres bains faiblement acides, afin de déterminer la précipitation du soufre dans les pores de la peau. Dans tous les cas, on pourrait simplement se contenter de bains sulfureux.

Les ouvriers ne devraient porter ni barbe ni moustaches, qui peuvent s'encrasser d'un dépôt abondant de poussières mercurielles, et ce dépôt, à son tour, donne lieu, dans le voisinage immédiat de la bouche, à une émission incessante de vapeurs saturées dont la respiration s'opère dans des conditions de continuité qui constituent un danger spécial précédemment indiqué. Comme ce qui vient d'être dit de la barbe et des moustaches s'applique également aux cheveux, pour préserver ceux-ci de tout risque d'imprégnation de poussières mercurielles, il faudra faire porter aux ouvriers des coiffures qui devront être très légères, afin de ne pas être gênantes, et qui pourront être simplement confectionnées avec du papier.

4° *Ingestion du mercure mêlé aux aliments lorsqu'on prend ceux-ci avec les mains imprégnées du métal toxique, ou lorsqu'on mange dans des ateliers envahis par ses poussières.* — Dans les ateliers de cette catégorie, les poussières mercurielles, trop pesantes pour rester longtemps en suspension dans l'air, tombent donc rapidement, et si on laisse des aliments à portée de leur dépôt, ingérées avec eux, elles ont sur les voies digestives une action qui se traduit par la production des troubles gastro-intestinaux très nettement caractérisés. Il y a encore ingestion du mercure lorsque ce métal passe des mains salies par son maniement aux aliments touchés par elles, et les conséquences morbides sont les mêmes.

Les mesures d'hygiène préventive à prendre sont ici bien facilement applicables : il faut que les ouvriers s'abstiennent absolument de manger dans les ateliers, et qu'avant de manger chez eux ils s'expurgent soigneusement les mains, en les lavant avec du sable et du savon fort.

5° *Absorption du mercure par la peau mise en contact avec des composés mercuriels solubles.* — Les ouvriers qui préparent les sels de mercure, ceux qui les manipulent, comme cela se pratique dans les industries de la chapellerie, du décapage des pièces à dorer dans le nitrate acide de mercure, de l'impression des draps, de la préparation des couleurs d'aniline, du damasquinage des canons de fusil, de la conservation des bois, de l'empaillage des animaux, de la photographie, etc., sont sujets à des accidents qui ont tous la même origine, et dont ils peuvent avoir beaucoup à souffrir. Leurs mains, ordinairement en contact avec des liquides mercuriels acides, se gercent, se crevassent, contractent des dermatoses rebelles, et la peau, dans ces conditions, absorbe facilement le sel qui la mouille. Cette absorption est encore favorisée par toutes les lésions traumatiques de l'épiderme, telles que coupures, écorchures ou piqûres, et c'est là ce qui fait particulièrement le danger de l'opération du secrétage. Elle consiste, comme on le sait, à frotter avec des brosses imprégnées de nitrate acide de mercure les peaux destinées à la préparation des chapeaux, dans le but de faciliter la séparation des poils, et la main qui tient la peau est souvent blessée par la brosse.

L'absorption des sels mercuriels par la peau lésée est suivie d'accidents graves du côté de la bouche et du tube digestif; saveur métallique, salivation exagérée, déchaussement des dents, fongosités des gencives, diarrhée, amaigrissement. Elle donne aussi naissance au tremblement, parce que les sels absorbés se réduisent au contact des matières organiques des tissus et que le mercure très divisé provenant de cette réduction, en passant dans le sang, se comporte comme celui qui est absorbé en vapeurs et qui pénètre directement dans le système sanguin par les voies pulmonaires.

Dans les conditions qui viennent d'être indiquées, on évitera tout risque d'absorption cutanée du mercure en portant des gants imperméables en caoutchouc.

6° *Inhalation et ingestion de poussières de composés mercuriels.* — Les industries qui exposent au danger de l'intoxication par les composés mercuriels sont nombreuses et de genres très variés. Dans les ateliers d'étamage, les poussières toxiques ne sont pas formées seulement par le mercure, mais aussi par des amalgames d'étain, et c'est surtout le sulfure de mercure qui contribue à les former dans les mines. Les ouvriers chapeliers, arçonneurs et éjarreurs, vivent dans un nuage de poussières provenant de débris de poils nitratés et arsenicaux; les coloristes de fleurs ont à se prémunir contre celles du bisulfure, du biiodure et du bichromate de mercure; les empailleurs contre celles du sublimé; enfin la fabrication des amorces fulminantes et celle des serpents de Pharaon introduisent dans l'atmosphère respirable des poussières de fulminate et de sulfocyanure de mercure.

En s'attachant aux faits généraux, on constate que toutes ces poussières ont sensiblement le même mode d'action que les poussières mercurielles, aussi devra-t-on employer à leur égard les mêmes moyens de préservation. On balaiera donc avec les précautions précédemment indiquées les ateliers dont elles recouvrent le sol, on usera de masques, de toiles ou d'éponges mouillées pour éviter leur inhalation, et on s'astreindra rigoureusement aux soins de propreté nécessaires pour se mettre à l'abri de leur ingestion.

DEUXIÈME CATÉGORIE. — **Animaux aquatiques.**

Les seuls animaux aquatiques qui m'aient occupé sont les poissons, et quand j'ai voulu les soumettre à l'action des vapeurs mercurielles, je me suis contenté d'introduire du mercure bien pur dans l'eau où ils vivaient, afin d'en faire de l'eau mercurielle.

On sait que celle-ci contient, non pas du mercure dissous, engagé dans quelque combinaison chimique faible, mais du mercure en nature, qui a pénétré mécaniquement dans les vides des espaces intermoléculaires de la masse liquide et qui s'y trouve diffusé à l'état de vapeurs conservant, comme Royer l'a si nettement démontré, toutes leurs propriétés et toutes leurs réactions caractéristiques.

Puisqu'elles sont au même état physique que dans l'air, leur action connue sur les animaux aériens nous permet de prévoir celle qu'elles devront exercer sur les animaux aquatiques, et ce n'est pas là le seul point de rapprochement qu'on puisse établir entre les sujets de ces deux catégories. Les conditions de milieu dans lesquelles ils vivent sont beaucoup moins différentes qu'elles ne le semblent au premier abord, et les animaux aquatiques sont en rapport immédiat non pas avec l'eau qui les environne de toutes parts, mais avec une mince couche gazeuse adhérente, qui forme autour d'eux, et surtout dans la région des organes respiratoires, une atmosphère limitée qui a la même composition que l'atmosphère illimitée des animaux aériens et qui sert identiquement aux mêmes usages.

On démontre facilement son existence, en ayant recours aux

trois ordres de preuves instituées par Gernez pour établir la propriété qu'ont les solides de condenser à leur surface, en couches minces adhérentes, les gaz dans lesquels ils séjournent.

C'est ainsi qu'en ajoutant à l'eau, dans laquelle nage un poisson, une solution gazeuse sursaturée, ou bien en la chauffant légèrement, ou bien encore en raréfiant l'air au-dessus, on voit le corps de cet animal se couvrir de bulles volumineuses qui ne peuvent provenir que de l'atmosphère limitée qu'il emporte partout avec lui.

Cette atmosphère ne saurait être normalement composée que des gaz en dissolution dans l'eau, et ces gaz doivent d'abord passer par elle avant de s'échanger, dans l'acte respiratoire, avec ceux que le sang tient en dissolution de son côté. L'azote s'y maintient sensiblement stationnaire, mais si, à un moment donné, elle contient de l'oxygène, celui-ci fait irruption dans le sang veineux où il se trouve à une tension inférieure, et son mouvement de diffusion rentrante est accompagné d'un mouvement simultané de diffusion sortante de l'acide carbonique intérieur, qui est immédiatement pris par l'eau ambiante dans laquelle il se dissout pour s'exhaler ensuite dans l'air, à la surface libre. Ainsi réduite à ne plus renfermer que de l'azote, l'atmosphère limitée se comporte comme le vide par rapport à l'oxygène de l'eau et à l'acide carbonique du sang veineux qui s'y diffusent en sens contraire, pour disparaître bientôt en s'échangeant réciproquement entre leurs deux dissolvants respectifs; et les conditions dans lesquelles ces échanges s'opèrent sont faites pour en assurer indéfiniment le renouvellement.

S'il s'agit, non plus d'eau ordinaire, mais d'eau mercurielle, les vapeurs de mercure, que celle-ci contient, accompagnent toujours l'oxygène dans ses transmigrations successives et passent avec lui de l'eau dans les atmosphères limitées, puis, de là, dans le sang des animaux aquatiques, qui trouvent ainsi, dans l'eau mercurielle, les mêmes conditions d'intoxication que leurs congénères aériens dans l'air.

C'est Gaspard (23) qui a, le premier, mis en évidence l'action toxique de cette eau : après avoir agité de l'eau ordinaire avec du mercure, ou, plus simplement encore, après l'avoir laissée séjourner pendant quelque temps sur ce métal, il y a introduit des œufs de grenouille qui ne purent pas s'y développer, et des têtards de crapaud et grenouille qui n'y vécurent pas plus de quelques heures.

J'ai pris pour sujets de mes expériences, des cyprins, mis séparément en essai dans des cuves en verre assez vastes dont les fonds étaient recouverts d'une couche de mercure très pur de 3 à 4 millimètres d'épaisseur. Pendant qu'ils étaient ainsi en pleine eau mercurielle, des témoins bien appareillés mis en essai dans de l'eau ordinaire, toutes les autres conditions restant d'ailleurs identiquement les mêmes, leur servaient de terme de comparaison. Pour que les sujets ne fussent pas en contact immédiat avec le mercure des cuves, ils en étaient séparés par des filets tendus à quelques centimètres de distance, de sorte que les phénomènes d'intoxication, s'il s'en produisait, ne pussent être attribués qu'à la seule intervention de l'eau mercurielle.

Tous les cyprins, au nombre de six, qui ont été soumis à l'action de cette eau, ont assez promptement succombé, mais les temps nécessaires pour amener la mort ont sensiblement dépassé ceux qui ont été trouvés pour des animaux aériens de même masse; on en jugera par les résultats consignés dans le tableau suivant :

SEPTIÈME SÉRIE.

Cyprins.	DATE de la mise en expérience.	DATE de la mort.	POIDS à la 1re date.	POIDS à la 2e date.	Température de l'eau.
			k	k	
Expér. XLV	13 septemb. 1885.	28 septemb. 1885.	0,035	0,030	18°
Expér. XLVI	13 septemb. 1885.	3 novemb. 1885.	0,068	0,061	14°
Expér. XLVII	28 septemb. 1886.	15 octobre 1886.	0,036	0,030	16°
Expér. XLVIII	28 septemb. 1886.	28 octobre 1886.	0,039	0,036	16°
Expér. XLIX	28 septemb. 1886.	2 novemb. 1886.	0,045	0,041	13°
Expér. L	28 septemb. 1886.	7 novemb. 1886.	0,047	0,043	13°

Dans quatre de ces expériences l'eau mercurielle qui servait d'habitat aux cyprins n'a pas été renouvelée; dans les deux autres,

Exp. XLV et XLVII, elle l'a été régulièrement tous les jours, et ce changement si radical, en apparence, dans la conduite des expériences, n'a pas introduit de modification sensible dans la marche progressive de l'intoxication. L'invariabilité des résultats obtenus s'explique sans difficulté par le fait connu de la prompte diffusion du mercure dans l'eau qu'on agite au contact avec lui.

Quoique mes expériences sur les poissons aient été relativement peu nombreuses, elles suffisent pour donner le droit d'affirmer que l'eau mercurielle agit toujours toxiquement sur les animaux aquatiques qu'on y laisse assez longtemps séjourner; et ceux sur lesquels je lui ai fait exercer son action toxique sont bien morts des suites de l'absorption du mercure auquel elle servait de véhicule, car les témoins soustraits à l'influence de ce métal, mais placés, pour tout le reste, dans des conditions identiques, n'ont rien présenté d'anormal à noter.

Plus lente à frapper les animaux aquatiques que les animaux aériens, la mort par le mercure s'est produite, dans les deux cas, avec le même appareil de symptômes. Pour les premiers comme pour les seconds, les troubles qui l'ont précédée, agitation convulsive et paralysie, se rattachent exclusivement à des lésions du système nerveux, mais aucune de ces lésions n'a pu être révélée par l'examen nécropsique, et toutes les parties de l'organisme ont été, comme le cerveau et les nerfs, également trouvées intactes à l'autopsie.

Malgré leur état apparent de parfaite intégrité, toutes cependant contenaient du mercure, réparti entre elles en proportions fort inégales; mais là même où il était relativement le plus abondant, il a été impossible de découvrir la plus légère trace d'altération qui lui fût imputable.

Dans la plupart de mes expériences, j'ai analysé les principaux viscères et une partie des tissus des animaux intoxiqués; et toutes ces analyses ont invariablement abouti à la constatation bien nette de la présence du mercure. Quand il est absorbé, sous forme de vapeurs, par les poumons ou par les branchies, ce métal, transporté par le sang, envahit donc l'organisme tout entier et pénètre dans la trame des organes, qui ne sont pas également aptes à le fixer. Pour savoir dans quelle mesure chacun d'eux possède cette aptitude, je les ai pris sous des poids égaux et j'ai déterminé, par voie d'analyse quantitative, les proportions de mercure qu'ils contenaient. Rangés dans l'ordre qui correspond au décroissement de ces proportions, ils forment la série suivante :

Reins, Foie, Poumons, Cerveau et Moelle, Cœur, Muscles, Os.

Jusqu'au cerveau, inclusivement, j'ai trouvé du mercure en quantité suffisante pour permettre le dosage; le cœur, les muscles en général, mais surtout les os, n'ont donné, à l'analyse, que des traces du métal toxique trop faiblement accusées pour se prêter à des déterminations numériques.

Quand ces déterminations ont été possibles, comme leurs variations, d'un animal à l'autre, se sont toujours produites dans le même sens, je me bornerai à transcrire ici celles qui se rapportent au cas du lapin de l'expérience XIII.

Poids au début de l'expérience : 2^{k},616. — Poids après la mort : 2^{k},205.

Poids des viscères : reins, 25^{gr},5; foie, 71^{gr},5; poumons, 19^{gr},41; cerveau et moelle, 15^{gr},13.

Poids de mercure trouvés dans 15 grammes de ces différents viscères : reins, 1^{millig},3; foie, 0^{millig},7; poumons, 0^{millig},46; cerveau et moelle, 0^{millig},24.

Ces poids sont sensiblement dans le rapport des nombres entiers 6, 3, 2, 1.

Contenance des viscères en mercure : reins, 3^{millig},3; foie, 2^{millig},2; poumons, 0^{millig},59; cerveau et moelle, 0^{millig},24.

Le mercure qu'on trouve, après la mort, dans toutes les parties de l'organisme des animaux intoxiqués par ses vapeurs se rencontre également, pendant la vie, dans le sang, l'urine et les excréments de ces mêmes animaux.

Pour ceux des trois premières séries, chiens, lapins et cobayes, les excréments et les urines recueillis quotidiennement et traités par l'acide nitrique à chaud, ont toujours donné, depuis le second jour de la mise en expérience jusqu'à celui de la mort du sujet intoxiqué. les réactions caractéristiques de la présence du mercure.

Pour les oiseaux, comme chez eux les produits de la sécrétion urinaire et ceux de la défécation se mélangent dans le cloaque, leurs déjections reproduisent identiquement les résultats obtenus avec l'urine et les excréments des mammifères.

Quant au sang, les vapeurs mercurielles ne pouvant pénétrer dans l'organisme qu'à la condition d'être préalablement absorbées par lui, quand cette absorption se produit, à tous les moments de la durée de ce phénomène il doit forcément contenir du mercure, et rien n'est plus facile que de le vérifier expérimentalement. J'ai fait servir à cette vérification plusieurs des lapins de la 3e série, sur lesquels j'ai pratiqué, en les prenant aux différentes phases de leur intoxication, des saignées qu'ils ont pu supporter sans inconvénient tant qu'elles n'ont pas dépassé la mesure de 30 centimètres cubes. Le sang ainsi obtenu, traité par l'acide nitrique à chaud et analysé avec soin, a toujours été trouvé mercuriel.

BIBLIOGRAPHIE

(1) BARENSPRUNG. — *J. für prakt. Chemie*, Bd L, S. 20, 1850.

(2) H. EULENBERG. — *Hand. der. Gewerbe Hygiene*, p. 729, 1871.

(3) KIRCHGASSER. — *Ueber die Werk. des Quecks. Dampfe. — Arch. für. path. Anat. und. Phys.*, Bd XXXII, H. 2, p. 145.

(4) Dr SOLLES. — *Bulletin de la Soc. d'An. et de Phys. normales et pathologiques de Bordeaux*, t. II, p. 20, 1881.

(5) ROUSSEL. — *Lettres méd. sur l'Espagne, Un. méd.*, 1848, p. 511.

(6) KUSSMAULL. — *Unters. über den const. Merc.*, p. 247, 1861.

(7) PAPPENHEIM. — *Handb. der Sanitats politz.*, Berlin, 1858.

(8) MÉRAT. — *Journ. de Méd.*, t. VII, 1804, et *Coliques métalliques*, 1812.

(9) MARTIN DE GIMARD. — *Troubles produits chez les doreurs sur métaux*, Th. de Paris, 1818.

(10) CANSTATT. — *Ueber Hydr. Klin. Rückbl*, H. I, S. 91, 1848.

(11) KUSSMAUL. — *Loc. cit.*, p. 251.

(12) SCOPOLI. — *De Hydr. Idriensi*, Venet., 1761.

(13) DON LOPEZ DE AREBALA. — Lettre du 1er juin 1755, citée dans *Obs. de Ch. et Ph. en Espagne* de Thierry, t. II, p. 22.

(14) ROUSSEL. — *Loc. cit.*, p. 513.

(15) KUSSMAUL. — *Loc. cit.*, p. 243.

(16) DE JUSSIEU. — *Hist. de l'Acad. des Sc. pour 1719*, Paris, 1721.

(17) RAYMOND. — *Intoxic. merc. aux mines d'Almaden*, Pr. Méd., n° 49, 1886.

(18) RÈGLEMENTS DE BERLIN. — *Berlin. Jahresbericht der Deuts. Fabr. Insp.*, 1884.

(19) BERTHELOT. — *Ann. de Phys. et Chim.*, 6e série, t. VII, p. 372.

(20) KEYSSLER. — *Neuest. Reis. durch Deutschl.*, Bd II, S. 861, 1740.

(21) SCOPOLI. — *Loc. cit.*

(22) CLAUDE. — *C. R. de l'Ac. des Sc.*, t. LXVI, oct. 1872.

(23) GASPARD. — *J. de Ph. de Mag.*, t. I, p. 185, 1821.

CHAPITRE V

Action physiologique des vapeurs mercurielles.

Comme on le voit par l'exposé des faits rapportés dans le chapitre précédent, les animaux qu'on maintient d'une manière continue sous l'influence des vapeurs mercurielles saturées, émises à une basse température, finissent toujours par succomber, et le mercure absorbé par eux se retrouve, à l'autopsie, dans toutes les parties de leur organisme.

Cette pénétration du mercure dans la masse entière du corps des animaux intoxiqués étant ainsi matériellement démontrée, il reste à rechercher : 1° par quelles voies ce métal est absorbé; 2° quel est le mécanisme de son absorption; 3° quel état et quelles relations il affecte dans le milieu intérieur.

C'est sous ce triple aspect que se présente la question de l'action physiologique des vapeurs mercurielles; posée pour la première fois par Mialhe(1), en 1843, elle a été, depuis lors, en France et surtout en Allemagne, l'objet de débats contradictoires très vifs et de travaux fort nombreux, qui ont, en somme, contribué médiocrement à son élucidation. On la discute encore, en effet, et comme toutes les solutions qu'elle a reçues se réduisent à des affirmations plus ou moins plausibles, mais qui ne reposent sur aucune preuve directe de fait, il y avait lieu de la soumettre à un nouvel examen.

§ 1. — *Des voies d'absorption des vapeurs mercurielles.*

Théoriquement, les vapeurs mercurielles peuvent s'introduire dans l'organisme par tous les points des surfaces avec lesquelles l'air dans lequel elles se diffusent peut être mis, lui-même, en rapport. Elles admettent donc, *a priori*, trois voies d'introduction bien distinctes : 1° la peau ; 2° la muqueuse gastro-intestinale ; 3° la muqueuse pulmonaire.

1° *Peau.* — Gubler (2) prétend que les vapeurs mercurielles peuvent être absorbées par la peau, après avoir pénétré, par suite de leur mouvement diffusif, dans les orifices, les conduits et les cavités des glandes cutanées ; mais il ne fournit aucune preuve à l'appui de cette assertion.

Rabuteau (3), qui admet également ce mode d'absorption, n'en place pas le siège dans les cavités des organes glandulaires. Pour lui, c'est à travers l'épaisseur de la peau elle-même que les vapeurs mercurielles se diffusent, et il en donne deux raisons qui lui paraissent décisives : l'une de fait, l'autre d'analogie.

Il fait valoir, en premier lieu, la propriété qu'auraient les fumigations d'introduire du mercure dans l'économie, alors même qu'elles porteraient exclusivement sur le tronc et sur les membres, la tête étant préservée. En second lieu, invoquant les résultats d'expériences dues à Chaussier (4), Lebkuchner (5) et Chatin (6), sur le prétendu passage, par diffusion, de l'acide sulfhydrique à travers la peau, il voit là l'effet d'un dynamisme commun à tous les fluides élastiques, et qu'on devait, par conséquent, retrouver dans les vapeurs mercurielles.

Ces arguments sont loin d'avoir la valeur que Rabuteau leur attribue. Quoi qu'il en dise, on n'a jamais appliqué la méthode des fumigations avec assez de rigueur pour mettre les patients dans l'impossibilité absolue de respirer les vapeurs mercurielles à haute tension diffusées autour d'eux, et qu'ils ont dû forcément absorber par les voies pulmonaires. D'autre part, il y a une trop grande différence de propriétés, surtout au point de vue de la solubilité, entre l'acide sulfhydrique et les vapeurs mercurielles, pour que l'on puisse, *a priori*, les identifier dans leur mode d'action, et les expériences de Chatin, instituées dans le but exclusif de prouver la réalité de l'absorption gastro-intestinale de cet acide et des vapeurs arsenicales, n'ont nullement visé le mécanisme de leur absorption cutanée.

Quant aux expériences de Chaussier et de Lebkuchner, qui, elles, ont bien eu pour objectif la démonstration de l'absorption cutanée de l'acide sulfhydrique, les résultats qu'elles ont fournis s'expliquent facilement en admettant le passage de ce gaz par imbibition, et non par diffusion, à travers la peau.

En Allemagne, Röhrig (7) émet aussi l'opinion que la peau peut donner accès aux vapeurs mercurielles, mais en proportions négligeables, tant elles sont faibles, et comme son assertion ne vise qu'un fait sans importance, comme elle est dépourvue de toute preuve à l'appui, elle ne mérite pas d'être prise en considération.

Avec Fleischer d'Erlangen (8), au contraire, nous entrons dans la voie des expériences précises, et voici celles auxquelles ce savant a eu recours pour démontrer l'impossibilité de la diffusion des vapeurs mercurielles à travers la peau. Opérant sur des substances telles que l'onguent gris et l'oléate de mercure, qui ont la propriété d'émettre des vapeurs hydrargyriques, il les introduisit dans des flacons à col étroit qui furent ensuite hermétiquement occlus avec des lambeaux de peau de lapin : des lames d'or polies placées au-dessus de ces lambeaux obturateurs lui parurent rester parfaitement intactes, et il ne parvint pas à y découvrir la plus légère trace d'amalgamation.

Comme on pouvait imputer ce résultat négatif au défaut de sensibilité du réactif employé pour déceler la présence du mercure, j'ai répété les expériences de Fleischer d'Erlangen en remplaçant l'or par les papiers sensibles à l'azotate d'argent ammoniacal et au chlorure de palladium. Ils ne m'ont donné aucun signe de réaction mercurielle, lors même que je substituais à l'onguent gris et à l'oléate de mercure, dans l'intérieur des flacons, des substances plus émissives encore, telles que du mercure finement pulvérisé, ou moléculairement réduit à la surface de corps très poreux.

Mes expériences confirment donc pleinement celles de Fleischer, et l'on peut affirmer, en conséquence, que les vapeurs de mercure ne pénètrent pas dans l'organisme par voie de diffusion à travers la peau intacte.

Ce mode de pénétration étant exclu, voici celui qu'on a proposé, à son défaut. Certains savants ont prétendu que les vapeurs mercurielles se condensaient à la surface des téguments en gouttelettes très fines, et que celles-ci traversaient ensuite mécaniquement l'épiderme; d'autres, comme Gubler (9), admettent que la condensation des vapeurs s'opère sur les parois des cavités et des conduits des glandes cutanées, à l'intérieur desquelles elles s'introduisent par diffusion; une fois là, sous l'influence d'agents chimiques spéciaux contenus dans les sécrétions glandulaires, elles donneraient lieu à la formation de combinaisons solubles et par conséquent absorbables.

Ces explications doivent être rejetées par ce premier motif qu'elles sont purement hypothétiques, et qu'on ne produit aucune preuve de fait pour en établir la vérité; mais, fussent-elles vraies, je n'aurais pas davantage à en tenir compte, car elles ne sont nullement applicables au seul cas dont je me sois occupé, celui de l'action des vapeurs mercurielles émises à des températures plus basses que celles des organismes soumis à leur influence. Dans de pareilles conditions thermiques, il n'y a aucune raison pour que ces vapeurs se condensent, soit à la surface de la peau, soit à l'intérieur des cavités glandulaires; et je me suis, en effet, assuré, par des expériences répétées, qu'aucune condensation de ce genre ne s'était produite au cours de mes recherches. Pour tous les animaux sur lesquels j'ai opéré, et quelque prolongé qu'ait été leur séjour dans des atmosphères constamment saturées de mercure à la température du milieu ambiant, les peaux, essayées aux divers papiers sensibles, avant et après la mort, n'ont jamais produit sur eux aucune impression révélatrice de la présence du mercure.

Pour que les vapeurs de ce métal puissent se condenser sur les téguments, il faut qu'elles aient été émises à de hautes températures et que ces téguments jouent, par rapport à elles, le rôle de corps froids; ce qui se réalise rarement dans la pratique courante.

Il s'agit donc là d'un cas tout à fait exceptionnel, mais qui n'en méritait pas moins une étude attentive, entreprise et poursuivie avec la plus rigoureuse méthode par Fürbringer (10).

Ce savant a opéré sur un sujet dont l'avant-bras, découvert à la face interne et préalablement desséché avec soin, fut exposé, pendant un temps assez long, aux vapeurs de mercure chauffé. Dans ces conditions, il constata qu'une partie de la peau s'était recouverte d'un dépôt gris clair, au milieu duquel on distinguait à la loupe, principalement au fond des sillons épidermiques, de petits globules miroitants; et cette sorte de voile gris apparaissait, sous le microscope, comme composé de minuscules globules mercuriels. Après un nettoyage exact de la surface qu'ils recouvraient, un petit lambeau de peau fut excisé, plongé immédiatement dans de l'alcool absolu, et les coupes pratiquées sur ce lambeau, rendues transparentes par immersion dans la glycérine additionnée d'acide acétique, furent alors soumises à l'examen microscopique. Cet examen a donné les résultats suivants : Fürbringer trouva des globules isolés qui adhéraient à la surface externe de l'épiderme et qui étaient des restes du dépôt primitif, mais il ne put en découvrir un seul, ni entre les cellules fermées de la couche cornée, ni dans le réseau de Malpighi, ni dans les canaux excréteurs des glandes cutanées, ni, enfin, dans les follicules pileux.

Ce sont là des faits importants à retenir, car ils prouvent, contrairement à l'opinion de Gubler, que les vapeurs mercurielles, même quand elles sont émises à de hautes températures, et par conséquent avec un excès de tension qui accroît considérablement leur puissance diffusive, ne sont nullement aptes à pénétrer dans les cavités glandulaires de la peau. Elles sont arrêtées à la surface épidermique sur laquelle elles se condensent, et l'on peut affirmer, comme j'en fournirai bientôt la preuve, que les globules provenant de cette condensation ne sont absorbés, ni mécaniquement ni chimiquement.

De tout ce qui précède, on est finalement en droit de conclure que la peau intacte n'offre aucune voie ouverte à la pénétration des vapeurs mercurielles dans l'organisme.

2° *Muqueuse gastro-intestinale.* — En raison de son peu d'épaisseur et de son manque d'épiderme, la muqueuse gastro-intestinale est, *a priori*, dans de meilleures conditions que la peau pour livrer passage aux vapeurs du mercure; mais, avant de rechercher si elle a réellement quelque pouvoir absorbant pour ces vapeurs, il y a d'abord lieu de se demander si celles-ci peuvent arriver normalement jusqu'à elle.

Les expériences de Barensprung (11) et d'Eulenberg (12) répondent nettement à cette question : dans les autopsies faites par ces deux savants sur des animaux qu'ils avaient intoxiqués en les confinant dans des atmosphères saturées par des vapeurs de mercure bouillant, ils ont constaté la présence de nombreux globules de ce métal dans les poumons, sur la muqueuse des bronches et sur celle de la trachée-artère, mais ils n'en ont pas rencontré un seul sur les muqueuses de l'œsophage, de l'estomac et de l'intestin.

Sans exagérer la signification de ce résultat négatif et sans prétendre en tirer la preuve que les vapeurs mercurielles, mélangées à l'air respirable, ne pénètrent pas dans la cavité gastro-intestinale, on est du moins en droit d'en conclure qu'elles y pénètrent en proportions assez faibles pour les rendre complètement négligeables par rapport à celles qui pénètrent dans la cavité pulmonaire. Cette conclusion est confirmée par les expériences de Chatin (13) sur les rôles respectifs de la muqueuse pulmonaire et de la muqueuse stomacale dans l'absorption de l'acide sulfhydrique et de l'acide arsénieux. En exposant, en effet, par couples bien appareillés, tantôt deux chiens, tantôt deux lapins, à l'action de ces substances toxiques, l'un à l'état normal, l'autre après une ligature préalable de l'œsophage, Chatin a trouvé qu'ils mettaient à peu près le même nombre d'heures à mourir, mais avec une légère avance pour le premier. Si cela prouve que les gaz et les vapeurs toxiques peuvent avoir accès dans l'organisme par les voies digestives, cela prouve aussi qu'il n'y a pas à tenir compte des effets de la faible part ainsi absorbée.

3° *Muqueuse pulmonaire.* — S'il est vrai, comme tout ce qui précède le démontre, que les vapeurs mercurielles ne sont absorbées, ni par la peau, ni par la muqueuse gastro-intestinale, il ne leur reste plus d'autre voie d'accès dans l'organisme que celle de l'absorption pulmonaire, et ce mode d'absorption n'est, en effet, contesté par personne; mais s'il y a unanimité pour affirmer son existence, on est loin de s'entendre aussi bien sur la question de son mécanisme.

---

§ 2. — *Mécanisme de l'absorption.*

Parmi les savants qui se sont occupés de cette question, les uns, comme Mialhe (14), Owerbeck (15), Gubler (16), sont d'avis que les vapeurs mercurielles, quand elles sont mélangées avec l'air respirable et qu'elles pénètrent avec lui dans les poumons, y participent, au même titre que lui, aux échanges gazeux respiratoires, et qu'elles peuvent ainsi passer directement dans le sang. Introduites dans ce liquide, elles y trouveraient des conditions de milieu qui les rendraient chimiquement attaquables, et elles passeraient alors par une série de combinaisons dont le processus a été assez mal défini. Finalement, elles donneraient naissance à des composés d'un type spécial, tels que les oxydalbuminates ou chloralbuminates solubles de mercure, auxquels on devrait exclusivement rapporter tous les effets physiologiques et toxiques observés comme conséquence de l'inhalation de ces vapeurs.

En opposition avec les savants dont nous venons d'exposer les vues, Lewald (17), Michaelis (18), Hermann (19), Kirchgasser (20) nient la possibilité des échanges gazeux entre les fluides élastiques du sang et les vapeurs mercurielles, par suite de la faible tension de ces dernières, et ce fut Lewald, en 1857, qui formula le premier, pour expliquer leur passage dans l'économie, l'opinion suivante, acceptée plus tard par la généralité des savants. D'après lui, ces vapeurs condensées se déposeraient sur la muqueuse pulmonaire en gouttelettes très fines, qui auraient besoin d'être soumises à une oxydation préalable pour pénétrer dans le sang, où le métal apporté par elles se retrouverait finalement à l'état d'albuminate d'oxyde.

Rabuteau (21), qui admet l'absorption cutanée et l'absorption gastro-intestinale des vapeurs mercurielles, mais qui passe sous silence leur absorption pulmonaire, prétend qu'elles peuvent conserver dans le sang leur état métallique.

Enfin Nodnagel et Rossbach (22), adoptant une opinion mixte, sont d'avis que le mercure, introduit directement dans le sang par le fait de l'inhalation de ses vapeurs, peut s'y diviser en deux parts : pour l'une d'elles, il s'oxyderait en donnant ultérieurement naissance à des albuminettes solubles; pour l'autre, il resterait inaltéré, et, après avoir traversé les tissus sans subir de changements, il pourrait reparaître à l'état métallique dans les sécrétions et dans les excrétions.

Fürbringer (28), qui a résumé dans une récente et remarquable étude tous les travaux dont la question de l'absorption pulmonaire des vapeurs mercurielles avait été l'objet avant lui, et qui s'est proposé de trancher le débat soulevé par les solutions contradictoires qu'elle a reçues, formule ainsi ses conclusions personnelles. « Quand des vapeurs sont en contact avec une surface humide, » elles se condensent nécessairement sur celle-ci. En conséquence, » quand des vapeurs mercurielles sont absorbées par la respiration, le mercure doit se déposer sous forme de petites gouttelettes sur la muqueuse intéressée, et on le démontre en suspendant une membrane humide au-dessus du mercure chauffé. » Après une exposition convenablement prolongée on découvre, » même à l'œil nu, des globules miroitants au milieu d'un dépôt » continu de teinte grise. Des feuilles d'or étendues pendant » plusieurs jours sur la membrane humide qui recouvrait un » récipient rempli de mercure ne fournissent, lorsqu'on les » chauffe, aucune trace de mercure. »

Après avoir ainsi nettement affirmé la condensation des vapeurs mercurielles en globules métalliques sur la muqueuse pulmonaire, Fürbringer ajoute : « Si nous n'admettons pas, en

» nous appuyant sur les résultats des expériences de Rindfleisch,
» que les globules mercuriels puissent traverser les muqueuses
» intactes, ceux qui se condenseront sur la muqueuse pulmonaire,
» dans l'acte de la respiration des vapeurs hydrargyriques, ne
» pourront arriver directement au sang que dans les cas assuré-
» ment fort rares où cette muqueuse serait lésée. Lorsqu'elle est
» saine, les globules déposés à sa surface externe s'oxydent d'abord
» en place, puis les produits de cette oxydation entrent à leur
» tour dans la formation de composés qui doivent être solubles
» pour être à la fois résorbables et actifs. »

Ces conclusions n'ayant, jusqu'à présent, rencontré de contradicteur, ni en France, ni en Allemagne, doit-on, en conséquence, les considérer comme définitivement acquises à la science, et comme donnant le dernier mot de la question à laquelle elles s'appliquent? C'est ce que nous allons examiner maintenant.

Et d'abord, en affirmant, avec Lewald, Michaëlis et Hermann, que les vapeurs mercurielles, introduites avec l'air dans les poumons, ont une tension trop faible pour participer aux échanges gazeux respiratoires, Fürbringer émet une assertion qui est en contradiction flagrante avec les faits les mieux établis de la théorie moléculaire dynamique des gaz. Ce n'est pas, en effet, la tension qui joue, dans la diffusion de ces gaz, le rôle le plus important, mais la vitesse de translation de leurs molécules; or, s'il est vrai que la tension des vapeurs mercurielles, à 0°, est seulement de 0,01 de millimètre, par contre, la vitesse de translation de leurs molécules, qui atteint 180 mètres par seconde, est d'un ordre de grandeur qui la rend comparable à celle des autres gaz : il n'y a donc pas de différence à établir entre ces gaz et les vapeurs mercurielles, en ce qui touche la production des phénomènes d'échange par voie de diffusion réciproque.

Partant de ces vues erronées sur la prétendue impossibilité où seraient ces vapeurs de participer aux échanges gazeux respiratoires, Fürbringer était forcément obligé, pour expliquer leur absorption, d'admettre qu'elles se condensaient d'abord sur la surface externe de la muqueuse pulmonaire, et nous avons vu comment il s'était efforcé de prouver la réalité de cette condensation. L'expérience qui, d'après lui, fournit cette preuve, et dans laquelle on constate un dépôt de gouttelettes hydrargyriques sur une membrane humide suspendue au-dessus de mercure chauffé, est loin de justifier l'interprétation qu'il lui donne.

Cette membrane, en effet, agit ici tout simplement comme corps froid et non pas comme un corps doué d'un pouvoir condensant spécifique; car si elle avait réellement ce pouvoir, elle l'exercerait sur des vapeurs à la même température qu'elle, tandis qu'elle est alors absolument inactive, comme il est facile de s'en assurer.

J'ai répété l'expérience de Fürbringer, une première fois en suspendant des membranes diverses, animales et végétales, au-dessus de mercure chauffé; une seconde fois, en suspendant ces mêmes membranes au-dessus de mercure qui était comme elles à la température du milieu ambiant. Dans le premier cas, les membranes impressionnaient très fortement les papiers réactifs à l'azotate d'argent ammoniacal et au chlorure de palladium; dans le second cas, elles le laissaient parfaitement intact. Des tranches de poumons frais de chiens, de lapins et d'oiseaux m'ont donné identiquement les mêmes résultats.

Quand donc il y a inhalation de vapeurs mercurielles, pour qu'elles puissent se condenser sur l'épithélium pulmonaire, il faudrait qu'elles pénétrassent dans l'appareil respiratoire à une température plus haute que celle de cet organe, et c'est ce qui n'arrive jamais lorsqu'elles sont émises à la température du milieu où vivent les animaux sur lesquels elles agissent. Comme elles ont, en effet, la température du milieu au moment de leur entrée dans les poumons, elles s'échauffent forcément en pénétrant dans cet organe, et cet échauffement, en abaissant leur degré de saturation, rend, *a fortiori,* leur condensation impossible.

Elles restent ainsi, en conservant leur état de fluide élastique, mélangées avec l'air dans lequel elles s'étaient diffusées, et il n'y a pas de raison pour refuser d'admettre qu'elles participent, comme lui, aux échanges gazeux respiratoires. On n'en est pas d'ailleurs réduit à cet unique argument pour affirmer leur passage direct dans le sang, au même titre que celui de l'oxygène et de l'azote qu'elles accompagnent et auxquels elles doivent être théoriquement assimilées. Cette assimilation, formellement autorisée en théorie, peut se vérifier, pratiquement, par des preuves de fait irrécusables.

Expérience I. — Pour démontrer que l'épithélium pulmonaire est directement perméable aux vapeurs mercurielles, comme il l'est aux gaz atmosphériques, j'introduis du mercure dans deux flacons à col étroit, de 30 centimètres cubes environ de capacité, que j'obture avec deux plaques de liège percées, à leur centre, de deux petits orifices circulaires. Je recouvre l'un de ces orifices d'un poumon bien étalé de grenouille, et, laissant l'autre librement ouvert, je dispose identiquement de la même manière, au-dessus de ces deux orifices, deux bandes de papier réactif à l'azotate d'argent ammoniacal. Or, les deux bandes ainsi disposées prennent, après des temps égaux, en regard des orifices correspondants, des teintes sensiblement uniformes, quoique les vapeurs mercurielles n'aient rencontré aucun obstacle pour arriver jusqu'à l'une d'elles, tandis qu'elles ont dû, pour atteindre l'autre, traverser l'épaisseur de la membrane pulmonaire interposée. Cette membrane n'oppose donc, au passage des vapeurs mercurielles, qu'une résistance à peu près négligeable, et ce passage lui-même s'effectue sans qu'il y ait la moindre trace de condensation préalable; c'est-à-dire dans des conditions qui l'assimilent complètement à celui des gaz atmosphériques.

Fürbringer a fait une expérience analogue en fermant un récipient contenant du mercure avec une membrane humide, au-dessus de laquelle il maintint pendant plusieurs jours des feuilles d'or, dont il ne put, en les chauffant, extraire aucune trace de vapeurs mercurielles. Il y a peut-être lieu d'imputer ce résultat négatif au défaut de sensibilité de l'or comme réactif du mercure; mais je crois qu'il faut plutôt l'attribuer à l'emploi d'une membrane trop épaisse, qui aurait arrêté le gaz atmosphérique au passage, comme elle arrêtait les vapeurs mercurielles. Fürbringer ne nous dit pas d'où il l'avait tirée, mais comme il la laissait pendant plusieurs jours en expérience, il est probable que c'était une membrane préparée, sans quoi elle n'aurait pas pu se conserver aussi longtemps intacte. Les résultats obtenus dans de pareilles conditions ne sauraient évidemment rien faire préjuger relativement à ce qui doit se passer avec l'épithélium pulmonaire.

La propriété que possède cet épithélium d'être directement perméable aux vapeurs mercurielles, comme il l'est aux gaz atmosphériques, s'explique d'abord par son extrême minceur : elle dépend aussi de l'interposition de l'eau dans sa trame délicate, car il la perd dès qu'il est desséché, sans devenir apte à la recouvrer quand on le remouille.

On peut donc se le figurer comme une pellicule liquide mince et continue, interposée entre les gaz extérieurs et ceux du sang; et l'on sait aujourd'hui que cette continuité n'est pas un obstacle au passage mécanique des gaz.

Marianini (24) en a fourni la première preuve dans son expérience bien connue de la bulle de savon gonflée avec de l'air ou de l'hydrogène et grossissant rapidement dans l'acide carbonique; mais on ne saurait rigoureusement conclure de ce fait à la réalité d'un passage mécanique. On peut admettre, en effet, que l'acide carbonique a pénétré dans la bulle en se dissolvant à la surface extérieure de l'enveloppe liquide, pour venir ensuite s'exhaler à la surface intérieure; c'est alors à sa solubilité seule qu'il faudrait attribuer sa pénétration.

Si l'on veut avoir des phénomènes bien nettement tranchés de passage mécanique de gaz à travers des lames minces liquides, il faut opérer, comme l'a fait Exner (25), avec des gaz insolubles, tels que l'hydrogène, par exemple, et il n'y a plus alors d'erreur possible sur la véritable signification des résultats.

Les expériences d'Exner ont été surtout des expériences de mesure; pour s'assurer simplement, en opérant sur l'hydrogène, de la facilité et de la rapidité du passage mécanique de ce gaz à travers des lames liquides minces, on pourra se contenter de la vérification suivante :

Expérience II. — Pour la confection des lames minces perméables je me suis servi d'eau de savon, des liquides sapo-glycériques de Plateau et de Terquem, ou plus simplement encore, d'une solution albumineuse suffisamment épaissie, et je les ai employés de la manière suivante :

Après avoir rempli d'hydrogène et bouché avec soin un petit flacon à col long et étroit, on le renverse en plaçant son orifice à quelques millimètres au-dessous du niveau d'un des liquides précédents, et on le débouche dans cette situation. Lorsqu'on le retire, on le trouve fermé par une lame mince du liquide employé adhérente au rebord du goulot, et on le remet en position normale dans l'air. On voit alors la lame mince se déplacer rapidement vers l'intérieur, ce qui indique un mouvement de sortie de l'hydrogène, effectué avec une vitesse beaucoup plus grande que celle du mouvement inverse de rentrée de l'oxygène et de l'azote atmosphériques. Si les gaz qui s'échangent ainsi ne traversaient le liquide qui les sépare qu'à la condition de s'y dissoudre, l'avantage, sous le rapport de la rapidité du passage, appartiendrait incontestablement à l'oxygène et à l'azote, dont la solubilité dépasse si notablement celle de l'hydrogène; et, par suite, la lame mince, au lieu de descendre dans le goulot, aurait fait saillie en dehors : l'hydrogène est donc transmis mécaniquement.

On peut renverser l'expérience, en laissant le flacon à col étroit plein d'air et en le plaçant, après occlusion par le liquide sapo-glycérique, sous une cloche qu'on remplit d'hydrogène par déplacement. On voit alors la lame mince se bomber rapidement en dehors et se briser lorsqu'elle a pris une trop grande extension. Avant qu'elle éclate, si on renverse le flacon qu'elle ferme et qu'on introduise brusquement le goulot au-dessous de l'orifice d'une éprouvette pleine d'eau, on peut recueillir le gaz intérieur dans lequel on démontre facilement la présence de l'hydrogène.

Chimiquement voisines de ce gaz, les vapeurs mercurielles lui sont aussi dynamiquement comparables, et elles ont, comme lui, la propriété de traverser mécaniquement les lames minces de liquides dans lesquels elles ne sont pas solubles.

Expérience III. — Pour le démontrer, on prend deux flacons à col étroit contenant tous deux du mercure; on occlut l'orifice de l'un d'eux avec une lame mince de liquide sapo-glycérique, et laissant l'orifice du second librement ouvert, on dispose au-dessus de chacun d'eux une petite bande de papier réactif à l'azotate d'argent ammoniacal. Comme ces deux papiers, malgré les conditions différentes dans lesquelles ils sont placés, s'impressionnent à très peu près de la même manière dans des temps égaux, on est en droit d'en conclure que les vapeurs mercurielles se diffusent à travers une lame mince d'un liquide dans lequel elles ne sont pas solubles comme à travers une lame d'air de même épaisseur.

Cette expérience et l'expérience I nous permettent de nous rendre exactement compte de la façon dont se comportent les vapeurs mercurielles, lorsque, mélangées avec l'air ambiant, elles pénètrent en même temps que lui dans l'appareil respiratoire et qu'elles arrivent au contact de l'épithélium pulmonaire. En venant se heurter, avec de très grandes vitesses de translation moléculaire, contre ce diaphragme humide, elles ne sont pas, comme on l'a généralement cru jusqu'à présent, arrêtées à sa première surface, et n'ont pas besoin d'être préalablement transformées en produits solubles pour être absorbées. C'est mécaniquement qu'elles traversent la mince couche liquide qui les sépare du sang, et celui-ci ne reçoit, par le fait de leur inhalation, que du mercure à l'état métallique.

Sachant à quel état ce mercure est absorbé, il nous reste à rechercher ce qu'il devient après son absorption, et nous entrons ici dans la troisième partie de l'étude de son action physiologique.

---

§ 3. — *État et relations du mercure dans le milieu intérieur.*

Suivant l'opinion généralement acceptée aujourd'hui, le mercure, introduit dans le sang, par l'inhalation de ses vapeurs, ne saurait y conserver son état métallique, et il y trouverait tous les éléments de sa prompte transformation en composés solubles, qui auraient seuls le pouvoir d'agir physiologiquement et toxiquement.

C'est Mialhe (26) qui le premier s'est prononcé dans ce sens, et voici comment il formule ses vues : « N'est-il pas évident, » dit-il, que le mercure introduit dans l'organisme, à l'état de » vapeurs mélangées d'air, se trouve dans les conditions les plus » favorables pour être impressionné chimiquement par les chlo- » rures alcalins de nos humeurs? Il n'entre en circulation réelle » qu'après avoir subi la double influence de l'oxygène et des » chlorures alcalins, c'est-à-dire qu'il ne se mêle au sang qu'à » l'état de sublimé corrosif, et il ne produit d'effet sur l'organisme » que par la proportion variable, mais constante, de chlorure » mercurique auquel, par une réaction remarquable, il donne » naissance. »

Mialhe affirme donc très formellement que le mercure se chlorure dans le sang, mais il ne fournit aucune preuve directe de cette chloruration, et il la déduit simplement des résultats d'expériences *in vitro* qui sont loin d'être probantes à cet égard. A deux reprises il a mis du mercure métallique plus ou moins divisé en contact avec des solutions doubles de chlorure de sodium et de chlorure d'ammonium portées à des températures de 40° à 50°; et, après avoir fortement agité le tout afin d'aérer le mélange, il a constaté la formation de quelques milligrammes de bichlorure de mercure. Dans les conditions où il a opéré c'est bien ainsi que les choses se passent, mais il ne s'ensuit pas qu'elles doivent se passer de la même manière pour le mercure introduit dans le sang, car ce liquide ne contient pas de trace appréciable de chlorure d'ammonium. Quant à la proportion de chlorure de sodium qu'il renferme normalement, elle est dix fois plus faible que celle de la liqueur employée par Mialhe, et rien, comme on le voit, ne justifie les conclusions que ce savant a tirées de ses expériences.

Voit (27), qui a été conduit à les adopter, a essayé de mieux les défendre, et voici, d'abord, à quelles vues théoriques il les rattache.

Empruntant à Schœnbein ses idées sur les propriétés ozonogéniques du mercure, il prétend que ce métal mélangé à l'air dans les poumons détermine la formation d'une faible quantité d'ozone, lequel serait immédiatement absorbé par les globules sanguins. Agissant sur le chlorure de sodium du sang, cet ozone mettrait en liberté du chlore, qui se porterait, à son tour, sur le mercure contenu dans le sang et le ferait ainsi passer à l'état de bichlorure.

Pour montrer que ces vues théoriques sont acceptables, Voit a fait l'expérience suivante :

Pendant une durée de dix à douze jours il a vivement agité à l'air un mélange de mercure et d'une solution concentrée de chlorure de sodium; après chacune de ces manœuvres quotidiennes il a observé la formation d'un précipité gris blanc, pendant que le liquide filtré se montrait légèrement alcalin et donnait naissance à une coloration brune avec l'acide sulfhydrique. Dans le précipité gris blanc, Voit voït du calomel ; l'action de l'acide sulfhydrique dénote, pour lui, la présence du sublimé, et l'alcalinité de la liqueur s'explique par l'action de l'oxygène ozonisé sur le chlorure de sodium qu'il décompose, en déplaçant le chlore et en s'emparant du métal.

Il est facile de s'assurer, comme l'a fait Overbeck et comme je l'ai fait moi-même, que ces résultats sont exacts. D'une part, en effet, de l'air agité dans un flacon de verre, avec du mercure chimiquement pur, devient capable de bleuir la teinture de gaïac, ce qui prouve qu'il s'ozonise ; d'autre part, si l'on fait arriver de l'ozone dans un flacon bouché contenant du mercure recouvert d'une solution de sel marin, on trouve bientôt que la solution devient alcaline et renferme du sublimé. Sans ozone, ce mélange, même après un intervalle de plusieurs semaines, ne présente pas la plus minuscule trace de sel mercuriel.

Les expériences de Voit sont donc inattaquables, mais elles ne prouvent rien en dehors du fait qu'elles établissent. S'il est vrai que l'oxygène de l'air s'ozonise quand on l'agite, dans un flacon de verre, avec du mercure pur, ce n'est pas un motif pour attribuer cette ozonisation à une action mystérieuse que le métal exercerait par sa seule présence; action qui serait également provoquée par ses vapeurs lorsque celles-ci, mélangées à l'air atmosphérique, participent avec lui à l'agitation des mouvements respiratoires. Il faut tenir compte, en effet, dans l'expérience du flacon, de l'intervention d'un factêur dont on ne retrouve l'équivalent à aucun degré dans des phénomènes qui se passent à l'intérieur de l'organisme; je veux parler du frottement du mercure contre les parois du flacon de verre dans lequel on l'agite. Ce frottement suffit pour mettre de l'électricité en liberté, comme le démontre la production des lueurs électriques dans le vide barométrique, et il devient ainsi une cause toute spéciale d'ozonisation.

Les preuves manquent donc pour affirmer que le mercure, introduit en vapeurs dans l'économie, y détermine une formation d'ozone et, par suite, un déplacement du chlore des chlorures alcalins du sang, d'où résulterait finalement une production correspondante de sublimé corrosif. Ce résultat final serait cependant toujours atteint si le mercure, au lieu de donner lui-même naissance à l'ozone, le trouvait déjà tout formé dans le sang, et c'est là ce qu'affirme Overbeck. D'après lui, le sang artériel renfermerait normalement de l'oxygène ozonisé, provenant de l'oxygène de l'air absorbé dans l'inspiration pulmonaire, et dont l'ozonisation, au moment de cette absorption, serait due à une action particulière de l'hémoglobine des globules rouges. L'ozone ainsi formé serait transporté dans le torrent circulatoire, soit par l'hémoglobine elle-même, soit par l'albumine du sérum, et il pourrait, ou bien oxyder directement le mercure, ou bien le chlorurer en agissant d'abord sur le chlorure de sodium dont il mettrait le chlore en liberté.

Voit et Overbeck aboutissent donc finalement à la même conclusion, et il devait en être ainsi puisque tous deux, quoique par des motifs différents, admettent, d'un commun accord, la présence de l'ozone dans le sang; mais, si les conséquences qu'ils déduisent de ce fait, une fois admis, ne sont pas contestables, on ne saurait en dire autant du fait lui-même sur lequel ils les appuient, et qu'ils n'ont pas cherché personnellement à vérifier.

C'est à Schœnbein (28), en effet, qu'ils l'ont emprunté de confiance, et ils n'en apportent d'autre preuve que celle qui résulterait de l'expérience suivante due à ce savant et sur la valeur de laquelle on s'est longtemps mépris. On verse une goutte d'une solution alcoolique fraîche de gaïac sur du papier à filtre : quand le papier est presque sec, par évaporation de l'alcool, on ajoute une goutte de sang ou une solution d'hémoglobine, et il se forme immédiatement, tout autour de l'hémoglobine, une auréole bleue indiquant l'oxydation du gaïac par l'ozone.

Ainsi obtenue, cette réaction est très nette et semble décisivement probante; mais Pflüger (29) remarque avec raison qu'on ne peut pas en faire d'application au sang qui circule dans les vaisseaux, et que, s'il y a formation d'ozone dans le sang extrait du corps, elle est une conséquence de l'altération rapide et profonde subie par l'hémoglobine au contact de l'air. On doit en outre ajouter, avec Hoppe-Seyler (30), que la présence de l'ozone dans le sang est absolument incompatible avec l'intégrité de ce liquide, et les expériences de Binz (31), de Huisinga (32), de Dogiel (33), de Barlow (34), ne laissent subsister aucun doute à cet égard.

Binz a introduit directement de l'ozone dans un mélange d'une solution aqueuse d'albumine et de gaïac, et il a vu l'albumine s'altérer immédiatement sans que le gaïac présentât le moindre symptôme de bleuissement.

Huisinga a démontré que l'ozone attaque rapidement l'hémoglobine dont il fait disparaître les bandes d'absorption, et qu'il finit par décolorer. Dogiel, qui a fait agir cet ozone sur le sang, a également noté la décoloration de ce liquide, qui devenait en même temps plus visqueux; enfin Barlow, qui a étudié au microscope les effets produits par l'oxygène ozonisé sur les globules sanguins, a constaté que ceux-ci étaient promptement désorganisés et réduits à leurs noyaux.

Exerçant une action destructive aussi marquée sur les éléments constitutifs du liquide sanguin, l'ozone ne saurait, en conséquence, exister librement dans ce liquide, et on ne peut pas invoquer sa prétendue intervention pour expliquer le passage du mercure absorbé, à l'état d'oxyde ou de chlorure. Voit et Overbeck n'ont donc pas réussi à rendre plus acceptable l'hypothèse de Mialhe; mais cette hypothèse si peu justifiée n'en a pas moins fait son chemin, et elle est à peu près universellement admise aujourd'hui, comme l'expression d'une vérité définitivement acquise à la science.

En affirmant que le mercure introduit dans le sang s'y transforme bientôt en chlorure ou en oxyde, Mialhe ne s'est pas demandé ce que devenaient ultérieurement les composés ainsi formés. Voit et Overbeck sont allés plus loin que lui : s'autorisant des résultats bien connus de la réaction du bichlorure et du peroxyde mercuriels sur l'albumine, en présence d'un excès, soit de cette substance, soit du chlorure de sodium, ils ont conclu à la production de choralbuminates ou d'oxydalbuminates solubles de mercure; ils font de ces sels la forme ultime sous laquelle ce métal existerait dans le sang, par lequel il serait ainsi transporté dans toutes les parties de l'organisme.

Il n'y avait qu'un moyen de faire accepter cette conclusion, c'était de la justifier expérimentalement en introduisant du mercure pur dans le système circulatoire d'animaux vivants, et en montrant qu'on trouve alors dans leur sang des sels mercuriels en solution. Voit et Overbeck ont omis de fournir cette preuve de fait, qui seule aurait pu être décisive, et c'est longtemps après eux que Fürbringer (35) a essayé de la dégager d'une série d'expériences remarquablement conduites, dont l'exposition doit trouver ici sa place.

Voici comment ce savant a procédé : dans un mucilage de gomme et de glycérine, il a éteint du mercure de manière à obtenir des globules d'un diamètre inférieur à celui des globules sanguins; puis, après avoir constaté que cette sorte d'émulsion mercurielle ne contenait pas, lorsqu'on l'employait fraîche, de traces de sel mercuriel soluble, il l'a injectée à la dose de 1 centimètre cube dans les veines jugulaire ou fémorale d'animaux divers (chiens et lapins), qui ont pu supporter cette opération sans en éprouver aucun dommage. A des intervalles qui ont varié de un à huit jours, l'animal était saigné au cou, on lui tirait 30 centimètres cubes de sang, en moyenne, et ce sang aussitôt défibriné était additionné d'une solution de chlorure de sodium au titre de 3 pour 100. Après un repos de vingt-quatre heures, les globules sanguins et mercuriels s'étaient déposés dans les couches inférieures de la masse sanguine, et le sérum, délayé par son mélange avec la solution saline, pouvait être facilement décanté et traité par l'acide chlorhydrique et le chlorate de potassium, pour détruire la matière organique. Le liquide ainsi obtenu était alors examiné analytiquement au point de vue de la recherche du mercure, et Fürbringer s'est servi, à cet effet, du procédé dont il est l'auteur.

Sur douze expériences faites dans ces conditions, cinq lui ont donné des résultats positifs, trois des résultats douteux, et quatre des résultats négatifs; c'est donc dans la minorité des cas que le mercure s'est montré dans le sang des animaux qui avaient subi des injections de ce métal, et encore Fürbringer est-il obligé de constater que les proportions de mercure révélées par l'analyse ont été extrêmement faibles.

A cette analyse du sérum délayé qui surmontait les globules mercuriels, Fürbringer a joint l'examen très attentif des globules eux-mêmes, et ceux-ci, pour la plupart, ne lui ont présenté aucune trace d'altération. Quelques-uns seulement, *en très petit nombre,* lui ont paru modifiés, et il décrit ainsi les modifications qu'il a observées au microscope. Pour les uns, tout se bornait à une simple diminution de leur éclat métallique, à un ternissement plus ou moins marqué de leur surface. D'autres, en perdant complètement leur éclat métallique, avaient aussi perdu leurs contours arrondis et leur forme tendait à devenir anguleuse. D'autres enfin, mais très exceptionnellement, avaient l'apparence de petites masses étoilées noirâtres à saillies anguleuses très prononcées, de nature cristalline, qui disparaissaient par l'action des acides acétique et chlorhydrique, en laissant un noyau brillant, attaquable lui-même par l'acide nitrique concentré, et qui ne pouvait appartenir qu'au mercure.

Toutes ces altérations, quel qu'en soit le degré, Fürbringer les attribue à l'oxydation des globules qui les présentaient, et il voit, dans cette oxydation, le premier terme de la série des réactions, non définies par lui, par lesquelles passerait le mercure avant de donner naissance aux sels solubles qui seraient le résultat ultime de ses transformations. Comme ce sont là des affirmations formulées sans preuve aucune à l'appui, elles manquent, par là, de valeur scientifique véritable, et il y a tout lieu de les tenir pour très suspectes. Il serait fort singulier, en effet, si le sang a réellement la propriété d'oxyder les globules mercuriels injectés dans sa masse, que cette action oxydante fût élective, et qu'elle s'exerçât sur un très petit nombre de globules, en respectant absolument les autres, qui sont placés, cependant, dans des conditions chimiques absolument identiques.

Peu importe d'ailleurs de savoir par quelles phases plus ou moins compliquées passe le mercure introduit dans le sang, si c'est un fait bien démontré qu'il aboutit finalement à former des composés solubles susceptibles d'être retrouvés dans le sérum, et Fürbringer prétend que ses expériences fournissent péremptoirement cette démonstration; aussi convient-il d'examiner jusqu'à quel point cette prétention est justifiée.

Sur les douze injections mercurielles qu'il a pratiquées avec succès, le savant allemand n'a compté que cinq résultats positifs; les sept autres ont été négatifs ou douteux. Les cas où le sérum a pu être considéré comme renfermant des sels solubles ayant été en minorité, ce qu'il faut en conclure, c'est que la formation de ces sels, en la supposant vraie, rentre dans la catégorie des faits accidentels et non pas dans celle des faits généraux.

Ce qui achève de montrer le caractère purement accidentel des résultats positifs obtenus par Fürbringer, c'est leur faible importance quantitative, qui les rend pratiquement négligeables.

Avec des doses de mercure injecté qui s'élevaient à 0^{gr},35, avec l'extrême division de ce métal qui multipliait démesurément ses points de contact avec le sang, tout conspirait pour exagérer les effets de la prétendue action oxydante de ce liquide et la formation de sels solubles qui devait en être la conséquence. Or, malgré ces conditions si favorables, Fürbringer ne trouve dans le sérum, lorsqu'il est mercuriel, que de très minimes proportions de mercure, et il est le premier à s'étonner qu'il en soit ainsi, sans que cet étonnement l'amène à douter des conclusions qu'il a tirées de ses expériences.

Celles-ci, cependant, comportent des causes d'erreur qu'il ne s'est pas dissimulées, mais contre lesquelles il prétend s'être efficacement prémuni. On en trouve une première dans la possibilité de l'altération du mercure par le mélange de glycérine et de gomme employé pour préparer, avec ce métal, les émulsions destinées aux injections, et dans lesquelles la gomme, en passant à l'état d'acide mucique, pouvait donner naissance à des mucates mercuriels solubles. Fürbringer a constaté, en effet, la formation de ces mucates, mais elle n'a lieu, d'après lui, qu'au bout d'un temps très long, et pour n'avoir pas à en tenir compte, il prenait la précaution de n'opérer qu'avec des émulsions fraiches. Dans ces conditions on peut bien admettre que les émulsions, au moment même où elles étaient injectées, ne renfermaient aucune trace de composés mercuriels solubles, mais rien ne prouve que ces composés ne naissaient pas dans le sang lui-même, par le fait de la transformation, en acide mucique, de la gomme mêlée à ce liquide.

Il y a dans les expériences de Fürbringer une autre cause d'erreur qui tient à ce que ce savant n'a pas directement abordé la question analytique qu'il se proposait de résoudre.

Le sang qu'il prenait sur les animaux injectés renfermait, comme nous l'avons déjà vu, une proportion notable de globules mercuriels intacts qui étaient recueillis avec lui. Au sortir de la veine, il était immédiatement soumis au battage pour être débarrassé de sa fibrine, puis délayé dans cinq à dix fois son volume d'une solution aqueuse de chlorure de sodium, et finalement laissé en repos pendant vingt-quatre heures, pour être ensuite décanté et soumis à l'analyse. Fürbringer, prétendant que le sérum ainsi obtenu par décantation renfermait des sels mercuriels en dissolution, devait chercher à démontrer directement leur présence, et il n'a rien fait pour fournir cette démonstration directe, qui était, pourtant, absolument indispensable. Au lieu d'opérer sur le sérum intact, il l'a traité par l'acide chlorhydrique et par le chlorate de potassium, pour détruire la matière organique, et c'est le liquide provenant de ce traitement qui lui a donné, accidentellement, des réactions mercurielles, réactions qui eussent été identiquement les mêmes si le sérum primitif avait contenu, non pas des sels de mercure, mais le métal lui-même, en nature. Fürbringer n'avait donc pas le droit de se prononcer pour les sels; il l'a fait, cependant, et comme on pouvait lui objecter que ces sels n'existaient pas primitivement dans le sang de la saignée, mais qu'ils y avaient ultérieurement pris naissance au cours des manipulations que ce sang avait subies, voici comment il répond à cette objection.

Opérant sur des animaux qui n'avaient pas été préalablement injectés, il leur fait des saignées de 30 centimètres cubes de sang, et, après avoir mélangé celui-ci avec 1 centimètre cube de son émulsion mercurielle, il le fait passer par la série des manipulations déjà décrites pour le traitement du sang des animaux injectés. Comme résultat final il obtient un liquide, dans lequel il affirme que l'application de son procédé d'analyse ne lui a jamais fait découvrir la plus légère trace de mercure.

Si Fürbringer entend par là qu'il ne se forme aucune combinaison mercurielle dans le sang pris en dehors de l'économie et mis en contact avec le mercure métallique pur, son assertion est exacte; mais ce qui est vrai pour les combinaisons ne prouve rien contre la possibilité de la présence du métal lui-même, et les expériences suivantes vont montrer la nécessité de cette distinction.

Expérience IV. — Si on laisse séjourner du sang défibriné, ou du sérum, sur du mercure bien pur, qu'on décante ensuite ces liquides avec soin et qu'on les traite par les réactifs les plus sensibles des sels mercuriels, les résultats obtenus sont constamment négatifs. Il n'en est plus de même si le liquide soumis à l'analyse est préalablement attaqué par l'acide chlorhydrique et par le chlorate de potassium, ou par l'acide nitrique à chaud; après cette attaque, si l'on traite ce même liquide par le procédé au cuivre et à l'azotate d'argent ammoniacal, il donne très nettement la réaction caractéristique de la présence du mercure. Le sang et le sérum qui ont séjourné pendant vingt-quatre heures seulement sur ce métal en contiennent déjà des proportions fort appréciables, qui vont en augmentant, comme on peut en juger par la teinte de plus en plus foncée des empreintes, à mesure que la durée du séjour se prolonge. Cette augmentation, d'ailleurs, n'est pas indéfinie, et elle ne dépasse pas une limite supérieure peu élevée, qu'elle atteint promptement par l'agitation.

La seule interprétation dont cette expérience soit susceptible consiste à admettre que le mercure se diffuse à l'état de vapeurs dans le sang et dans le sérum en contact avec lui. Il existe donc en nature dans ces deux liquides, mais on ne peut l'y retrouver qu'à la condition de l'engager préalablement dans une combinaison saline soluble. L'expérience suivante confirme la justesse de cette interprétation.

Expérience V. — Dans deux cristallisoirs de forme et de situation identiques, dont l'un seulement contenait du mercure, j'ai versé, tantôt du sang défibriné, tantôt du sérum, en ayant soin que les couches de ces deux liquides fussent très exactement d'égale épaisseur. J'ai fait reposer sur les fonds de ces cristallisoirs deux manchons de verre que je fermais supérieurement avec des bouchons auxquels étaient rattachées deux bandelettes de papier rayé au chlorure de palladium, découpées dans une même bande, afin que l'identité de leur préparation leur assurât rigoureusement le même degré de sensibilité. Le tout étant ainsi disposé et les deux appareils étant maintenus à l'abri de toute influence perturbatrice, dans une pièce obscure et bien close, on voit le papier réactif se teinter dans celui des deux qui contient du mercure, pendant qu'il reste intact dans l'autre. On est en droit d'en conclure que les vapeurs mercurielles, diffusées à travers les couches de sang ou de sérum du premier appareil, les ont traversées sans y subir aucune altération, puisqu'elles exercent, à la sortie, leur action réductrice caractéristique.

J'ai souvent répété ces expériences, et, comme elles m'ont constamment donné les mêmes résultats, cette constance garantit l'exactitude des conclusions que j'en ai tirées. A plusieurs reprises, j'ai doublé l'expérience principale, faite sur le sang ou sur le sérum, d'une expérience comparative faite sur l'eau dans des conditions absolument identiques, et je n'ai pas trouvé de différences bien appréciables dans la marche de l'altération des papiers sensibles.

Le sang et le sérum sont donc aussi facilement perméables aux vapeurs mercurielles que l'eau elle-même, et, comme l'eau également, ils paraissent sans action sur ces vapeurs, puisque celles-ci, qui s'y diffusent très lentement, conservent encore, après les avoir traversés sous des épaisseurs considérables, l'ensemble de leurs propriétés caractéristiques.

Cela étant, quand on introduit, comme l'a fait Fürbringer, du mercure très divisé dans le système circulatoire d'un animal vivant, le sang de cet animal devient alors mercuriel, non pas parce que le métal injecté donne naissance à des sels qui se dissoudraient dans le sérum, mais parce qu'il se diffuse en vapeurs dans ce même liquide; et si le savant allemand ne l'y a pas toujours rencontré, cela tient à l'insuffisance du procédé de recherche dont il se servait.

On sait, en effet, que ce procédé n'offre plus aucune garantie de sûreté dès que la proportion de mercure à reconnaître tombe au-dessous de $0^{millig},2$, et comme Fürbringer se trouvait ainsi dans l'impossibilité d'apprécier des proportions plus faibles, partout où elles existaient il a forcément qualifié de négatifs les résultats très réellement positifs qui échappaient à ses moyens insuffisants d'investigation. C'est ce qui lui est arrivé, notamment, dans celles de ses expériences par lesquelles il prétend avoir prouvé que du sang frais défibriné, agité avec du mercure, ne contenait aucune trace de ce métal. Ces expériences ne paraissent pas avoir été nombreuses; aussi, comme elles touchaient à une question dont il importait d'avoir la solution vraie, en les répétant, je me suis attaché à les multiplier. J'ai opéré sur huit échantillons de sang défibriné, additionné de cinq fois son volume de chlorure de sodium, que j'ai fortement agité avec du mercure et décanté après un repos de vingt-quatre heures; les huit analyses qui ont suivi m'ont toutes donné des résultats positifs.

Il ne reste donc rien de l'opposition que Fürbringer a voulu établir entre les deux modes d'action du sang sur le mercure, suivant qu'on le prendrait à son état normal, en libre circulation dans l'économie, ou bien qu'il serait extrait du système circulatoire et qu'on l'expérimenterait seulement *in vitro*.

Le résultat est identiquement le même dans les deux cas : qu'on le prenne dans l'économie, ou en dehors d'elle, le sang mis en contact avec du mercure devient toujours mercuriel, et comme il ne le devient, quand il est traité *in vitro,* que par diffusion, dans sa masse, de mercure en nature, on peut affirmer, par raison d'analogie, que tout se passe encore de la même manière lorsqu'il s'agit du sang de la circulation générale. Lors donc qu'on injecte, comme l'a fait Fürbringer, du mercure très divisé dans les veines d'un animal, ce métal imprègne bientôt toute la masse du liquide sanguin, mais c'est à l'état de vapeurs qu'il s'y trouve diffusé, et il y conserve intégralement son état métallique.

Ceux qui prétendent qu'il se transforme d'abord en oxyde ou en chlorure, et finalement en oxydalbuminates ou en chloralbuminates solubles, n'ont jamais fourni aucune preuve de la réalité de l'existence de ces sels; tout se réduit donc, de leur part, à la simple affirmation d'une hypothèse que rien ne justifie *a priori*, et à laquelle on peut opposer, par ailleurs, des faits qui la contredisent absolument.

Si elle était vraie, en effet, si le mercure introduit dans le sang d'un animal vivant n'exerçait pas d'action nocive par lui-même, mais seulement par des composés solubles dérivant de son oxyde et de son chlorure, on se trouverait alors placé dans le cas d'une intoxication mercurielle du genre de celles qui sont dues au sublimé, et l'on devrait, par conséquent, retrouver la série des symptômes caractéristiques de ce mode d'intoxication. Tout se réduit donc à savoir si c'est bien ainsi que les choses se passent.

Les expériences d'injection de mercure dans les veines d'animaux vivants ont été fort nombreuses. La première en date remonte à 1680 et Garman (36), auquel on la doit, la pratiqua sur un chien qui reçut l'injection par la veine crurale. L'animal soumis à cette épreuve n'en parut nullement incommodé, et, dans la suite, il ne cessa pas d'accomplir ses fonctions comme à l'ordinaire, quoique gardant toujours le métal introduit dans son organisme.

En 1820, Clayton (37) injecta du mercure dans la veine jugulaire d'un chien qui fut tué quatre mois après, sans avoir présenté, jusque-là, le moindre symptôme d'intoxication mercurielle.

Les recherches de Gaspard (38) ont été plus complètes que celles des deux expérimentateurs précédents; il a multiplié les expériences, et, à côté de quelques-unes où les animaux injectés mouraient de lésions matérielles dues à une action purement mécanique du mercure, dans toutes les autres, les sujets employés n'ont éprouvé que des troubles passagers dont ils se sont plus ou moins promptement remis. Quand il est arrivé à Gaspard de les sacrifier, pour en faire l'autopsie, les seules lésions qu'il ait constatées ont toujours été des lésions provenant de l'action mécanique du mercure.

Les faits suivants donneront une idée des résultats de ses recherches.

Un chien de grande taille, dans la veine jugulaire duquel furent injectés 2 gros (7 grammes) de mercure, supporta cette opération sans paraître aucunement en souffrir, mais il fut pris, six heures après, d'une forte fièvre et présenta les symptômes ordinaires d'une péripneumonie confirmée. Au neuvième jour, le mercure apparut sous la forme d'une multitude de gouttelettes dans les matières fécales, où ces gouttelettes continuèrent à se montrer jusqu'au treizième jour, après quoi elles disparurent. On notait, en même temps une amélioration sensible dans la santé de l'animal, qui était à peu près délivré de sa péripneumonie lorsqu'on le tua par section de la moelle épinière.

Après une injection de 18 grains (1 gramme) de mercure dans sa veine jugulaire, un chien nouveau-né continua à téter pendant trente-six jours sans manifester le plus léger dérangement, et son développement, qui s'effectua sans aucun trouble, fut aussi marqué que celui des autres petits de la même portée. Ayant subi alors une nouvelle injection de 36 grains (2 grammes), il accusa un malaise sensible, refusa de téter et les symptômes de la péripneumonie se déclarèrent. Au bout de huit jours il se produisit une amélioration très marquée, la toux diminua, l'appétit revint, le développement reprit son cours régulier, et, en même temps, le mercure apparaissait dans les matières fécales. L'animal était en pleine voie de guérison lorsqu'il fut tué deux mois après la première injection.

Dans une dernière expérience, ce n'est plus du mercure coulant que Gaspard injecta dans la veine jugulaire d'un chien, mais de l'eau distillée qui avait bouilli sur ce métal et qui était devenue trouble et louche parce qu'elle le contenait en suspension, sous forme de poussière fine. Ce chien témoigna pendant quelques minutes une douleur assez vive, mais il se remit bientôt, reprit son appétit au bout de quelques heures, et recouvra une santé parfaite dans la journée.

Ces expériences sont très significatives, mais la suivante, due à Claude Bernard (39), l'est encore davantage.

Ce savant, après avoir perforé le fémur d'un chien et *rempli* de mercure la cavité médullaire, boucha le trou avec de la cire et laissa la plaie des parties molles se cicatriser. L'animal gardé dans cet état pendant trois mois ne présenta, pendant cet intervalle de temps, *aucun phénomène particulier à noter*, et après l'avoir tué *en pleine santé apparente* on chercha ce qu'était devenu le mercure.

Il en restait un résidu dans la cavité médullaire du fémur, mais les deux tiers au moins avaient disparu, à la suite d'une absorption manifeste, et une portion du mercure absorbé avait été probablement éliminée par les excréments et par les urines. Claude Bernard ne s'est pas occupé d'elle; il s'est borné à rechercher si le métal ne s'était pas fixé dans quelques organes, et en les examinant tous avec attention c'est dans les poumons surtout qu'il le rencontra. Ceux-ci, *dont la masse était saine,* avaient leur surface extérieure comme parsemée de petites tumeurs blanchâtres de la grosseur d'un grain de millet, semblables à ce qu'on appelle des tubercules miliaires. Ces petites tumeurs étant incisées, on trouvait visiblement à leur centre, en les examinant à la loupe ou à l'œil nu, un petit globule de nature métallique. La matière blanchâtre entourante constituait un véritable kyste, dont les parois, proportionnellement à la petitesse du globule mercuriel, étaient très épaisses.

Ces expériences, auxquelles je pourrais joindre celles de Magendie, de Cruveilhier, de Gluge, de Virchow et de Panum, qui toutes ont donné les mêmes résultats, sont très concluantes au sujet du rôle que le mercure, introduit dans le sang, joue dans l'organisme. Ce rôle est exclusivement mécanique; le métal injecté est absolument inoffensif par lui-même, et il n'intervient pas davantage en se transformant chimiquement pour donner naissance à des composés solubles qui seraient toxiques à sa place. Les seuls désordres qu'il occasionne sont dus à des lésions purement traumatiques, dont la raison est facile à donner. Quand le mercure injecté n'est pas suffisamment divisé, ses goutteletes trop grosses s'arrêtent dans les capillaires de certains organes qu'elles obstruent en empêchant la circulation sanguine, et comme elles jouent alors, dans les tissus de ces organes, le rôle de corps étrangers, elles deviennent les centres d'autant de foyers d'inflammation, dont la formation peut devenir le point de départ de désordres plus ou moins graves.

Il suffirait, afin d'éviter la possibilité de ces désordres, que le mercure fût assez finement divisé pour traverser librement les capillaires du plus petit calibre; et l'on peut emprunter, à

Fürbringer lui-même, des arguments propres à établir l'innocuité des injections faites dans ces conditions particulières.

Comme nous l'avons déjà vu, ce savant employait de véritables émulsions de mercure dans un mucilage de glycérine et de gomme, et les résultats qu'il en obtint varièrent du tout au tout suivant le degré de division du métal. Au début, quand il opérait avec des émulsions où le diamètre des globules mercuriels était supérieur à celui des globules sanguins, les animaux injectés mouraient victimes d'accidents graves, tels qu'embolies innombrables, abcès métastatiques des poumons et du foie. Plus tard, quand il eut réussi, à force de patience et de soins, à réduire le mercure en gouttelettes aussi finement atténuées que les globules sanguins, tous ces accidents disparurent complètement, et les animaux sur lesquels ces nouvelles injections furent pratiquées ne présentèrent, jusqu'au jour où ils furent sacrifiés pour les besoins des expériences, aucune *apparence de souffrance ou de malaise.* A l'autopsie, on ne trouva aucune trace de lésions dans leurs organes, aucune trace d'altération dans leur sang.

S'il résulte des faits précédents que le mercure, introduit dans l'organisme par voie d'injection dans le sang, n'y subit aucune transformation qui lui fasse donner naissance à des composés toxiques, les faits qui vont suivre prouveront qu'il n'en subit pas davantage, lorsque l'introduction a lieu par voie d'injection sous-cutanée.

C'est Fürbringer (40) qui a, le premier, employé ce procédé hypodermique, comme mode de traitement de la syphilis. Dans une première série d'expériences il injecta, sous la peau de sujets syphilitiques, de 1 gramme à 4 grammes de mercure métallique très pur, et les injections furent renouvelées à des intervalles de cinq à huit jours. Elles ne causèrent jamais de douleur prolongée, et presque jamais d'irritation locale, une fois seulement il y eut formation d'un abcès. L'urine examinée au point de vue de la présence du mercure n'en donna jamais aucun signe. Ce mode d'introduction du métal fut d'ailleurs absolument sans influence sur la marche des manifestations syphilitiques.

Dans une seconde série d'expériences, Fürbringer, après avoir injecté sous la peau des malades syphilitiques du mercure métallique, tritura la masse afin de la réduire en particules aussi finement atténuées que possible, mais le résultat fut encore négatif, comme dans le cas précédent.

Dans une troisième série d'expériences, le métal injecté sous la peau fut pris en suspension dans un mucilage composé d'un mélange de glycérine et de gomme arabique, le tout formant une masse d'un gris noirâtre, homogène et peu diffluente, dont chaque centimètre cube renfermait environ 1 décigramme de mercure. Fürbringer injectait sous la peau de 25 à 75 milligrammes de mercure ainsi divisé, et renouvelait ces injections à huit ou dix jours d'intervalle. Elles étaient indolores; dans la moitié des cas environ elles déterminèrent au niveau du point injecté une tuméfaction hémorrhagique qui se transforma progressivement en induration indolente. Dans d'autres cas, relativement assez rares, elles furent le point de départ d'abcès à l'ouverture desquels on ne trouva pas une seule goutte de mercure.

En dehors de ces symptômes purement locaux, qui n'ont jamais présenté aucun caractère de gravité et qui n'ont apporté aucun obstacle à l'application du traitement, Fürbringer ne signale pas d'autres phénomènes morbides. Malgré l'énorme développement en surface des globules mercuriels, malgré leur séjour prolongé dans l'organisme, il n'est pas, une seule fois, arrivé, au savant allemand, de constater le plus léger accident d'intoxication mercurielle, tel que stomatite, salivation ou diarrhée. Le mercure passait dans le sang, car on reconnaissait sa présence dans les urines, au plus tôt le quatrième jour après l'injection, ou le septième au plus tard, et il devenait alors efficace dans les cas de manifestations bénignes de la syphilis; mais il a toujours échoué dans tous les cas de lésions papuleuses et gommeuses.

Luton (41) a répété, en France, les essais thérapeutiques de Fürbringer. Pour préparer la matière de l'injection, il agite vivement deux ou trois gouttes de mercure avec 1 gramme de glycérine, et il introduit le tout sous la peau. En opérant ainsi, il affirme avoir obtenu plusieurs guérisons, sans que ce mode de médication ait jamais donné lieu au plus minuscule accident toxique. Il se produisait seulement un peu d'induration au point injecté, et parfois un petit abcès qui se réduisait facilement. Dans une autopsie, après trois semaines, Luton retrouva quelques globules de mercure au centre d'une sorte d'infiltration purulente du tissu cellulaire, mais la plus grande partie du métal injecté avait disparu.

Qu'on l'introduise dans l'organisme par voie d'injection hypodermique, ou par voie d'injection intra-veineuse, le mercure pur se comporte donc toujours de la même manière. Son innocuité constante, en dehors des désordres mécaniques qu'il peut provoquer quand il n'est pas suffisamment divisé, prouve bien haut, contrairement à l'opinion préconçue si généralement accréditée, qu'il ne se modifie pas chimiquement dans le sang, en y donnant naissance à des composés solubles, qu'on devrait seuls considérer comme physiologiquement et toxiquement actifs.

Si ces composés se produisaient réellement dans l'économie, si l'introduction du mercure pur y déterminait d'abord la formation d'oxyde et de chlorure, puis finalement celle de chloralbuminates ou d'oxydalbuminates solubles, même à doses très atténuées, l'innocuité si bien constatée du métal serait absolument inexplicable, car tous les corps de cette série de dérivés qu'on lui attribue, essayés directement sur des animaux, ont provoqué les accidents les plus graves et toujours très promptement mortels.

Les expériences qui ont été ici fort nombreuses, et qui ont toutes donné des résultats parfaitement concordants, ont été faites, les unes, par la méthode des injections intra-veineuses, les autres, par celle des injections hypodermiques.

Gaspard (42), qui a employé la première et qui a opéré sur des chiens, a étudié sur eux l'action du sublimé qu'il leur injectait par la veine jugulaire : je ne rapporterai, des résultats obtenus par lui, que ceux des expériences qui correspondent à l'emploi des plus faibles doses de l'agent toxique.

Injection de 1 grain 1/2 ($0^{gr},08$) de sublimé dans la veine jugulaire d'un chien de moyenne taille: mort en cinq minutes, après dyspnée et vomissements bilieux.

Injection de 1 grain ($0^{gr},05$) dans la jugulaire d'un chien de grande taille: salivation, vomissements, déjections liquides: mort au bout de quatre jours.

Injection de 3/4 de grain ($0^{gr},04$) pratiquée sur un chien de moyenne taille: quinze minutes après, frissons, malaise, déjections alvines, vomissements, salivation: mort au bout de cinq heures.

Une autre injection de 3/4 de grain, pratiquée dans les mêmes conditions, a déterminé la mort au bout de deux heures, avec production des mêmes symptômes.

Comme rapprochement intéressant à noter, on remarquera l'action presque foudroyante que le bichlorure de mercure exerce à la dose de 3/4 de grain, pendant que le métal lui-même est inactif à la dose, environ deux cents fois plus forte, de deux gros.

Après Gaspard, les expérimentateurs qui ont repris l'étude de l'action toxique du sublimé ont substitué, à la méthode des injections intra veineuses, celle des injections hypodermiques, et cette question, ainsi traitée, a fourni la matière d'intéressants travaux à Rosenbach (43), Saikowsky (44), Wilbouchewich (45) et Heilborn (46).

Toutes les conclusions auxquelles ces savants sont arrivés se ressemblent; je me bornerai donc à résumer ici celles qu'on doit à Saikowsky, dont le travail est, sans contredit, le plus complet et le plus remarquable par la netteté de l'observation.

Comme tous les expérimentateurs que j'ai cités avec lui, Saikowsky opérait principalement sur des lapins auxquels il injectait hypodermiquement des doses de sublimé variant de 4 à 6 centigrammes. Les désordres observés consistaient en des troubles intestinaux graves, caractérisés par une forte diarrhée et une violente hypérémie intestinale pouvant aller jusqu'à des suffusions sanguines, à de véritables foyers hémorrhagiques et des ecchymoses des muqueuses stomacale et intestinale. Les reins offraient une forte hypérémie et dix-huit à vingt heures après l'injection on constatait une accumulation notable de sels dans les canaux droits de la substance corticale. Les recherches chimiques ont montré que ces masses salines, qui augmentent progressivement jusqu'à la mort de l'animal, sont formées d'une proportion notable de phosphate de chaux, mélangé à du carbonate de chaux et à des traces de chlorure de sodium.

La mort arrive après un intervalle de un à trois jours.

Chez les chiens, qui présentent les mêmes phénomènes du côté de l'intestin, Saikowsky avait cru pouvoir conclure que le sublimé produisait une simple stéatose des reins, sans dépôts calcaires dans les tubuli; mais des expériences ultérieures de Heilborn et de Prévost, de Genève, ont démontré que ces animaux étaient aussi atteints de calcification rénale.

Mering (47), dont les expériences ont été pratiquées sur des chats et des chiens, et exceptionnellement sur des lapins, se servait, pour ses injections hypodermiques, d'oxyde de mercure qu'il employait en solution dans le glycocolle. La mort survenait généralement dans les vingt-quatre premières heures, elle était précédée par l'apparition des mêmes symptômes que ceux de l'empoisonnement par le sublimé.

Je ne connais pas d'étude entreprise sur les effets de l'injection hypodermique des albuminates mercuriels solubles, mais on doit supposer que ces sels ont le même mode d'action que leurs congénères les peptonates, et ceux ci ont été, de la part de Prévost (48), de Genève, l'objet de recherches qui présentent un intérêt exceptionnel, à cause de leur valeur propre et de l'importance de leurs résultats.

Ces recherches ont porté sur des animaux d'espèces très variées, les uns de petite taille tels que rats et cochons d'Inde, les autres de taille plus grande tels que chats, lapins et chiens : je ne m'occuperai ici que de celles qui sont relatives aux animaux du second groupe.

Les plus fortes doses de peptonate qui leur aient été injectées renfermaient un peu moins de 4 décigrammes de mercure. A la suite de cette injection, le sujet qui l'a subie est souvent pris d'une violente diarrhée, avec évacuation de matières intestinales jaunâtres, quelquefois brunâtres et souvent sanguinolentes; son poil se hérisse, il se refroidit, sa respiration devient dyspnéique, et il ne tarde pas à succomber avec tous les symptômes d'une violente entérite.

Si la dose de peptonate est moindre et qu'elle corresponde à une proportion de mercure variant de 2 décigrammes à 1décig,5, les accidents intestinaux sont moins marqués, et le sujet intoxiqué ne succombe pas alors aussi rapidement; il ne paraît pas influencé le premier jour, mais bientôt il perd l'appétit, maigrit sensiblement, ses urines deviennent rares, transparentes et albumineuses, et il succombe ordinairement vers le troisième jour.

Des injections successives à la faible dose de 7 à 4 milligrammes de mercure déterminent encore les phénomènes décrits ci-dessus, avec moins de violence; après quelques jours, la diarrhée se déclare, puis l'albuminurie et l'animal succombe à la suite du dépérissement progressif produit surtout par les phénomènes intestinaux.

A l'autopsie on observe toujours deux lésions particulièrement caractéristiques : celle des intestins, qui sont fortement hypérémiés; celle des reins, qui consiste dans une calcification plus ou moins accusée des tubuli, qu'on pourrait au premier abord confondre avec une stéatose. Parallèlement à cette calcification des reins, Prévost a découvert qu'il se produit une décalcification des os qui a été, dans quelques cas, assez prononcée pour rendre les épiphyses des os longs mobiles sur les diaphyses.

Les lésions hypérémiques de l'intestin à la suite d'injections hypodermiques de peptonates mercuriels et de sublimé sont absolument identiques à celles que produit l'injection stomacale des mêmes substances; et cette identité, quand il s'agit de deux modes d'administration aussi différents, est déjà intéressante à noter. Ce qui l'est davantage encore, c'est qu'à dose égale les lésions de l'intestin et des autres organes sont plus profondes et plus graves par la voie hypodermique que par la voie stomacale;

et il y a lieu de remarquer, enfin, que les peptonates injectés hypodermiquement sont, toutes choses égales d'ailleurs, plus toxiques de beaucoup que le sublimé.

On peut rapprocher de ces résultats expérimentaux ceux d'observations nombreuses rcueillies dans des cliniques de maladies syphilitiques. Bergh, Hagen, Lewin (49), Heilborn (50), ont signalé chez l'homme, à la suite d'injections sous-cutanées de solutions aqueuses ou peptoniques de sublimé, des accidents dysentériques analogues à ceux que présentent les animaux, dans les mêmes conditions.

En somme, le contraste frappant qu'on relève entre l'énergie des effets toxiques de l'oxyde, du bichlorure et des sels albuminiques solubles de mercure injectés par voie hypodermique, aussi bien que par voie intra-veineuse, et l'innocuité du métal lui-même employé de la même manière, permet d'affirmer qu'il ne se transforme pas, comme on le prétend, dans l'organisme, pour y donner précisément naissance à ces composés dangereux. En fournirait-il d'autres à leur place? Rien, au fond, ne le fait supposer, et ceux-là, s'ils existaient, constitueraient des facteurs négligeables, puisqu'ils seraient absolument inoffensifs. On est donc conduit à conclure que le mercure absorbé à l'état métallique, par voie d'injection, conserve encore cet état après l'absorption, et il n'y a rien là qui ne s'accorde parfaitement avec ce qu'on sait de sa faible impressionnabilité aux agents chimiques, lorsqu'il est irréprochablement pur.

S'il ne s'altère pas dans l'organisme lorsqu'il y pénètre à l'état liquide et par voie d'injection, il ne doit pas s'y altérer davantage lorsqu'il y pénètre à l'état de vapeurs, par voie d'inhalation pulmonaire, en traversant mécaniquement la membrane épithéliale, et nous allons voir, en effet, en recherchant ce qu'il devient dans le sang et dans la trame des organes, qu'il conserve partout son état métallique.

De l'état qu'affecte, dans le sang, le mercure absorbé sous forme de vapeurs. — Si ces vapeurs sont émises à saturation et avec continuité, comme elles sont instantanément absorbées à mesure qu'elles pénètrent dans les poumons où leur renouvellement est régulièrement assuré par le jeu normal de la respiration, cette absorption incessante a bientôt pour effet de saturer, à son tour, le sang de mercure aussi divisé que possible; car il est réduit moléculairement.

On a prétendu que ce métal, par suite de son état d'extrême division, devenait très facilement impressionnable aux actions chimiques qui ne pouvaient pas manquer de s'exercer sur lui dans le milieu sanguin, et qu'il s'y transformait promptement, après oxydation ou chloruration préalables, en oxydalbuminates ou chloralbuminates mercuriels solubles.

Admise conventionnellement, *a priori*, cette transformation ne se justifie par l'apport d'aucune preuve expérimentale, et toutes mes tentatives pour déceler la présence de sels albuminiques, ou d'autres composés mercuriels solubles, dans le sang des huit saignées que j'ai pratiquées sur des lapins de la 2e série, ont été absolument infructueuses. Ce sang, cependant, était mercuriel; mais comme il ne présentait ce caractère qu'après avoir été traité d'abord par l'acide chlorhydrique et par le chlorate de potassium, ou par l'acide nitrique à chaud, on doit inférer de là que le mercure qu'il contenait s'y trouvait simplement à l'état métallique, et d'autres faits encore conduisent à la même conclusion.

Ce qu'ont surtout de significatif les expériences, précédemment décrites, d'injection directe de mercure métallique dans le sang d'animaux vivants, c'est que ce liquide n'a jamais présenté la plus légère trace d'altération à noter, et nous possédons, sur ce point important, des observations dont l'exactitude nous est suffisamment garantie par le nom de leur auteur; car on les doit à Fürbringer.

Nous avons vu combien ont été nombreuses les injections intraveineuses de mercure que ce savant a pratiquées, et avec quelle méticuleuse attention il a poursuivi l'étude de leurs effets; or il a constaté que ces effets étaient nuls sur le sang, et il s'est particulièrement assuré que les deux éléments essentiels de ce liquide, les globules et la fibrine, ne subissaient aucune variation.

Pour que du sang reste ainsi parfaitement intact, malgré son mélange intime et longtemps prolongé avec du mercure en excès, il faut qu'aucun composé mercuriel soluble n'y prenne naissance, car ceux dont on affirme la formation dans cette circonstance, le bichlorure, le chloralbuminate ou l'oxydalbuminate, ne peuvent entrer en conflit avec lui sans l'altérer rapidement et profondément. Cela résulte d'expériences faites, les unes sur des sujets vivants, les autres *in vitro*, et toutes également significatives.

Lorsqu'on injecte directement dans le système circulatoire d'un animal vivant des solutions albuminiques ou peptoniques mercurielles assez atténuées pour ne renfermer que des doses de mercure effectif variant de 0gr,004 à 0gr,01, c'est le sang qui est surtout atteint : il devient diffluent et noirâtre, s'appauvrit en globules et présente un ensemble de modifications, comparables, d'après Prévost, à celles qui caractérisent si nettement l'intoxication par certaines substances très actives, telles que les arsenicaux, le chlorure de platine et le nitrate d'argent.

On a d'ailleurs une preuve frappante et irrécusable de l'altération profonde du sang, par l'action des sels mercuriels, dans les désordres symptomatiques qu'elle entraîne toujours après elle, et qui ont été spécialement signalés par tous ceux qui ont employé ces sels en injections intra-veineuses. En général, les animaux injectés meurent en quelques jours, trois en moyenne, et quand ces morts rapides se produisent, elles sont occasionnées par des troubles intestinaux graves, consistant en diarrhées abondantes et ordinairement sanguinolentes. Comme lésions correspondantes, on trouve alors, à l'autopsie, des ecchymoses et des desquammations des muqueuses de l'estomac et de l'intestin grêle, les muqueuses du gros intestin et du cœcum fortement hypérémiées et transformées, par places, en véritables foyers hémorrhagiques, et ces violentes hypérémies intestinales accusent, par leur violence même, une altération très avancée du sang.

Les expériences de Polotebnow (51) nous permettent de nous rendre compte de la nature de cette altération. Ce savant a pris du sérum de cheval auquel il a ajouté, par centimètre cube,

1 milligramme 1/2 de sublimé. Il a ainsi obtenu un chloralbuminate mercuriel en solution transparente, incolore, à réaction alcaline, pouvant se conserver intacte pendant plusieurs semaines, et il a mélangé cette solution à du sang frais de chien, préalablement défibriné. A chacune de ses expériences il joignait une expérience de contrôle faite avec du sérum seul employé à la même dose que le sérum mercuriel.

Sous l'influence du sérum seul, les globules du sang de chien finissent par se détruire, mais cette destruction est très lente.

Sous l'influence de l'albuminate mercuriel, les globules changent d'abord de forme ; ils deviennent sphériques et ne peuvent plus reprendre leur forme primitive, par suite de la perte d'élasticité de leurs enveloppes. Ils sont en outre promptement détruits, et cela d'autant plus vite que la proportion de la solution mercurielle ajoutée est plus considérable. On accélère fortement cette destruction en agitant le mélange et en le portant à la température de 37° à 38°. L'hémoglobine mise en liberté passe tout entière dans le sérum, où il est facile de s'assurer de son augmentation croissante à mesure que les globules disparaissent.

Par la façon dont ils altèrent le sang, on s'explique facilement l'action spécifique que les sels mercuriels solubles exercent sur le reste de l'économie, et l'ensemble de leurs effets peut se résumer dans les termes suivants : déformation et destruction rapide des globules et passage de l'hémoglobine dans le plasma ; d'où, comme phénomènes consécutifs, phlogoses, hypérémies et troubles intestinaux intenses.

L'absence totale de ces derniers phénomènes, chez les animaux intoxiqués par des vapeurs mercurielles émises à de basses températures, suffit déjà pour prouver que le mercure introduit directement dans leur circulation, par l'absorption de ces vapeurs, ne modifie en rien leur sang, dont il imprègne cependant toute la masse, et l'examen histologique de ce liquide confirme pleinement les raisons *a priori* qu'on avait de croire à son intégrité.

J'ai déjà mentionné, dans le chapitre III, les résultats d'un premier examen de ce genre, qui a conduit le Dr Solles à conclure que les globules sanguins des animaux intoxiqués par les vapeurs mercurielles ne variaient sensiblement, pendant la durée d'une expérience, ni dans leur nombre, ni dans leur forme, et qu'il n'y avait pas, sous ce double rapport, de différence appréciable entre le sang des sujets et celui des témoins. Ces conclusions sont également celles qu'ont formulées le Dr Rivals et M. Rochon-Duvigneaud, préparateur du cours d'histologie à la Faculté de médecine de Bordeaux, en s'appuyant, le premier sur deux, le second sur trois relevés d'évaluations hématimétriques effectuées sur autant de lapins de la 2e série, et renouvelées quotidiennement sur chacun d'eux.

On voit, par ce qui précède, comment, dans les cas d'intoxication par les vapeurs mercurielles, le mercure absorbé se comporte avec le sang. Introduit en nature dans ce liquide auquel il se mélange intimement, il ne l'altère, ni dans sa constitution chimique, ni dans sa constitution histologique, et son innocuité bien démontrée nous autorise à rejeter l'affirmation toute théorique de sa transformation prétendue en composés solubles, dont on peut nier l'existence à double titre; car ils échappent à l'analyse et ne se révèlent par aucun de leurs effets physiologiques connus.

Le mercure n'entre, à aucun degré, dans aucune de ces combinaisons hypothétiques: il conserve intégralement son état métallique, et c'est à cet état qu'il se diffuse dans le sang dont il ne modifie aucun des éléments, et sur lequel il ne saurait, par conséquent, exercer aucune action physiologique.

Quand ce sang est saturé, ce qui lui arrive bientôt, comme on sait, à partir de ce moment le mercure en excès tend à passer dans la trame des tissus organiques, à l'intérieur desquels le mouvement circulatoire le fait pénétrer, et nous avons à rechercher comment ce passage s'accomplit.

Passage du mercure du sang dans les tissus organiques; son mécanisme. — Le sang des capillaires étant en rapports continuels d'échanges endosmotiques avec les liquides des tissus dont il parcourt la trame, le mercure qu'il contient à l'état de division moléculaire participe, lui aussi, à ces échanges, et pénètre ainsi dans les organes qui en sont le siège, sans perdre son état métallique.

Cela suffit, à la rigueur, pour expliquer comment le mercure, après avoir été inhalé en vapeurs, s'infiltre partout dans l'économie; mais on peut préciser encore davantage cette explication en y faisant intervenir une particularité de structure anatomique que présentent tous les organismes animaux, et qu'il importe de noter à cause de l'importance de la fonction physiologique qui s'y rattache.

On s'accorde généralement à considérer ces organismes comme formés de solides et de liquides qui seraient partout en contact immédiat, et Wundt qui les assimile, au point de vue des propriétés physiques, à des masses d'argile imbibées d'eau, définit les tissus comme étant « *des corps solides dont les espaces intermoléculaires sont remplis de liquides* » : il résulterait de là que ces derniers mouilleraient exactement et rigoureusement toutes les surfaces des éléments solides avec lesquels ils seraient en rapport.

C'est là une assertion toute gratuite, qui ne repose sur aucune preuve de fait : il y avait donc lieu de se demander jusqu'à quel point elle était fondée, et voici quelques expériences qui la contredisent formellement.

Expérience VI. — Si l'on tue sous l'eau un animal aérien, ou si l'on prend, pour plus de rigueur, un animal aquatique, et qu'on les sectionne en divers sens; en faisant le vide sur les segments, ou bien en chauffant l'eau dans laquelle ils plongent, ou bien, enfin, en additionnant cette eau d'une forte proportion d'une solution gazeuse sursaturée, on voit des bulles gazeuses apparaître abondamment sur les surfaces de toutes les sections.

La formation de ces bulles ne peut s'expliquer que s'il existe, aux points où elles prennent naissance, des gaz libres adhérents aux tissus et capables, soit de se dégager dans le vide ou par la chaleur, soit de fournir des atmosphères limitées dans lesquelles se diffusent les gaz des solutions sursaturées.

C'est principalement le tissu connectif qui sert de substratum à ces atmosphères, car elles sont faciles à mettre en évidence partout où ce tissu est plus particulièrement développé, comme c'est le cas pour le tissu cellulaire sous-cutané.

Expérience VII. — Il suffit d'écorcher sous l'eau une anguille ou une grenouille pour avoir deux surfaces, celle de la peau retournée et celle du corps dénudé, respectivement recouvertes de deux couches épaisses de tissu cellulaire, et toutes deux donnent un abondant dégagement de bulles gazeuses, par le vide, par la chaleur et par l'emploi des solutions gazeuses sursaturées.

Comme le tissu connectif pénètre profondément dans toutes les parties de l'organisme, comme il est l'enveloppe et le moyen d'union de tous les organes, aussi bien que de toutes les parties de ces organes, et qu'il ne manque jamais autour des capillaires de la circulation générale, on peut dire que ces derniers trouvent, dans les gaines connectives qui les entourent, des atmosphères gazeuses limitées, avec lesquelles le sang charrié dans ces capillaires est forcément en rapport; il peut donc y avoir, entre elles et lui, réciprocité d'échanges gazeux. Les vapeurs mercurielles mélangées au sang participeraient alors, elles aussi, à ces échanges, et cela constituerait pour elles un mode nouveau de sortie du liquide sanguin, qu'elles abandonneraient à l'état de fluide élastique libre, pour se diffuser d'abord dans les atmosphères limitées du tissu connectif, et pour passer ensuite, de là, dans les organes auxquels ce tissu sert en quelque sorte de gangue.

Une fois introduites dans ces organes, qu'y deviennent-elles? C'est une question qu'on a généralisée et qui, posée non seulement pour elles, mais aussi pour le mercure introduit en nature dans l'économie par quelque voie que ce soit, paraît encore bien éloignée de sa solution définitive. Je ne pouvais pas me dispenser de l'aborder à mon tour, et j'ai multiplié les expériences pour contribuer à faire un peu de jour dans les obscurités qui l'enveloppent encore; mais ces expériences ne m'ont pas conduit à des résultats assez nets pour qu'il soit permis d'en tirer des conclusions rigoureusement inattaquables, et je n'ai que des conjectures à proposer relativement au mode d'existence et au mode d'action du mercure dans nos tissus, après sa sortie du sang.

Tout semble indiquer que, là encore, il ne subit aucune modification chimique et qu'il conserve intégralement son état métallique.

L'état où il se trouve dans nos tissus devant peu différer, suivant toute probabilité, de celui qu'il affecte au moment même où a lieu son élimination, c'est ce dernier que j'ai d'abord cherché à reconnaître, et j'ai fait, dans ce but, de nombreuses analyses d'urines et d'excréments d'animaux intoxiqués par la respiration continue des vapeurs mercurielles.

Essayées directement par les réactifs les plus sensibles des sels solubles de mercure, les urines n'ont jamais accusé la présence de ce métal en dissolution, tandis qu'on l'y retrouvait toujours après les avoir préalablement traitées par l'acide chlorhydrique et le chlorate de potassium, ou par l'acide nitrique à chaud. L'eau mercurielle nous a déjà offert les mêmes particularités, et nous en avons conclu qu'elle renfermait du mercure en nature; pourquoi n'étendrait-on pas cette conclusion à l'urine mercurielle, puisqu'elle se comporte de la même manière?

L'hésitation ne serait pas permise à cet égard, si l'on pouvait tenir pour véridiques les observations qui suivent. Rhodius, Breyer, Valvasor, Vercelloni, Guidot, Burghard, Hocschtelter et Didier affirment, en effet, avoir trouvé du mercure, en gouttelettes brillantes bien visibles, dans les urines de syphilitiques qui avaient abusé des frictions à l'onguent napolitain; or, ces frictions n'agissent, comme je le démontrerai plus tard, qu'en donnant lieu à une abondante émission de vapeurs mercurielles, dont la pénétration dans l'économie s'opère exclusivement par la voie de l'absorption pulmonaire.

Dans aucune de mes expériences les urines des animaux intoxiqués pas le mercure ne m'ont jamais montré la plus minuscule trace de ce métal en nature, mais, sans y être visible, il aurait pu s'y rencontrer disséminé moléculairement par voie de diffusion, et l'expérience suivante montre qu'on doit tenir compte de cette possibilité.

Expérience VIII. —Cette expérience est la répétition de celles qui ont été précédemment décrites pour le sérum et pour le sang. Dans deux cristallisoirs bien semblables, dont l'un contenait du mercure pur, j'ai introduit de l'urine fraîche de manière à en former deux couches d'égale épaisseur, et j'ai fait reposer, sur les deux fonds, deux manchons de verre fermés supérieurement avec des bouchons auxquels étaient suspendues des bandelettes de papier sensible, au chlorure de palladium, découpées dans la même bande afin d'être également impressionnables. Dans l'obscurité la plus complète, la bandelette du cristallisoir à mercure a été seule impressionnée; ce qui n'a pu se faire que parce que l'urine superposée au métal était devenue mercurielle, comme nous avons vu que le deviennent, dans les mêmes conditions, l'eau, le sérum et le sang.

L'urine des animaux intoxiqués par la respiration continue des vapeurs de mercure pouvant être mercurielle de la même façon, pour m'assurer si c'était bien là son cas, j'ai comparativement étudié son action, et celle de l'urine d'animaux non mercurisés, sur le papier sensible, au chlorure de palladium, en me plaçant dans les conditions de l'expérience précédente. L'urine mercurielle devait seule, ici, agir sur le papier sensible en modifiant sa teinte, et je crois pouvoir affirmer que cette modification s'est réellement produite; mais elle a été trop faible pour qu'il soit permis de la considérer comme suffisamment démonstrative.

Les faits prennent un caractère de précision plus marqué quand il s'agit des excréments. Pas plus que l'urine ceux-ci ne contiennent des sels mercuriels solubles, car l'eau distillée dans laquelle on les délaie, et qu'on sépare ensuite par filtration, n'en accuse aucune trace. Au contraire, le résidu laissé sur le filtre, après avoir été préalablement traité par l'acide chlorhydrique et le chlorate de potassium ou par l'acide nitrique bouillant, fournit un liquide qui contient tout le mercure excrémentitiel en dissolution.

Cela ne suffit pas pour donner le droit d'affirmer que ce métal existe en nature dans les excréments où l'on démontre ainsi sa présence, car tout se serait passé de la même manière en le supposant engagé dans une combinaison insoluble, telle que le sulfure de mercure, par exemple; mais les faits suivants sont plus significatifs.

Quand les excréments des animaux mercurisés sont de consistance assez ferme, comme c'est le cas pour ceux des lapins, on les dessèche assez pour qu'ils puissent être réduits en poudre à gros grains, et, en les essayant alors comparativement avec ceux d'animaux non mercurisés, on trouve que les premiers seuls impressionnent le papier sensible à l'azotate d'argent ammoniacal ou au chlorure de palladium. Le mercure métallique qu'ils doivent contenir pour agir ainsi, ne révèle ici sa présence que par une réaction caractéristique de ses vapeurs, mais, dans d'autres circonstances, son élimination a été assez abondante pour qu'on ait pu le voir apparaître en gouttelettes nombreuses et bien distinctes.

Dans deux de ses expériences rapportées plus haut, Gaspard a eu l'occasion de constater des faits de ce genre, qui ont été de sa part l'objet de l'examen le plus attentif, et qui se sont produits avec trop de netteté pour qu'on puisse songer à les contester. L'un concerne un chien de forte taille injecté avec 1/2 gros (2 grammes) de mercure, et dans les matières fécales duquel, neuf jours après l'injection, Gaspard aperçut *une foule de globules métalliques* qui continuèrent à se montrer jusqu'au treizième jour et disparurent alors, sans que le sujet ait cessé de jouir d'une florissante santé. L'autre a été observé sur un jeune chien qui subit, à vingt jours d'intervalle, deux injections de 18 et 36 grains (1 gramme et 2 grammes) et dont les matières fécales, cinq jours après la seconde injection, commencèrent à montrer du *mercure en gouttelettes très visibles*, qui persistèrent pendant plusieurs jours sans coïncidence d'aucune espèce de troubles.

Don Lopez de Arebabala, le médecin déjà cité de l'hôpital d'Almaden, signale aussi la présence de globules de mercure, très apparents, dans les excréments des mineurs intoxiqués par les vapeurs de ce métal, et les mineurs d'Idria ont donné lieu aux mêmes observations que ceux d'Almaden.

Quoique les faits qui viennent d'être exposés ne puissent autoriser que des inductions plus ou moins plausibles, leur concordance semble, cependant, constituer un argument suffisant pour faire admettre que le mercure absorbé sous forme de vapeurs, et, par conséquent, introduit dans l'économie à l'état métallique, affecte encore le même état au moment où il est éliminé des organes et de la trame des tissus dans lesquels il a passagèrement séjourné.

Il était alors naturel de penser qu'il restait, dans ces organes et dans ces tissus, ce qu'on le trouvait être à son entrée et à sa sortie; et comme on le rencontre surtout, à l'autopsie, dans les reins, le foie et les poumons, c'est là que j'ai cherché à reconnaître sa présence.

État du mercure dans les tissus organiques. — Dans aucun des trois organes ci-dessus, examinés immédiatement après la mort et soigneusement expurgés du sang qui les imprégnait, je n'ai constaté la présence du mercure en gouttelettes visibles à l'œil nu ou au microscope; et les expériences que j'ai tentées sur eux afin de m'assurer, par l'emploi des papiers réactifs, s'ils contenaient du mercure réduit moléculairement, m'ont donné des résultats entachés de trop de causes d'erreur pour qu'ils méritent d'être pris en considération. Ce que je puis affirmer, seulement, c'est que les reins, le foie et les poumons des animaux intoxiqués par les vapeurs de mercure ne contiennent aucune trace de sels solubles de ce métal, comme on peut facilement le vérifier. Il suffit, pour cela, de les prendre complètement exsangues, et de les réduire en pulpe très fine et de les mélanger, à froid, avec de l'eau distillée qu'on retire par expression; jamais le liquide ainsi obtenu ne s'est montré sensible à aucun des réactifs révélateurs de la présence des sels solubles de mercure. Tout ce métal est resté dans la pulpe, d'où on ne peut l'extraire qu'en attaquant préalablement celle-ci par l'acide chlorhydrique et par le chlorate de potassium, ou par l'acide nitrique à chaud.

Ce qui est vrai pour les reins, le foie et les poumons des animaux qui succombent à l'action toxique des vapeurs mercurielles, l'est *a fortiori* pour tous leurs autres organes comme pour tous leurs tissus; et dans aucune des parties de leur organisme, le mercure qui est partout présent, quoique en proportions très inégales, ne se rencontre sous la forme de combinaisons solubles. Il faut donc admettre son existence, soit à l'état de composé insoluble, soit à l'état métallique pur, et toutes les probabilités sont pour l'affirmation du second terme de ce dilemme.

A l'argument de ces probabilités on peut d'ailleurs ajouter celui de quelques faits observés dans des conditions qui ne laissent aucun doute sur leur exactitude.

Lacarterie (52) a trouvé, dans le foie et dans la vésicule biliaire d'un syphilitique vingt-sept calculs dont le noyau contenait de nombreux globules de mercure.

Beigel (53) décrit un calcul biliaire provenant également d'un syphilitique, et dans lequel la présence de gouttelettes mercurielles était facile à reconnaître.

Enfin Frerichs (54) confirme les deux observations ci-dessus en les complétant par une troisième qui lui est personnelle et qui est relative à un cas où il a constaté la présence du mercure, *en quantité notable,* dans plusieurs calculs extraits du foie d'un autre syphilitique qui avait été, comme les deux précédents, traité par la méthode des frictions; ce qui veut dire qu'ils avaient été soumis tous les trois à l'influence des vapeurs mercurielles.

Les autres organes ont donné lieu aux mêmes constatations que le foie; si je ne rapporte pas ici les observations qui en témoignent, c'est qu'on se heurte, en ce qui concerne ces observations, à une opinion préconçue qui leur refuse, *a priori*, toute valeur scientifique et les rejette de parti pris, sans examen ni discussion. Je crois qu'on fait peser sur elles une injuste défiance et le fait, définitivement acquis de la présence du mercure libre dans le foie de sujets qui avaient absorbé des vapeurs de ce métal, rend parfaitement acceptables des faits pareils attestés, pour les autres organes, par des témoins dont rien n'autorise à nier la compétence.

De ces faits rapprochés des inductions que j'ai pu tirer de mes expériences, il semblerait résulter que le mercure, quand il est absorbé en vapeurs émises à de basses températures, ne contracte aucune combinaison chimique dans le parenchyme des organes où il pénètre au sortir du sang, et qu'il y conserve intégralement son état métallique.

Dans ces conditions, son action physiologique serait purement dynamique, et c'est en se fixant sur les éléments anatomiques des tissus qu'il deviendrait, dans certains cas, un modificateur plus ou moins actif de leur vitalité. Quand il s'agit d'organes de structure relativement grossière tels que les reins, le foie, les poumons et le cœur, la fixation du mercure moléculairement divisé sur leurs éléments anatomiques ne les trouble en rien dans l'accomplissement de leur travail biologique, et l'organe continue alors à fonctionner, comme nous l'avons vu, avec la même régularité qu'à l'état normal.

Quand il s'agit, au contraire, d'appareils organiques à structure particulièrement délicate, tels que celui du système nerveux, la fixation du mercure sur des cellules et des fibres éminemment sensibles aux excitations les plus faibles, peut devenir pour elles une cause d'irritation qui doit nécessairement provoquer des désordres du genre de ceux qui seuls ont été observés : tremblement, convulsions, paralysies.

Rabuteau (55), qui a émis depuis longtemps et qui soutient avec insistance la théorie du rôle mécanique du mercure dans son action physiologique sur le système nerveux, a cherché des arguments à l'appui de cette thèse dans de très intéressantes expériences sur l'action physiologique de l'or. Ce métal ayant à peu près le même poids atomique et la même chaleur spécifique que le mercure, il y avait, *a priori*, en vertu de la loi même de

Rabuteau, des motifs pour admettre qu'il se comporterait physiologiquement de la même manière; et son introduction dans l'économie y détermine, en effet, une excitation nerveuse très marquée, qui se traduit par des mouvements fibrillaires, et des secousses convulsives répétées. On peut s'assurer ici que ces troubles nerveux sont la conséquence de l'imprégnation de la moelle et des nerfs par l'or en nature, car le cylindre-axe des tubes nerveux des animaux sur lesquels on fait l'essai de ce métal se colore légèrement de la teinte verte qui est caractéristique de sa présence; c'est alors comme corps étranger adhérent aux cellules nerveuses qu'il devient pour elles une cause d'excitation très vive.

Le mercure jouant le même rôle excitateur, tout porte à croire qu'il exerce la même action mécanique; mais comme il ne colore pas les cellules nerveuses sur lesquelles il se fixe, et comme il est fixé par elles, ainsi que le démontrent mes analyses, en trop faibles proportions pour que la réaction de ses vapeurs soit appréciable, il échappe absolument à nos investigations.

On a récemment proposé, pour rendre compte de l'action exercée sur le système nerveux par le mercure inhalé en vapeurs, une explication qui diffère essentiellement de celle qui précède. Le Dr Letulle (56), auquel on la doit, partisan décidé des doctrines de Mialhe, de Voit et d'Overbeck, admet *a priori* que le mercure, sous quelque formule chimique qu'on l'introduise dans l'économie, s'y transforme finalement en sels solubles (oxydalbuminates et chloralbuminates), qui circulent dans les humeurs, pénètrent jusque dans l'intime constitution des protoplasmas et modifient profondément les éléments de l'organisme par leurs propriétés antiplastiques, dénutritives et destructives. D'après lui, les cellules les plus hautement différenciées, celles qui par leur structure plus délicate semblent le plus accessibles aux influences perturbatrices, comme les cellules nerveuses, sont précisément celles qui résistent le plus longtemps à l'envahissement de l'intoxication hydrargyrique, et il les croit, en vertu de cette résistance, capables de conserver presque indéfiniment leur intégrité anatomique. Inactif sur elles, le mercure aurait, au contraire, une action spécifique très prononcée sur toutes les variétés de cellules adipeuses qu'il altérerait dans leur composition chimique; aussi quand il attaque le système nerveux, respecterait-il les éléments nerveux proprement dits, cellules et fibres, pour porter tout son effet sur la myéline, qu'il modifierait chimiquement et qu'il désorganiserait jusqu'à désintégration complète, en faisant disparaître sa graisse de constitution. Ainsi dépouillés de leur myéline, les cylindres-axes deviendraient incapables de transmettre régulièrement aux muscles l'influx moteur parti des centres cérébraux, et c'est dans ces irrégularités de transmission qu'il faudrait surtout chercher la cause véritable de la pathogénie du tremblement mercuriel.

Comme Letulle a très nettement observé les lésions nerveuses dont il parle, et que les dessins qu'il en donne sont très explicites à cet égard, on ne saurait, à aucun degré, contester l'exactitude des résultats énoncés par lui; mais il s'est placé, pour les obtenir, dans des conditions d'expérience qui ne permettent pas de les considérer comme spécifiquement caractéristiques de l'intoxication par l'inhalation des vapeurs mercurielles.

Letulle, en effet, n'a opéré que sur un nombre très restreint d'animaux de petite taille, rats et cobayes, et voici à quel traitement il les soumettait. Il les plaçait sous des cloches de quatre litres environ de capacité, légèrement soulevées d'un côté afin de permettre la libre circulation de l'air, exposées, dans quelques cas, au soleil le plus ardent et contenant environ 125 grammes de mercure. Le sujet qui servait à ces essais n'était pas maintenu en permanence dans ce milieu quelquefois saturé de vapeurs mercurielles à une température très élevée; les séjours qu'il y faisait ne dépassaient pas une durée de plus de cinq à dix minutes, et ils ne se succédaient qu'à des intervalles de deux à trois jours.

Dans de pareilles conditions, plusieurs de ces sujets sont morts rapidement après une seule séance d'inhalation, et ceux qui ont été ainsi atteints, quoique victimes d'une intoxication par les vapeurs mercurielles, n'ont jamais présenté aucune trace de lésions dans aucune des parties de leur système nerveux. Pour que ces lésions apparaissent, il faut que l'intoxication soit lentement progressive, et qu'il se produise ce que Letulle appelle une *hydrargyrisation chronique expérimentale*, exigeant plusieurs mois pour son évolution. C'est alors seulement que la myéline s'altère; mais on ne saurait voir dans cette altération un effet spécifique de l'intoxication par les vapeurs mercurielles, car Letulle, lui-même, nous fournit la preuve de la possibilité de sa production en dehors de toute intervention du mercure; et voici des expériences de lui qui ne laissent aucun doute à cet égard.

Attribuant, ce qui est inexact, à l'inhalation des vapeurs de nitrate acide de mercure les accidents nerveux présentés par les ouvriers sécréteurs, et voulant reproduire ces accidents sur des animaux qu'il pût autopsier, il a pris encore des rats et des cobayes, sur lesquels il a opéré comme nous venons de voir qu'il le faisait pour les soumettre à l'action des vapeurs mercurielles; à cela près qu'il remplaçait, sous la cloche de quatre litres, le mercure par 10 centimètres cubes de nitrate acide de ce métal. Comme ce sel n'est pas volatil, même aux températures relativement élevées qu'on obtenait en exposant la cloche au soleil, il n'a jamais pu saturer de ses vapeurs l'atmosphère limitée dans laquelle il l'avait introduit, et les animaux confinés dans ces atmosphères y ont tout simplement inhalé des vapeurs nitreuses très délétères, qui ont été manifestement la cause exclusive des phénomènes d'intoxication chronique observés dans ce cas. Or, quoique le mercure n'ait eu aucune part à la production de ces phénomènes, les animaux intoxiqués n'en ont pas moins présenté, à l'autopsie, les lésions anatomiques qui caractérisent, d'après Letulle, l'intervention de ce métal, et tout s'est borné, encore ici, à une altération plus ou moins profonde de la myéline.

Il est difficile, après cela, de reconnaître à cette altération l'importance spécifique que Letulle lui assigne dans la séméiologie de l'intoxication par les vapeurs mercurielles, et tant qu'on ne saura pas mieux la rattacher à sa véritable origine, rien ne justifiera le rôle prédominant qu'on veut lui faire jouer dans la pathogénie des troubles nerveux produits par l'inhalation de ces vapeurs.

En attendant que des expériences nouvelles et plus précises permettent de se prononcer définitivement sur cette question pathogénique, la seule solution acceptable pour elle, au moins provisoirement, est celle que Rabuteau a proposée et qui consiste, comme nous l'avons vu, à déduire l'action du mercure sur le système nerveux de celle de l'or.

Tout en attribuant à ces deux métaux un même mode d'action physiologique, il convient cependant d'établir entre eux une différence essentielle que Rabuteau a pris soin de noter.

Fortement retenu par la substance nerveuse sur laquelle il se fixe, l'or lui reste inséparablement uni et ne peut s'éliminer qu'avec une extrême lenteur, au fur et à mesure du renouvellement même de la matière organique qui lui sert de substratum. Le mercure, au contraire, moins fortement retenu par suite de sa volatilité qu'il garde toujours en puissance, doit à cette propriété l'avantage de conserver une tension de vaporisation, et par suite une tension de dissociation, qui assurent virtuellement la possibilité permanente de son retour à l'état libre, et le placent ainsi dans des conditions particulièrement propres à faciliter sa sortie de l'organisme.

Pour qu'il s'engage dans ce mouvement de sortie, il faut que sa tension de dissociation, dans les combinaisons faibles qu'il a contractées avec les éléments organiques auxquels il est associé, soit supérieure à la tension de ses vapeurs libres diffusées dans les milieux en rapport avec ces éléments : or c'est cela qui arrive bientôt quand le sang cesse de fournir du mercure à ces milieux. Ceux-ci sont de deux sortes : ils sont formés, soit par les humeurs de l'organisme, soit par les atmosphères gazeuses limitées adhérentes aux lames et aux fibres du tissu connectif, et tous deux peuvent se prêter à la diffusion sortante des vapeurs mercurielles; mais c'est surtout par la voie du second que ce mouvement diffusif tend à s'effectuer. Tant que les atmosphères connectives sont saturées par les vapeurs qui leur viennent du sang, elles cèdent du mercure aux cellules avoisinantes des tissus organiques; c'est l'inverse qui se produit, et elles reçoivent au lieu de céder, à partir du moment où la cause qui les maintenait à l'état de saturation cesse d'agir. Le mercure qui leur revient ainsi par diffusion sortante doit, en grande partie, rentrer dans le sang, à mesure que ce liquide perd celui qu'il avait absorbé en vapeurs, et on s'explique facilement comment cette déperdition s'effectue.

Quand le mercure est absorbé en vapeurs et qu'il est ainsi directement introduit dans la circulation générale, c'est le *plasma* qui lui fournit le milieu propre à sa diffusion, et comme son mélange intime avec la partie fluide du sang, à laquelle il est inséparablement uni, rend forcément leurs migrations communes, on le retrouve, avec elle, dans toutes les sécrétions liquides de l'économie, l'urine, la salive, le lait, la bile, le mucus intestinal, etc.

Atténué jusqu'au dernier terme de la division moléculaire, classé parmi les éléments les plus inertes au point de vue des affinités directes, le mercure n'agit, ni mécaniquement, ni chimiquement, sur les organes qui servent à le sécréter, et le fait de son passage, même longtemps prolongé, à travers ces organes n'entraîne pour eux aucune lésion anatomique, aucune perturbation dans leur fonctionnement physiologique normal.

L'élimination qui s'accomplit dans ces conditions d'innocuité parfaite, comporte des périodes très variables, d'un cas à un autre, et sa durée dépend, comme on devait s'y attendre, du degré primitif, de saturation mercurielle de l'économie; c'est-à-dire, toutes choses égales d'ailleurs, de la mesure dans laquelle s'est opérée l'absorption régulière des vapeurs.

Je l'ai constaté sur moi-même en recherchant après combien de temps le mercure disparaissait de mes urines et de mes excréments, à la suite d'expériences de respiration quotidienne intermittente des vapeurs mercurielles, effectuées dans des conditions toujours identiques, mais comptant des nombres de jours différents.

Pour trois séries de 4, 8 et 98 jours de respiration, les nombres de jours pris par l'élimination ont été respectivement, 1 ½, 2 et 23.

Cette dernière limite, elle-même, peut être de beaucoup dépassée, et on a eu souvent l'occasion de s'en convaincre dans l'application de la méthode des frictions au traitement de la syphilis. Comme cette méthode doit toute son efficacité à l'action des vapeurs émises par l'onguent et absorbées par la voie de l'inhalation pulmonaire, les sujets auxquels on l'applique sans modération arrivent ainsi à s'incorporer des doses considérables de mercure, dont l'élimination peut alors se prolonger fort longtemps : on cite, en effet, des cas bien avérés où elle n'a pas eu moins de cinq à six mois de durée.

Même dans ces cas extrêmes où elle s'est exceptionnellement prolongée au delà de ses limites ordinaires, l'élimination n'a jamais donné lieu à aucun désordre, ni général, ni local, et les organes qui en étaient le siège ont toujours fonctionné physiologiquement avec la même régularité.

Le mercure entraîné hors de l'économie s'élimine par toutes les sécrétions à la fois, mais principalement par la sécrétion urinaire et par l'ensemble des sécrétions gastro-intestinales. On a prétendu qu'il se trouvait en proportion plus grande dans les excréments que dans les urines, mais cela n'est pas toujours vrai, et la proportion est souvent renversée. Quand le flux intestinal est abondant, que les selles sont diffluentes, et *a fortiori* quand elles sont diarrhéiques, le mercure y prédomine; il y diminue rapidement à mesure que leur consistance augmente, et peut même manquer complètement dans les cas de constipation opiniâtre, comme je l'ai constaté chez le chien de l'expérience V.

En sus des modes d'élimination qui précèdent et qui n'ont rien de particulier au mercure, ce métal en affecte encore un autre qui lui est spécial, et qui se rattache essentiellement à sa propriété de volatilité.

Si on admet, comme je me suis efforcé de le démontrer, que le mercure introduit en vapeurs dans le sang y conserve intégralement son état métallique, on doit admettre également qu'il y conserve sa tension propre de vaporisation; ce qui a pour effet de le provoquer incessamment à sortir de ce liquide par toutes les surfaces libres qui peuvent permettre son dégagement. Dans ces conditions, lorsque le sang parcourt le réseau des capillaires de la petite circulation, il peut, suivant les cas, s'y trouver en conflit soit avec de l'air inspiré saturé de vapeurs mercurielles, soit avec de l'air inspiré où celles-ci font complètement défaut. Dans le premier cas, les vapeurs extérieures libres ayant une tension supérieure à la tension de vaporisation du mercure intérieur, ce métal ne quitte pas le liquide sanguin dans lequel il est refoulé; dans le second cas, au contraire, il s'en exhale à l'état de vapeurs qui passent dans l'air expiré et qui lui communiquent, en se mélangeant intimement avec lui, la propriété d'impressionner le papier sensible, au chlorure de palladium.

Je n'ai eu que deux fois l'occasion de vérifier expérimentalement cette exhalation; la première sur moi-même, au terme de l'épreuve à laquelle je me suis soumis en m'imposant quotidiennement huit heures de respiration de vapeurs mercurielles pendant une période de quatre-vingt-dix-huit jours; la seconde sur un sujet syphilitique qu'on traitait par la méthode de l'inhalation de ces vapeurs, et qui, confiant dans leur efficacité, ne craignait pas de les absorber aux doses les plus exagérées.

Dans les deux cas, l'air expiré, avant d'être mis en contact avec le papier au chlorure de palladium, était dépouillé de sa vapeur d'eau et de son acide carbonique par son passage à travers une éprouvette à pied contenant des fragments de potasse caustique, et je m'assurais, par une expérience de contrôle de même durée, que de l'air expiré dans des conditions identiques par un sujet non mercurisé, n'impressionnait pas le papier réactif.

Le fait suivant me paraît pouvoir être cité à l'appui de ce que je viens de dire sur l'exhalation pulmonaire des vapeurs mercurielles.

Le Dr Stepanow (67), de Moscou, a constaté que les bains d'air chaud accéléraient, *d'une manière surprenante*, l'élimination du mercure, et il les utilise pour le traitement de la stomatite et de l'intoxication hydrargyrique aiguë. La salivation diminue très rapidement après un ou deux de ces bains, et elle disparaît complètement si on les continue.

BIBLIOGRAPHIE

(1) Mialhe. — *Chimie appliquée à la Phys. et à la Thér.*, p. 450, 1856.
(2) Gubler. — *Ann. de la Soc. d'Hydr. méd.*, t. IX, p. 201.
(3) Rabuteau. — *Traité élémentaire de Thér. et de Phar.*, 4e édition, p. 6, 1884.
(4) Chaussier. — *Précis d'exp. faites sur les animaux avec l'acide sulfhydrique. — Biblioth. méd.*, t. I, p. 108.
(5) Lebkuchner. — *Dissert. quæ exper. eruitur.* Tubingue, 1819.
(6) Chatin. — *Recherches sur quelques princ. de la Toxic. — Thèses de Paris*, 1844.
(7) Röhrig. — *Exper. Krit. Unter über fluss. Haut. — Arch. d. Heilk. Jargh.* 13, 1871.
(8) Fleischer d'Erlangen. — *Unt. über das Resorptions vermögen*, p. 67. Erlangen, 1877.
(9) Gubler. — *Loc. cit.*, p. 204.
(10) Fürbringer. — *Resorpt. und Wirk. des reg. Quecks. der graue Salbe. — Virch. Arch.*, Bd LXXXII, p. 491.
(11) Bärensprung. — *Ueber die Wirk. der gr. Quecks. Jf. pract. Chemie*, Bd L, 1850.
(12) Eulenberg. — *Hand. der Gewerb. Hyg.*, p. 728. Leipzick, 1876.
(13) Chatin. — *Loc. cit.*, p. 14.
(14) Mialhe. — *Mém. à l'Acad. de Méd.*, 1843.
(15) Overbeck. — *Merc. und Syphil.*, H. 2, p. 17, 1861.
(16) Gubler. — *Loc. cit.*, p. 205.
(17) Lewald. — *Recherches sur le passage des médic. dans le lait. — Th. d'agrég.*, p. 23. Breslau, 1857.
(18) Michaelis. — *Comp. der Syphil.*, p. 376, 1859.
(19) Hermann. — *Toxic.* Berlin, 1874.
(20) Kirchgasser. — *Ueber die Wirk. der Quecks. Dampfe bei Inunct. — Virch. Arch.*, Bd XXXII, H. 2, p. 146.
(21) Rabuteau. — *Recherches sur l'absorpt. cut. — Gaz. hebd.*, 35, 1868.
(22) Nodnagel et Rossbach. — *Élém. de Mat. méd.*, p. 167, 1880.
(23) Furbringer. — *Loc. cit.*, p. 494.
(24) Marianini. — *Ann. de Phys. et Chim.*, 3e série, t. IX, p. 382.
(25) Exner. — *Sitz. der Wien. Ak.*, t. LXX, p. 465, 1874.
(26) Mialhe. — *Chimie appliq. à la Méd.*, p. 450, 1856.
(27) Voit. — *Phys. Chem. Unters.*, H. 1. Augsburg, 1857.

(28) SCHOENBEIN. — *Biblioth. univ. de Genève*, t. XIII, p. 164, 1840.

(29) PFLUGER. — *Die oxyd. process. in lebend Blut.* — *Centr. bl. für d. med. Wiss.*, n° 21, 1867.

(30) HOPPE-SEYLER. — *Beitr. zur Kent. des Blut. Med. ch. Unters.*, p. 71. Berlin, 1866.

(31) BINZ. — *Neues Rep. f. Pharm.*, Bd XXI, p. 462, 1872.

(32) HUISINGA. — *Ueber Ozon in Blut.* — *Virch. Arch.*, Bd LXII, p. 359, 1868.

(33) DOGIEL. — *Ueber Oz. und. seine Wirk.* — *Centr. bl. für d. med. Wiss.*, n° 30, p. 499, 1875.

(34) BARLOW. — *The phys. act. of ozon. Air. J. of Anat. and Phys.*, t. XIV, p. 107, 1879.

(35) FÜRBRINGER. — *Loc. cit.*, p. 501.

(36) GARMAN. — *Eph. germ.*, Dec. I, obs. 148, 1650.

(37) CLAYTON. — *J. de Phys.*, t. I, p. 169, 1821.

(38) GASPARD. — *Mém. phys. sur le mercure. J. de Phys.*, t. I, p. 182.

(39) CLAUDE BERNARD. — *J. de Phys. et Chim.*, t. XV, p. 140, 1849.

(40) FÜRBRINGER. — *Zur loc. resorpt. Wirk. ein. Merc. Deutsch. Arch. fur Klin. Med.*, Bd XXIV, H. 2, p. 129, 1879.

(41) LUTON. — *Études de Thérap.*, p. 229.

(42) GASPARD. — *Loc. cit.*, p. 243-256.

(43) ROSENBACH. — *Zeitschr. für Real. med.*, Bd XXX, p. 86.

(44) SAIKOWSKY. — *Ueber ein. Ver. welche das Quecks. in thier. Org. hervorruft.* — *Virch. Arch.*, Bd XXXVII, p. 347, 1866.

(45) WILBOUCHEWICH. — *Infl. des prép. merc.* — *Arch. de Phys. nom. et path.*, p. 509, 1874.

(46) HEILBORN. — *Exp. Beitr. zur Wirk. subc. Subl. Inject.* — *Arch. für exp. Path. und Pharm.*, Bd VIII, p. 361, 1878.

(47) MÉRING. — *Ueber die Wirk. des Queck. auf. den thier. Org.* — *Arch. fur exper. Path. und Pharm.*, Bd XIII, p. 86, 1881.

(48) PRÉVOST. — *Revue méd. de la Suisse romande*, 2e année, nos 11 et 12; 3e année, n° 1

(49) BERGH, HAGEN et LEWIN. — *Arch. für Derm. und Syph.*, p. 712, 1873.

(50) HEILBORN. — *Loc. cit.*, Bd VIII, p. 372.

(51) POLOTEBNOW. — *Virch. Arch.*, Bd XXXI.

(52) LACARTERIE. — *Gaz. de Santé*, avril 1823.

(53) BEIGEL. — *Wien. med. Woch.*, n° 15, 1856.

(54) FRERICHS. — *Malad. des voies biliaires*, 2e édit., p. 805, 1886.

(55) RABUTEAU. — *Traité élém. de Thérap.*, 4e édit., p. 368.

(56) LETULLE. — *Recherches sur les paralysies mercurielles.* — *Arch. de Phys. norm. et path.*, 3e série, t. IX, p. 309.

(57) STEPANOW. — *Rev. de Méd.*, 8e année, n° 4, avril 1888.

CHAPITRE VI

De l'action thérapeutique des vapeurs mercurielles.

§ 1. — *Action thérapeutique des vapeurs mercurielles dans le traitement de la syphilis.*

La médication mercurielle, consacrée par les résultats d'une pratique de trois siècles, est encore aujourd'hui la plus fréquemment employée pour combattre la syphilis, et les questions qui se rattachent au principe même de son emploi ont conservé tout leur intérêt et toute leur importance.

Parmi les modes si nombreux et si divers d'administration du mercure qu'elle met en œuvre, un seul, je veux parler des *fumigations*, repose sur l'intervention nettement et franchement recherchée des vapeurs mercurielles, et celui-là, après avoir été, au début, l'objet d'un engouement poussé jusqu'à la manie la plus aveugle, est tombé depuis longtemps dans un discrédit profond et à peu près universel.

On reproche aux fumigations d'être incommodes et dangereuses, et il est certain, en effet, qu'elles ont eu, dans bien des cas, les conséquences les plus désastreuses; mais si les méfaits dont on les charge sont très réels, ce n'est pas aux vapeurs elles-mêmes qu'ils sont imputables, et ce n'est pas sur celles-ci qu'il convient d'en faire retomber la responsabilité.

Dans l'application de la méthode de traitement de la syphilis par les fumigations, ce sont bien des vapeurs mercurielles dont on provoque la formation lorsqu'on projette sur des charbons ardents ou sur des surfaces rougies au feu, soit du mercure métallique, soit des composés de ce métal réductibles par la chaleur; mais ces vapeurs, émises à une température très élevée, repassent à l'état liquide en se mêlant à l'air froid dans lequel elles se diffusent, et si le malade qu'on veut soumettre à leur action n'est pas placé dans des conditions de préservation spéciales, c'est du mercure condensé en gouttelettes très ténues qu'il introduit alors dans ses organes respiratoires. Ces gouttelettes que leur poids entraîne et qui viennent, en tombant, se déposer sur les surfaces des muqueuses buccale et pulmonaire, sont pour ces membranes si délicates la cause d'accidents inflammatoires d'où peuvent résulter les plus graves désordres.

On prévient ces dangers éventuels en prenant, comme le recommandait Mussa Brassavolo (1), la précaution de faire porter les fumigations sur le corps seulement du patient, en préservant soigneusement sa tête de leur atteinte. Alors, en effet, le dépôt des gouttelettes provenant de la condensation des vapeurs mercurielles s'opère exclusivement sur la peau, tandis que les muqueuses buccale et pulmonaire ne sont plus en rapport qu'avec de l'air contenant, il est vrai, des vapeurs dont on n'a pas pu empêcher la diffusion dans la pièce où a lieu l'épreuve, mais les contenant à une température plus basse que celle de l'organisme, où elles pénètrent alors sans se condenser, en s'introduisant directement dans le sang.

Toutes les fois que cette précaution a été prise, les fumigations ont donné les résultats les plus satisfaisants, et cela ressort du témoignage des autorités médicales les plus compétentes.

Trousseau et Pidoux (2) insistent particulièrement sur les excellents effets qu'il ont obtenus de leur emploi, et Langston Parker (3) (de Birmingham), qui a récemment entrepris de rappeler l'attention sur elles et de les relever de l'abandon où on les a laissées, s'exprime ainsi sur leur compte : « Elles constituent, » dit-il, le traitement le plus sûr, le plus actif, le plus certain, le » moins fréquemment suivi de récidives, et le plus efficace dans » les cas opiniâtres. »

Si on en venait, comme le voudrait Langston, à leur rendre leur place dans la thérapeutique de la syphilis, il faudrait renoncer aux anciens errements, qui étaient si dangereux, et remplacer les fumigations faites à des températures élevées par la simple inhalation de vapeurs émises à une température plus basse que celle du corps humain : j'ai démontré dans le chapitre précédent qu'elles n'exerçaient alors aucune action nuisible, pourvu qu'on ne les respirât pas d'une manière continue.

En attendant qu'on revienne à leur emploi convenablement régularisé dans le traitement spécifique de la syphilis, qu'on le veuille ou non, elles interviennent forcément dans l'effet thérapeutique total que produit, sur cette maladie, un des modes de traitement auquel on a le plus fréquemment recours pour la combattre : je veux parler du traitement par les frictions mercurielles.

On est resté en France, à propos de frictions, sur le terrain de l'empirisme pur, et nos spécialistes, satisfaits d'avoir constaté qu'elles ont une vertu curative hautement attestée par les résultats d'une longue expérience, n'ont pas cru devoir se demander comment ces résultats étaient obtenus.

La question vaut cependant la peine qu'on se la pose, car elle comporte *a priori* plusieurs solutions possibles, qu'on ne saurait tenir toutes pour également vraies, et sur la valeur respective desquelles il importe, alors, de savoir exactement à quoi s'en tenir; le meilleur moyen, pour bien user d'un médicament et pour lui faire rendre tout ce qu'il peut donner, étant évidemment d'avoir une notion nette et précise du véritable principe de son action.

Examinons donc les frictions à ce point de vue : le but qu'on se propose, en les employant, étant de provoquer une absorption de mercure, on peut concevoir pour ce métal, quand il est fourni par elles, trois modes d'admission dans l'économie.

1° Pénétration directe et mécanique, à travers la peau intacte, des gouttelettes de mercure, dans l'état d'extrême division où l'onguent les présente.

2° Pénétration sous forme de composés solubles absorbables, dus à l'action chimique des corps gras de l'onguent ou des produits des sécrétions cutanées.

3° Pénétration à l'état de vapeurs par la voie de l'inhalation pulmonaire.

Ces trois modes d'absorption diffèrent, comme on le voit, essentiellement entre eux, et il y avait un intérêt thérapeutique de premier ordre à rechercher quelle part revenait spécialement à chacun d'eux dans l'effet total produit par les frictions. Cette recherche, dont l'importance a été justement comprise en Allemagne, a donné lieu, dans ce pays, à une longue série de travaux et de discussions qui n'ont eu, en France, aucun retentissement et que je dois, par conséquent, résumer ici succinctement dans leurs traits principaux.

1° *Pénétration directe et mécanique du mercure à travers la peau intacte.* — L'expérience d'Autenrieth (4), relatée dans le chapitre précédent, fut interprétée d'abord comme une preuve de la non-pénétration du mercure des frictions à travers la peau; mais on ne tarda pas à objecter qu'elle était peu probante, parce que, même en admettant le passage du mercure, le défaut d'amalgamation de la lame d'or pouvait s'expliquer par cette circonstance que les globules mercuriels étaient enveloppés d'une couche de matière grasse qui les empêchait d'agir sur l'or.

La question restait donc entière après ces premiers essais insuffisants qu'Overbeck (5) répéta plus tard avec les mêmes résultats négatifs; elle fut reprise en 1843 par Œsterlen (6), dont les expériences, faites avec un très grand soin, donnèrent au contraire des résultats positifs confirmés bientôt après par Eberhard (7) et Landerer (8), en 1747, et par Hasselt (9), en 1749.

Œsterlen opérait sur des chats, dont il frictionnait, avec de l'onguent mercuriel, l'abdomen préalablement rasé; en recherchant microscopiquement le mercure, il affirme l'avoir trouvé dans la plupart des organes à l'état de gouttelettes d'un diamètre variable entre $\frac{1}{1000}$ et $\frac{5}{1000}$ de millimètre.

Eberhard, qui frictionnait des lapins, trouva des globules mercuriels seulement dans la peau des parties frottées; Landerer et Hasselt en découvrirent dans le sang.

En opposition complète avec les savants dont je viens de rapporter les conclusions, Bärensprung (10), en 1850, Hoffmann (11), en 1854 et Donders (12), en 1756, à la suite d'expériences faites sur des chats, des lapins, des chiens et même sur le cadavre d'un sujet qui avait été frictionné trois heures avant sa mort, se prononcent nettement pour l'impossibilité de la pénétration mécanique du mercure dans le sang, à travers la peau.

Sans nier aussi absolument la possibilité de cette pénétration, Voit (13) la regarde comme très difficile, et il s'autorise, pour conclure ainsi, des résultats d'une expérience faite sur sa propre personne. Après s'être frotté l'épiderme de l'avant-bras avec de l'onguent gris, il s'enleva un lambeau de peau, et, tout en trouvant du mercure dans l'épiderme et dans les papilles, il ne put en découvrir qu'une seule gouttelette dans le chorion.

C'est en 1861 qu'Overbeck (14) intervint dans le débat, et il y intervint armé des résultats de nombreuses expériences faites sur des chats, des chiens et des lapins, dont il rasait une partie du corps, poitrine, cuisses, tête ou ventre, qu'il frictionnait alors à nu et qu'il recouvrait ensuite d'un bandage, pour empêcher l'animal de lécher l'onguent. Les frictions étaient journellement renouvelées jusqu'à la mort du sujet, et, à l'autopsie, Overbeck put facilement reconnaître la présence de gouttelettes très ténues de mercure, non seulement dans les couches profondes de l'épiderme des parties frottées, mais aussi dans le tissu cellulaire sous-jacent, dans le sang, dans les muscles et jusque dans les reins, l'urine et les fèces; leurs dimensions étaient de $\frac{1}{200}$ à $\frac{1}{2000}$ de millimètre.

Quel que soit leur mérite par ailleurs, ces expériences sont malheureusement sans valeur pour la solution de la question qui nous préoccupe ici, car leur auteur lui-même reconnaît (*Mercur und Syphilis*, p. 115) que les frictions, comme il les pratiquait, ont déterminé, dans tous les cas, des lésions inflammatoires de la peau des parties frottées. Il n'y a pas évidemment à conclure des résultats que donne la peau lésée, à ceux qu'elle donnerait en restant intacte.

En opérant sur l'homme, et dans des conditions où la peau ne présentait aucune altération, Zülzer (15), en 1864, a constaté la pénétration de globules mercuriels dans les gaines radiculaires des poils et dans les conduits glandulaires de cette peau, dont il détachait des lambeaux à l'aide d'un vésicatoire.

Blomberg (16), en 1867, est conduit expérimentalement à se prononcer dans le même sens : après avoir frotté avec de la pommade mercurielle l'avant-bras d'un cadavre, immédiatement après la mort du sujet, il fit laver soigneusement, le lendemain, la partie frottée avec du savon et de l'eau chaude, et l'examen microscopique lui fit découvrir des globules mercuriels de $0^{mm},08$ à $0^{mm},005$ dans les couches profondes de l'épiderme, dans le corps muqueux, dans le chorion et dans quelques conduits des glandes sudoripares. Un chat, frotté pendant quatorze jours de suite avec des doses de 5 à 10 grammes d'onguent gris, présenta des globules dans le chorion et dans le tissu cellulaire sous-cutané, mais non dans les viscères.

Après Zülzer et Blomberg, qui affirment le passage direct du mercure à travers la peau, Rindfleisch (17), en 1870, le nie résolument, et il va jusqu'à prétendre que ce métal ne peut pénétrer ni dans les conduits glandulaires ni dans ceux des follicules pileux. C'est de l'expérience suivante qu'il tire ses convictions à cet égard : sur une des oreilles d'un lapin, frictionnée d'abord et lavée ensuite avec soin, un lambeau détaché et examiné au microscope présenta identiquement les mêmes apparences qu'un autre lambeau enlevé à l'oreille non frictionnée.

Neumann (18), Auspitz (19) et Röhrig (20), en 1871, sans aller aussi loin que Rindfleisch, nient comme lui la possibilité de l'absorption du mercure en nature par la peau; mais tout en ne rencontrant ce métal, ni dans le tissu cellulaire sous-cutané, ni dans le chorion, ils constatent sa pénétration, en globules très fins, dans les follicules pileux et dans les conduits des glandes sébacées. Les nombreuses expériences que Neumann a faites sur des animaux et sur l'homme, et qu'il a illustrées de remarquables dessins, semblent surtout concluantes à cet égard : cependant nous voyons, en 1871, Fleischer d'Erlangen (22) refuser d'admettre cette pénétration du mercure dans les follicules pileux, dans les glandes sébacées et dans les pores exhalants de la peau.

Jusqu'ici, comme cela ressort de ce qui précède, ces recherches, dues à des savants également dignes de confiance, ne permettent guère de faire un choix dans la confusion de leurs résultats contradictoires, et le débat qu'elles perpétuaient sans le faire avancer menaçait de se prolonger indéfiniment, lorsque Fürbringer (22), en 1880, s'est proposé d'y mettre un terme. On peut affirmer qu'il y a pleinement réussi, et qu'il a définitivement résolu la difficile question, objet, avant lui, de tant de controverses; car toute opposition a cessé devant la solution qu'il lui a donnée.

Ce savant, qui a nettement montré, dans une étude critique approfondie des travaux de ses prédécesseurs, de quelles causes d'erreurs leurs recherches étaient entachées, a pris les précautions les plus minutieuses pour s'en garantir, et tous les résultats qu'il a obtenus ont été soumis au contrôle des méthodes de vérification les plus rigoureuses.

C'est à l'examen miscroscopique que Fürbringer a eu recours pour reconnaître la présence du mercure dans la peau des sujets qui ont servi à ses expériences, et celles-ci ont porté sur des lapins, sur des individus en pleine santé et sur des moribonds plus ou moins voisins de leur fin prochaine. Les parties frictionnées ont été, pour les lapins, l'oreille; pour l'homme, la peau des différentes régions du corps, muscles extenseurs et fléchisseurs, extrémités, poitrine, abdomen, etc. Les frictions ont été opérées avec toutes les précautions requises pour éviter toute lésion de l'épiderme, elles duraient de dix à quinze minutes et elles étaient continuées *jusqu'à siccité.* Immédiatement après l'opération, on nettoyait au savon la surface frottée, dont on détachait de petits lambeaux, sur les lapins et sur l'homme sain, en les excisant au rasoir; quand il s'agissait de moribonds, cette excision était pratiquée sur les cadavres dès que la mort du sujet était constatée. Les lambeaux excisés, plongés d'abord dans de l'alcool, étaient ensuite rendus transparents par l'action d'un mélange de glycérine et d'acide acétique, ou d'une solution de potasse, et c'est après avoir subi ce traitement qu'ils étaient soumis à des coupes dont l'examen avait lieu au microscope.

Après avoir fait porter ses investigations sur plus d'un millier de préparations de ce genre, et après avoir constaté la parfaite concordance des résultats fournis par l'homme et par les animaux, Fürbringer formule comme il suit les conclusions auxquelles il est arrivé : « Je nie, dit-il, de la façon la plus formelle, avec » Hoffmann, Bärensprung, Rindfleisch, Röhrig, Neumann et Fleis- » cher, contrairement à Œsterlen, Eberhard, Voit, Overbeck et » Blomberg, le cheminement mécanique des globules de mercure » à travers l'épiderme intact et le chorion ; mais, d'un autre côté, » j'affirme, non moins formellement, avec Zülzer et Neumann, » contre Rindfleisch et Fleischer, qu'il y a pénétration des globules » dans les follicules pileux et dans les canaux excréteurs des » glandes sébacées, et je considère la question comme définitive- » ment vidée par ces preuves. »

C'est donc aujourd'hui un fait bien acquis, et qui a pris rang parmi les vérités scientifiques les mieux démontrées, que le mercure de l'onguent, dans le traitement par la méthode des frictions, ne passe pas mécaniquement à travers la peau intacte; et ce qui est vrai pour lui, dans ce cas, l'est également pour le mercure qu'on peut faire déposer sur l'épiderme, en y déterminant la condensation de vapeurs émises à une température élevée. C'est encore à Fürbringer qu'on doit la constatation de ce fait, dont il a fourni la preuve par l'expérience suivante. Il a exposé l'avant-bras d'un de ses syphilitiques aux vapeurs émises par du mercure porté à une assez haute température, et le résultat fut que la partie ainsi exposée se recouvrit d'un dépôt gris clair au milieu duquel on distinguait, à la loupe, de petits globules miroitants, logés surtout au fond des sillons épidermiques; le microscope révélait d'ailleurs que le dépôt tout entier était formé de globules de même nature, mais extrêmement atténués. Après un lavage préalable, un petit fragment de peau fut excisé et traité par la méthode précédemment indiquée, puis soumis à l'examen microscopique. Fürbringer trouva qu'il présentait encore quelques globules qui étaient restés adhérents à la surface interne de l'épiderme; mais aucun d'eux n'avait pénétré ni dans les follicules pileux, ni dans les conduits excréteurs des glandes sébacées : à plus forte raison manquaient-ils absolument dans la couche de Malpighi et dans le chorion.

Si les expériences de Fürbringer démontrent surabondamment que le mercure, de quelque façon qu'on le mette en rapport avec la peau, ne la traverse pas mécaniquement sous forme de globules, elles n'excluent pas cependant, pour lui, la possibilité d'un mode de passage mécanique différent, et voici celui que plusieurs savants lui attribuent.

D'après eux, ce métal, quand il forme enduit sur la surface épidermique, émettrait des vapeurs qui se diffuseraient, non seulement dans l'air ambiant, mais aussi à travers les pores de la peau, et ce mouvement progressif de diffusion rentrante les ferait pénétrer directement jusque dans le tissu cellulaire sous-cutané, d'où elles passeraient facilement dans le sang, puis de là dans tout l'organisme.

Comme ceux qui expliquent, par ce mécanisme, l'absorption du mercure n'ont produit aucune preuve de fait à l'appui de cette explication, j'en ai demandé la vérification à l'expérience de contrôle suivante.

Expérience I. — Sur divers animaux (chiens, lapins et cobayes), au moment même où ils venaient de mourir, j'ai détaché des lambeaux de peau assez étendus dont j'ai rasé, au centre, une petite portion circulaire, que j'ai frottée ensuite avec de l'onguent mercuriel double. Les lambeaux ainsi préparés m'ont servi à fermer hermétiquement des flacons à large goulot, au-dessus desquels je les disposais, la partie frottée en dedans et sans contact avec les bords, de manière à rendre ainsi absolument impossible toute diffusion latérale du mercure. Le tout était placé sous une cloche à parois mouillées, pour conserver à la peau son état de moiteur normale. En recouvrant les lambeaux obturateurs de bandes de papier sensible, au chlorure de palladium, j'ai toujours vu celles-ci rester intactes. De la concordance de ces résultats, constamment négatifs, avec ceux auxquels Fürbringer est arrivé de son côté, on est en droit de tirer la conclusion générale suivante : *Dans le traitement de la syphilis par la méthode des frictions, le mercure en contact avec la peau ne peut traverser directement celle-ci, ni par voie de cheminement mécanique à travers les tissus, ni par voie de diffusion gazeuse.* Il y a toutefois lieu de remarquer que cette conclusion s'applique seulement à la peau saine, et non pas à la peau plus ou moins profondément lésée, comme elle peut l'être à la suite de frictions mal faites. Dans ce cas, les expériences d'Overbeck et celles de Fürbringer démontrent que le mercure peut très bien être absorbé, car tout, alors, favorise son passage immédiat dans la circulation sanguine.

Si l'on se rappelle enfin, pour épuiser cette question de l'absorption du mercure par la peau intacte, que les expériences de Fleischer et les miennes ne laissent aucun doute sur l'imperméabilité absolue du tégument externe aux vapeurs émises extérieurement par l'onguent, on devra tirer de l'ensemble de tous ces faits la conclusion suivante : *Sous aucune forme et par aucune voie, les frictions ne fournissent à l'organisme du mercure en nature.* Peuvent-elles lui fournir ce métal à l'état de combinaisons que leur solubilité rendrait plus ou moins facilement absorbables? C'est ce que nous allons examiner maintenant.

2° *Pénétration du mercure dans l'organisme sous forme de composés solubles dus à l'action des corps gras de l'onguent ou des produits des sécrétions cutanées.* — Nous devons éliminer d'abord du nombre des facteurs éventuellement capables de participer à l'action curative de l'onguent mercuriel, les composés de la première catégorie; je veux parler des sels qui se forment par la combinaison des acides résultant du rancissement de l'axonge avec l'oxyde de mercure, dont la formation est favorisée et accélérée par la présence de ces acides.

S'il était bien vrai qu'il fallût considérer ces sels comme des agents thérapeutiques tant soit peu efficaces, à mesure que leur proportion augmenterait dans l'onguent, celui-ci devrait devenir de plus en plus actif, et l'on a cru, en effet, pendant longtemps, que la vertu curative de l'onguent mercuriel marchait de pair avec son degré de rancissement. C'était une opinion complètement erronée, et les expériences ainsi que les observations d'Overbeck, de Kirchgasser (23) et de beaucoup d'autres en Allemagne, ne permettent plus de la soutenir, après toutes les réfutations dont elle a été l'objet. On sait sûrement aujourd'hui qu'il faut, pour obtenir des frictions leur maximum de rendement thérapeutique, les opérer avec de l'onguent frais; c'est-à-dire ne contenant que du mercure métallique et de l'axonge pure, sans aucun mélange de sels mercuriels aux acides gras.

Dans ces conditions, ceux qui croient devoir recourir, pour expliquer les propriétés curatives des frictions, à l'intervention de composés mercuriels rendus absorbables par leur solubilité, sont obligés de chercher l'origine de ces composés dans de prétendues actions chimiques qu'exerceraient, sur le mercure, les corps très variés que contiennent les sécrétions cutanées avec lesquelles ce métal est forcément mis en contact, soit à la surface de la peau où elles se déversent, soit à l'intérieur des glandes où nous avons vu que lui-même peut arriver à pénétrer.

Pour le mercure qui reste à la surface épidermique, Mialhe admet sa transformation en sublimé par l'action combinée du chlorure de sodium que contient la sueur et de l'oxygène de l'air :

$$2NaCl + 2O + Hg = 2NaO + HgCl^2.$$

En présence d'un excès de chlorure de sodium, il se formerait un sel double $HgCl^2, 2NaCl$ plus soluble encore que le sublimé, et ce serait finalement ce composé double qui fournirait la matière de l'absorption mercurielle.

Ce sont là de simples vues de l'esprit qui ne s'appuient sur aucune expérience de vérification, et qui sont d'ailleurs en contradiction avec les faits. D'une part, en effet, le bichlorure de mercure ne saurait subsister en présence de la soude libre; et, d'autre part, ni le sublimé seul, ni ce sel en combinaison avec le chlorure de sodium ne sont absorbables par la peau intacte, comme je le démontrerai plus loin.

Laissant de côté la conception purement hypothétique de Mialhe, Fürbringer (24) s'est attaché à rechercher ce que devenait le mercure introduit par les frictions dans les cavités des glandes cutanées, à l'état de globules très fins, et il fait de ces globules les centres de formation des composés solubles réservés à une absorption ultérieure.

Neumann (25) avait déjà constaté qu'au bout de quatre semaines, les globules mercuriels, très nettement apparents d'abord dans l'oreille frictionnée d'un lapin, avaient totalement disparu. Fürbringer, après avoir vérifié l'exactitude de cette observation, remarqua, de plus, que la disparition signalée par Neumann était progressive, et que les globules dont la persistance était la plus longue présentaient aussi, avec le temps, une altération de plus en plus prononcée, qu'il explique par un phénomène d'oxydation. S'appuyant sur ces faits et sur une expérience de Lewald (26), qui a constaté la formation d'un sel soluble de mercure lorsqu'on met ce métal en contact avec un des éléments essentiels des sécrétions cutanées, le butyrate d'ammoniaque, Fürbringer a formulé la conclusion suivante : « Les frictions, dit-il, agissent en » faisant pénétrer par pression, aux endroits frottés, dans les » follicules pileux et les conduits des glandes sébacées, des glo- » bules mercuriels qui forment, sous l'influence des sécrétions » glandulaires, des composés solubles et par conséquent propres à » l'absorption. »

Cette conclusion, quelle que soit l'autorité de celui de qui elle émane, ne repose pas sur des preuves de fait assez directes pour qu'on doive l'accepter sans réserve et sans discussion.

Ce qu'il faut remarquer d'abord, au sujet des expériences de Fürbringer, et ce qui suffit déjà pour leur opposer une fin de non-recevoir préalable, c'est qu'elles n'ont donné des résultats nettement positifs que dans des conditions spéciales, auxquelles on ne s'astreint jamais dans la pratique courante de la méthode des frictions; il n'y a donc aucun rapprochement à établir entre le fait expérimental et le fait thérapeutique, et rien n'autorise à leur assigner des caractères identiques.

Quand on opère les frictions comme on le fait d'habitude, c'est-à-dire avec un excès d'onguent et en se contentant d'un étendage tout superficiel, on échoue absolument à faire pénétrer le mercure dans les cavités des glandes cutanées, et Fürbringer avoue que ce fut là son cas au début de ses recherches. Plus tard seulement, et après d'assez longs tâtonnements, il en vint à reconnaître qu'il fallait, pour obtenir des résultats positifs, frictionner avec de très petites quantités d'onguent, continuer les frictions jusqu'*à siccité,* et ne s'arrêter qu'au moment où le doigt, cessant de percevoir la sensation de glissement, rencontrerait un commencement de résistance.

Il est possible que les prescriptions de ce manuel opératoire soient strictement observées en Allemagne; on ne s'y est jamais conformé en France, et nos praticiens ont toujours appliqué la méthode des frictions sans prendre aucun souci des minutieuses précautions nécessaires pour faire pénétrer le mercure de l'onguent dans les culs-de-sac glandulaires de la peau. Comme il y a, malgré l'omission de ces précautions, absorption mercurielle manifeste, on voit combien il est inexact de prétendre que celle-ci est subordonnée à la formation préalable de composés solubles, qui prendraient naissance à l'intérieur des glandes cutanées.

Fürbringer s'est donc complètement trompé sur ce point, et il y a d'autres preuves encore à fournir de son erreur.

D'après lui, ce serait surtout dans les glandes sébacées que les globules mercuriels, après une oxydation préalable, seraient ultérieurement transformés en composés solubles et, comme tels, facilement absorbables. Or, comme il résulte de ses propres observations que ces globules ne dépassent jamais les conduits excréteurs des glandes dans lesquelles ils pénètrent, s'ils y sont modifiés chimiquement, les produits nouveaux ainsi élaborés, intimement mélangés avec la matière sébacée qui les enveloppe de toutes parts, doivent la suivre forcément dans le mouvement continu qui l'entraîne au dehors, et on ne s'explique pas comment ils pourraient prendre le mouvement en sens contraire qui est la condition nécessaire de leur introduction dans l'organisme.

Fürbringer n'essaie pas de lever cette difficulté; il ne se préoccupe pas davantage de démontrer que les globules mercuriels s'oxydent, comme il l'affirme, dans les conduits excréteurs des follicules pileux et des glandes sébacées, et il est, sur ce point, en contradiction flagrante avec Overbeck, qui nie formellement cette oxydation. Enfin, la substance qu'il fait intervenir pour transformer cet oxyde hypothétique en composé mercuriel soluble, le butyrate d'ammoniaque, ne saurait jouer le rôle qu'il lui attribue, puisque c'est un produit d'altération de la sécrétion sébacée, et qu'il n'existe pas dans cette sécrétion telle qu'on la trouve, à l'état normal, dans l'intérieur même de la glande.

S'il fallait attendre, d'ailleurs, que le mercure administré par la méthode des frictions ait épuisé, avant d'être absorbé, toute la série des réactions chimiques par lesquelles on prétend qu'il doit préalablement passer, comme il ne peut arriver que tardivement, au dernier terme de cette série, ses effets seraient toujours très lents à se produire; tandis qu'on les voit, au contraire, très promptement apparaître, dans tous les cas. C'est là un des faits les mieux établis de la thérapeutiqne de la syphilis, et dont la preuve analytique est bien facile à obtenir, car les urines et les excréments d'un sujet frictionné accusent déjà une mercurialisation très prononcée, quelques heures seulement après une première application d'onguent napolitain.

Il y a, dans ce qui précède, plus d'arguments décisifs qu'il n'en faut pour nous faire absolument rejeter l'explication donnée par Fürbringer du mode d'action thérapeutique des frictions mercurielles; il est donc bien certain qu'elles ne doivent pas leur efficacité à la formation de prétendus composés solubles qui résulteraient de l'altération chimique du mercure pénétrant, par pression, à l'intérieur des glandes cutanées.

Malgré la surabondance des preuves qu'on peut accumuler pour démontrer l'impossibilité d'un pareil mode d'absorption, les syphiligraphes les plus compétents sont cependant à peu près unanimes pour l'admettre comme très réel, et cela sur la foi qu'ils ajoutent au résultat d'une expérience allemande dont il m'a paru qu'ils parlaient sans avoir pris la peine de chercher à s'en rendre exactement compte.

Il s'agit de l'expérience de Fleischer d'Erlangen, si souvent citée en France, mais dont je n'ai trouvé nulle part la description dans aucun de nos livres spéciaux, et qu'on a fort inexactement interprétée, par suite de l'ignorance où on se trouvait des conditions particulières dans lesquelles elle a été effectuée. La voici fidèlement rapportée : Fleischer (27) a opéré sur un de ses aides de laboratoire auquel il a frictionné un bras avec 1^{gr},5, non pas d'onguent napolitain, mais d'oléate de mercure, et pendant qu'on opérait cette onction, le sujet respirait l'air pur du dehors, au moyen d'un masque de Waldenburg. Le bras frotté fut d'abord recouvert d'une enveloppe de taffetas gommé, sur laquelle on enroula des bandes de toile et de flanelle de manière à obtenir une occlusion hermétique; puis, le masque fut enlevé et l'aide alla s'habiller dans une pièce voisine, où il se rendit en ayant soin de retenir son haleine. Le bandage occlusif fut maintenu en place pendant soixante heures, et les urines recueillies dans cet intervalle de temps furent analysées par le procédé de Ludwig : Fleischer ne put y découvrir que des traces extrêmement faibles de mercure « *ganz geringe Mengen von Quecksilber* ».

Il y a une première remarque critique à faire, à propos de l'expérience qui vient d'être décrite; c'est qu'elle n'a nullement trait à la question qu'il s'agit de résoudre et qui est, expressément, celle de savoir si l'*onguent napolitain*, employé en frictions, fournit du mercure à l'absorption cutanée. Cet onguent et le sel mercuriel, employé à sa place par Fleischer, sont trop dissemblables pour qu'on puisse légitimement conclure, des résultats obtenus avec l'un d'eux, à ceux que l'autre est apte à donner dans les mêmes conditions.

L'oléate de mercure, qu'on a vainement tenté de substituer à l'onguent traditionnel, dans le traitement de la syphilis par la méthode des frictions, a été promptement délaissé, à cause des inconvénients particulièrement attachés à son emploi et sur lesquels les recherches de Stelwagon (28) ont récemment appelé l'attention des praticiens. Appliqué sur la peau saine, il y produit de la rougeur et détermine une irritation plus ou moins vive qui peut aller jusqu'à la dermatite; aussi n'est-il utilisable, dans la pratique, qu'à la condition de varier très souvent son lieu d'application.

Comme cette condition n'a pas été remplie dans l'expérience de Fleischer, il est difficile d'admettre que l'oléate ait pu rester soixante heures en contact avec la peau, sans lui faire subir quelque altération qui n'aura pas eu besoin d'être bien profonde pour rendre l'absorption mercurielle possible anormalement. J'ajouterai, enfin, que la recherche du mercure, dans les urines du sujet, a été faite par le procédé de Fürbringer, dont j'ai signalé ailleurs l'insuffisance notoire et sur lequel on ne saurait aucunement compter, quand il s'agit, comme c'est ici le cas, de constater la présence de traces infinitésimales du métal.

Cette question de l'absorption du mercure des frictions n'est donc nullement tranchée par l'expérience de Fleischer; elle ne me paraît pas l'être davantage par une expérience toute récente, qu'on a présentée, elle aussi, comme probante en faveur de l'affirmative et qui a été faite, cette fois, dans les conditions normales de l'emploi de l'onguent napolitain.

Son auteur, A. Rémond (29), a opéré sur un sujet qu'il a maintenu pendant quinze jours au régime des frictions quotidiennes; et, pour le préserver de tout risque d'absorption pulmonaire, il a pris les précautions suivantes.

Chaque friction était faite alternativement sur un quelconque des segments de chaque membre, et aussitôt après l'application de l'onguent on recouvrait la surface enduite d'une bande de toile. Celle-ci, à son tour, était elle-même recouverte par une enveloppe de gutta-percha dépassant de deux à trois travers de doigt la surface enduite, et appliquée, au-dessus et au-dessous, aussi soigneusement que possible contre la peau.

En opérant de cette façon, il a trouvé que l'absorption du mercure était à peu près nulle pendant les trois premiers jours, qu'elle s'accusait sensiblement à partir du quatrième, et qu'elle atteignait bientôt la mesure moyenne de 5 à 6 milligrammes par jour, en se continuant ainsi, sans variation bien notable, jusqu'à la fin de l'expérience.

Ces résultats, aussi positivement exprimés, seraient décisifs dans le sens de l'affirmative, s'il était bien rigoureusement démontré qu'ils doivent être exclusivement mis sur le compte de l'absorption cutanée; mais on reconnaît aisément que cette démonstration fait ici complètement défaut.

Comme le sujet de Rémond était frictionné quotidiennement et qu'il subissait cette opération sans porter de masque qui lui permît de respirer l'air du dehors, on voit que, pendant toute la durée de ces frictions quotidiennes, c'est-à-dire pendant un quart d'heure environ chaque jour, il restait sous l'influence des émanations de l'onguent; et celui-ci émet surtout d'abondantes vapeurs au moment où l'onction est pratiquée.

A cette première cause d'émission s'ajoutait encore la suivante.

Lorsqu'on applique la méthode des frictions en procédant par onctions successives effectuées à des places différentes, ce ne sont pas seulement les surfaces enduites qui sont émissives, mais aussi celles qui, après l'avoir été, ont été débarrassées de leur onguent et nettoyées, même, avec le plus grand soin. Celles-ci, en effet, malgré ce nettoyage, retiennent toujours, dans les sillons épidermiques, du mercure extrêmement divisé qu'elles ne perdent que très lentement, et qui dégage incessamment des vapeurs reconnaissables à l'action très marquée qu'elles exercent sur le papier sensible, à l'azotate d'argent ammoniacal.

Comme le sujet de Rémond était placé dans des conditions qui l'exposaient à inhaler des vapeurs de cette provenance, et qu'aucune précaution n'était prise pour le préserver de cette inhalation, on voit qu'il a, par le fait, constamment absorbé du mercure, par la voie pulmonaire, pendant toute la durée de l'expérience à laquelle il a été soumis.

Ni cette expérience, ni celle de Fleischer, ne sauraient donc être invoquées, à l'appui de leur thèse, par ceux qui veulent, à tout prix, que la peau constitue un appareil d'absorption pour le mercure administré par la méthode des frictions; elles sont d'ailleurs formellement contredites par d'autres expériences, dont les résultats doivent être exposés à leur tour.

Le professeur Ferrari (30), qui déjà, en 1876, à la suite de recherches expérimentales faites sur les animaux et de nombreuses observations cliniques, avait conclu à la non-absorption du mercure des frictions par la peau saine, a repris, en 1886, l'étude de cette question, et il a maintenu sa conclusion primitive, en l'appuyant sur des preuves de fait plus directes.

Il a pris pour sujets de ses expériences cinq syphilitiques, sur chacun desquels il a pratiqué, à un jour d'intervalle et avec de l'onguent napolitain ordinaire, six frictions successives, aux cuisses, aux jambes, aux bras et aux avant-bras. Pendant qu'ils étaient ainsi frictionnés, trois d'entre eux respiraient l'air du dehors au moyen de tubes en caoutchouc convenablement adaptés à un masque très ingénieusement construit, qui enveloppait complètement la tête et s'ajustait hermétiquement sur le cou, de manière à fermer toute voie de pénétration aux vapeurs mercurielles. Dès que l'onction était terminée, la surface enduite était recouverte avec du taffetas gommé, qu'on fixait à l'aide d'un bandage, et le masque était alors enlevé. Les deux autres sujets, ne devant servir qu'à des expériences de contrôle, étaient frictionnés suivant le mode habituel; ce qui implique, à leur égard, la double suppression du masque et du taffetas gommé.

Pour chacun des sujets de ces deux séries comparatives d'essais, toutes les urines recueillies pendant la période du frictionnement étaient mises en commun, et c'est dans le mélange que le mercure était recherché analytiquement par la méthode électro-chimique. Les urines de la seconde série le contenaient en proportions notables, mais il a manqué complètement dans deux de celles de la première, et la troisième n'en accusait que des traces extrêmement faibles.

Malgré toutes les précautions prises, il y a donc eu absorption dans ce dernier cas, et elle s'explique par une lacune que Ferrari a laissée dans son manuel opératoire. En s'attachant, avec le soin scrupuleux qu'il y a mis, à préserver ses sujets de l'inhalation des vapeurs émises par les surfaces enduites d'onguent, pendant et après la manœuvre de l'onction, il a omis, comme nous l'avons déjà signalé pour Rémond, d'écarter d'eux celles qu'émettent encore les mêmes surfaces, quand on enlève l'onguent qui les recouvrait et qui leur laisse toujours un résidu de mercure très divisé, dont il est difficile de les débarrasser complètement.

Les expériences de Ferrari n'ont donc pas toute la rigueur désirable; mais, malgré ce qu'elles peuvent avoir de partiellement défectueux, elles n'en conservent pas moins une valeur très réelle, parce qu'elles montrent comparativement la très grande différence des résultats que la méthode des frictions donne, dans la pratique, suivant qu'on l'applique en favorisant, ou en empêchant, l'inhalation des vapeurs émises par l'onguent. Dans le premier cas, elle ne peut qu'être efficace, car on la voit fournir du mercure à l'absorption à doses largement thérapeutiques; dans le second cas, au contraire, ce métal n'est pas absorbé, ou bien l'est à doses trop insignifiantes pour produire aucun effet utile.

Pour lever toute incertitude à cet égard et pour ôter tout prétexte aux objections qu'on pourrait être encore tenté de tirer de l'expérience, si défectueuse et si mal interprétée, de Fleischer d'Erlangen, j'ai répété cette expérience à deux reprises, en redoublant de précautions pour la rendre aussi rigoureuse que possible, et en y remplaçant l'oléate de mercure, dont l'étude est sans intérêt, par des onguents mercuriels.

Expérience II. — Elle a été effectuée sur un étudiant en médecine, M. C.... qui a bien voulu, par zèle pour la science, se soumettre à cette épreuve, et qui a été frictionné pendant dix minutes, sur la face interne du bras, avec quatre grammes d'onguent mercuriel double, à l'axonge. Pendant qu'on le frictionnait ainsi, M. C.... respirait l'air du dehors qui lui était amené par des tubes de caoutchouc adaptés au masque de Gavarret, et dès que la friction fut terminée, le bras fut enfermé dans une double enveloppe en gutta-percha imperméable aux vapeurs mercurielles, fixée à l'aide de bandelettes de diachylon et d'un bandage roulé.

Ce procédé d'occlusion est celui qu'ont employé Fleischer, Rémond et Ferrari, mais sans se préoccuper de rechercher ce qu'il valait pratiquement, et sans recourir à aucun moyen de contrôle pour en surveiller rigoureusement l'application. Cette omission suffit pour rendre douteux les résultats qu'ils ont obtenus, car rien ne leur prouvait l'efficacité des précautions qu'ils avaient prises pour empêcher les vapeurs mercurielles de se diffuser au dehors, et la surveillance nécessaire à cet égard doit se continuer avec soin pendant toute la durée des expériences. J'ai satisfait à cette obligation, dans les miennes, en plaçant à plusieurs reprises, sur le bandage roulé, des bandes de papier sensible, à l'azotate d'argent ammoniacal; et comme elles n'ont jamais présenté la moindre trace de coloration, je puis positivement affirmer que les sujets sur lesquels ont porté mes essais ont été complètement préservés de tout risque d'absorption pulmonaire.

Pour M. C...., comme pour le sujet de Fleischer, la durée de l'épreuve a été de soixante heures, et je n'ai recherché le mercure que dans les urines. Celles-ci, quotidiennement analysées pendant que l'enduit d'onguent est resté en place, et trois jours encore après son enlèvement, n'ont jamais donné aucun signe de réaction mercurielle; tandis que le mercure s'est nettement révélé, dès le second jour, dans les urines d'un syphilitique frictionné au même moment et de la manière, mais sans qu'on ait eu recours, pour lui, à l'occlusion; ce qui lui a permis d'inhaler en toute liberté, les vapeurs émises par l'onguent de sa friction.

Expérience III. — On a fait grand bruit, dans ces derniers temps, de la facilité avec laquelle une substance nouvellement introduite dans la pratique médicale, la lanoline, traverserait la peau intacte; et on lui a, par suite, attribué la propriété d'entraîner avec elle, et de faire ainsi sûrement pénétrer dans l'organisme, les agents médicamenteux auxquels on l'associait en qualité d'excipient.

En se plaçant à ce point de vue, il y avait évidemment intérêt à substituer la lanoline à l'axonge dans la préparation de la pommade mercurielle, et des praticiens de mérite, tels que Lassar et Liebreicht, qui ont fortement préconisé cette substitution, prétendent en avoir obtenu les meilleurs effets curatifs.

Comme ils admettent, pour expliquer la très grande supériorité attribuée par eux au traitement par la pommade lanolinisée, que celle-ci joue le rôle d'un véhicule qui traverserait facilement la peau en entraînant mécaniquement le mercure avec lui, ce serait là un fait bien caractérisé d'absorption cutanée de ce métal, si les choses se passaient réellement comme Lassar et Liebreicht n'hésitent pas à l'affirmer.

Cette affirmation, ne reposant que sur l'interprétation fort hypothétique des résultats d'un certain nombre d'observations cliniques, ne pouvait pas être acceptée sans avoir subi le contrôle d'une vérification préalable, à laquelle je l'ai soumise et qui a exigé la répétition, avec de la pommade lanolinisée, de l'expérience déjà faite avec de la pommade à l'axonge.

Expérience IV. — Pour cette nouvelle expérience, qui a été entièrement calquée sur la précédente, c'est encore un étudiant en médecine, M. S..., qui a bien voulu se mettre à ma disposition; et pendant qu'il respirait au dehors avec le masque de Gavarret, on lui a fait, sur la face interne du bras, une friction avec 4 grammes d'onguent mercuriel contenant une partie de mercure éteint dans deux parties de lanoline. Dès que cette opération a été terminée, le bras frictionné a été immédiatement enfermé dans une double enveloppe imperméable en gutta-percha, et M. S... l'a gardé en cet état pendant trois jours. Le mercure a été recherché, cette fois, non seulement dans les urines du sujet, mais aussi dans ses excréments et dans sa salive; il a toujours et partout fait défaut, tandis qu'il apparaissait, dès le second jour, dans les urines d'un syphilitique qui servait de témoin.

Les expériences qui précèdent, en prouvant que le mercure n'est pas absorbé par la peau intacte, même après trois jours d'application continue d'un enduit d'onguent sur la même surface, démontrent *a fortiori* l'impossibilité de son absorption dans la pratique courante de la méthode des frictions; la règle étant, ici, de procéder par onctions successives, faites quotidiennement à des places différentes, de manière à ce que l'onguent ne séjourne pas plus de douze heures sur la même surface, ou de vingt-quatre heures au maximum.

Ritter, dont les travaux sur l'absorption cutanée sont si justement estimés, conclut aussi, de l'ensemble des résultats acquis, que le mercure des frictions ne pénètre pas dans l'organisme en traversant la peau intacte.

Pour que la démonstration soit complète à cet égard, il reste encore à produire une dernière preuve, qui me paraît faite pour lever tous les doutes.

Après les remarquables travaux de Fürbringer, il n'y a plus, je le crois, personne aujourd'hui pour soutenir que le mercure des frictions est absorbé en nature, par suite de l'état d'extrême division qui permettrait à ses fines gouttelettes de traverser mécaniquement la peau intacte; mais beaucoup de savants continuent à admettre que son absorption est due à sa transformation en composés solubles résultant des actions chimiques exercées sur lui par les produits divers des sécrétions cutanées. Pour Mialhe, c'est en dehors des organes sécréteurs que le métal serait attaqué chimiquement; pour Fürbringer, ce serait dans l'intérieur de ces mêmes organes.

Si c'est ainsi vraiment que les choses se passent, comme le mercure est très difficilement attaquable par la plupart des agents chimiques, partout où on l'emploie en nature, pour l'usage externe, il y aurait manifestement avantage à lui substituer un de ses composés, soit soluble déjà, soit susceptible de le devenir facilement. Le bichlorure, qui est dans le premier cas, et le calomel, qui est dans le second, sont donc naturellement indiqués pour cette substitution, dont on devra bénéficier surtout avec le bichlorure, s'il est vrai, comme le veut l'opinion la plus généralement reçue, que l'action thérapeutique de l'onguent mercuriel soit en raison même de la proportion de sublimé à laquelle il donne naissance.

Dans ces conditions, pour être logique, il faudrait remplacer cet onguent, dans les frictions, par une pommade au chlorure mercurique, et celle-ci devrait avoir pour effet, toutes choses égales d'ailleurs, de fournir plus abondamment du mercure à l'économie.

C'était là ce que pensait Mialhe, et pour être conséquent avec ses doctrines il a proposé de remplacer l'onguent mercuriel, dans la pratique de la méthode des frictions, par la pommade de Cirillo, qui a, d'ailleurs, complètement échoué partout où elle a été employée. Tant qu'elle est appliquée sur la peau saine, son action curative est absolument nulle, et cela suffirait déjà pour prouver qu'elle ne fournit, alors, aucune trace de mercure à l'économie, lors même qu'on n'aurait pas une preuve expérimentale, plus décisive encore, à produire.

Expérience V. — M. S..., qui a bien voulu se prêter encore à cette nouvelle épreuve, a été frictionné, à la partie interne de la cuisse, avec 15 grammes de pommade de Cirillo (sublimé corrosif, 4 grammes; axonge, 30 grammes), et un bandage appliqué sur cet enduit est resté en place pendant trois jours. Les analyses quotidiennes de l'urine, continuées quelques jours encore après la fin de l'expérience, ont toujours donné des résultats négatifs au point de vue de la recherche du mercure.

Après s'être soumis à cet essai, M. S.... l'a renouvelé sur un autre sujet, en substituant la lanoline à l'axonge. La partie interne d'un bras de ce sujet a été frictionnée avec 12 grammes de bichlorure de mercure lanolinisé, et les choses sont encore restées trois jours en cet état. L'examen des urines, fait comme dans le cas précédent, a donné les mêmes résultats négatifs.

Expérience VI. — Avec la pommade de Cirillo, comme avec

toute autre pommade bichlorurée, on ne peut pas longtemps renouveler les frictions à la même place, par suite de l'action irritante du sublimé sur la peau; celle-ci n'étant plus, pour si peu qu'elle soit lésée, dans les conditions normales afférentes à l'étude du phénomène de l'absorption.

La pommade au calomel, au contraire, est absolument inoffensive, et comme le protochlorure qu'elle contient doit, dit-on, se transformer facilement en bichlorure, sous l'influence du chlorure de sodium existant dans toutes les sécrétions cutanées, cette pommade serait ainsi, dans une certaine mesure, physiologiquement et thérapeutiquement équivalente à la pommade mercurielle. Son innocuité complète pour la peau permettant, lorsqu'on l'emploie en frictions, de renouveler indéfiniment celles-ci à la même place, j'ai pu, dans ces conditions, me frictionner journellement, aux aisselles, pendant une période de six mois, sans qu'il me soit une seule fois arrivé de présenter le plus léger symptôme de mercurialisation, et sans qu'il y ait eu, à aucun moment, apparition du mercure dans mes urines ou dans mes excréments.

Comme la peau des surfaces soumises à ces frictions répétées conserve toujours son état de parfaite intégrité, cela suffit pour prouver que le calomel ainsi mis en œuvre n'a donné lieu à aucune formation de sublimé; et puisque le protochlorure de mercure employé en onctions ne passe pas, dans la plus minuscule mesure, à l'état de perchlorure, *a fortiori* doit-on pouvoir en dire autant du métal pur, employé de la même manière. C'est, d'ailleurs, ce qui ressort très nettement des expériences suivantes de Ritter (31). Ce savant a frotté, avec 10 grammes de pommade mercurielle, les parois d'un récipient contenant 230 grammes de sueur provenant d'une hypersécrétion provoquée par des injections de pilocarpine, puis il a laissé, pendant trois semaines, ce récipient dans une étuve maintenue à une température de 37° à 40°; cette expérience plusieurs fois répétée, à différents intervalles, ne lui a jamais fourni le moindre indice révélateur de la présence d'un sel mercuriel quelconque. Il ne s'est pas contenté de ces essais *in vitro;* allant droit au fait qu'il s'agissait d'éclaircir, il a constaté directement qu'on ne trouvait jamais de sublimé sur la peau à la suite de frictions à l'onguent napolitain, et pour que cette constatation portât sur des faits bien décisifs, voici comment il l'a faite. Après avoir frictionné les sujets qui servaient à ses essais, et leur avoir injecté de la pilocarpine, il a râclé leur peau au niveau des surfaces frottées, et, ni dans les produits ainsi obtenus, ni dans les sueurs abondantes qu'il provoquait, il ne lui est jamais arrivé de relever aucune réaction caractéristique de la présence d'une combinaison mercurielle.

Le mercure n'étant absorbé par la peau ni en nature, ni sous la forme de composés solubles, comme nous avons vu plus haut qu'il ne l'est pas davantage à l'état de vapeurs, il ne lui reste plus pour pénétrer dans l'économie que la voie de l'inhalation pulmonaire, et nous avons maintenant à examiner dans quelle mesure elle lui est accessible.

3° *Pénétration du mercure à l'état de vapeurs par la voie de l'inhalation pulmonaire.* — Quand un malade est traité par la méthode des frictions, quoi qu'on fasse à son égard, de quelques précautions qu'on l'entoure, il est toujours soumis à l'influence plus ou moins active, mais toujours inévitable, des vapeurs mercurielles, et surtout pendant son séjour au lit. L'onguent mercuriel, en effet, étalé sur de larges surfaces cutanées, émet abondamment de ces vapeurs qui se diffusent aussitôt dans l'atmosphère ambiante, et, si celle-ci est limitée, si elle ne se renouvelle que lentement, elle ne tarde pas à être saturée, comme on peut facilement s'en assurer par l'emploi des papiers réactifs, à l'azotate d'argent ammoniacal ou au chlorure de palladium.

Dans ces conditions, les sujets frictionnés inhalent du mercure, mais à doses très variables et, par conséquent, avec des effets très différents, suivant les circonstances particulières où ils sont placés.

Si la pièce qu'ils habitent est bien close et surtout bien chauffée, s'ils sont maintenus au lit, les doses respirées peuvent devenir considérables, et les effets observés sont alors très marqués et très prompts. S'ils vivent au grand air pendant le jour, s'ils couchent, la nuit, dans des pièces vastes, froides et bien ventilées, si leurs lits sont sans rideaux et s'ils y dorment la tête en dehors des couvertures, il peut arriver, dans ces conditions, que les frictions, malgré leur fréquence et malgré l'emploi des doses d'onguent les plus élevées, se montrent dépourvues de toute efficacité curative.

Ces différences si marquées dans les effets du même agent thérapeutique tiennent exclusivement à ce que tout tend, dans le premier cas, à favoriser la respiration des vapeurs mercurielles; à la restreindre et presque à l'annihiler, dans le second.

Kirchgasser (32), dont l'autorité s'impose en syphiligraphie et qui traite ses malades par la méthode des frictions, a bien vu qu'on ne pouvait pas, dans l'appréciation des effets généraux de ce mode de traitement, faire abstraction de l'intervention des vapeurs absorbées par la voie de l'inhalation pulmonaire; mais, d'après lui, leur influence serait essentiellement perturbatrice, et c'est exclusivement à elles qu'il attribue la stomatite et la salivation qui compliquent si fâcheusement l'emploi thérapeutique des frictions et le font, malgré ses avantages incontestables, rejeter par un très grand nombre de praticiens.

Tout en chargeant les vapeurs mercurielles de ces méfaits, Kirchgasser ne démontre nullement qu'elles en soient réellement coupables, et il se borne à affirmer, sans preuves à l'appui, qu'elles agissent, soit en trouvant, sur la muqueuse buccale, les éléments de leur transformation en sublimé, soit parce qu'elles seraient douées de propriétés irritantes propres, dont elles seraient redevables à l'état d'extrême division du métal.

Quoi qu'il en soit à cet égard, comme il les tient pour éminemment nocives, cela le met dans l'obligation de chercher à préserver, autant que possible, ses malades de leur atteinte, et voici comment il procède pour y réussir.

Il fait porter successivement les frictions sur les jambes, les cuisses et l'abdomen, en passant alternativement d'un côté du corps à l'autre. Jamais il ne les opère sur la poitrine ou sur les membres supérieurs, afin d'éviter que l'onguent soit trop rapproché de la bouche et du nez. Ces frictions durent quinze minutes; elles sont faites avec les soins les plus méticuleux, et c'est le soir seulement, à l'heure du coucher, qu'elles sont pratiquées. La surface ainsi frottée, dans la soirée, est recouverte, pendant la nuit, d'une peau souple placée là pour restreindre l'activité de l'évaporation mercurielle, et on la nettoie, le lendemain matin, à l'eau de savon. Les dortoirs sont vastes et bien aérés, et on les ventile à fond pendant la journée; les malades les abandonnent alors pour passer dans d'autres locaux, également très spacieux, et on leur permet des promenades extérieures, s'il fait beau.

Sur dix-neuf syphilitiques soumis à ce traitement et guéris par lui, un seul fut pris d'accidents buccaux, et comme cela eut lieu par suite de sa négligence à suivre fidèlement les règles prescrites, il n'y a évidemment pas à tenir compte de cette exception. Il est donc certain que la méthode de Kirchgasser a réellement pour effet d'éliminer tous les risques de stomatite et de salivation; mais, ce qui est contestable, c'est qu'elle soit redevable de cet avantage, comme le prétend son auteur, à l'efficacité des précautions qu'elle multiplie pour soustraire le malade à l'action des vapeurs mercurielles. L'examen attentif des faits montre très clairement qu'on ne saurait, à aucun degré, compter sur le succès de ces précautions.

Tout individu frictionné vit forcément dans une atmosphère où le mercure de l'onguent émet continuellement des vapeurs, qui se trouvent, suivant les cas, disséminées en proportions très variables dans l'air ambiant, mais qui n'y font jamais défaut et fournissent ainsi constamment du mercure à l'absorption pulmonaire. C'est pendant la nuit surtout, sous l'influence de la chaleur du lit, que le dégagement de ces vapeurs est abondant, et comme elles ont bientôt saturé le faible volume d'air compris entre les draps, le malade ne peut que les respirer à haute dose, s'il dort la tête sous les couvertures. Dans le cas contraire, il les respire à dose moins élevée, mais assez forte encore, car elles sont entraînées avec l'air échauffé qui sort du lit, et ce mouvement régulier de sortie les porte tout droit aux organes respiratoires.

Si l'on veut s'assurer que les choses se passent bien réellement comme je viens de le dire, et comme j'ai pu le constater dans un grand nombre de cas, on procédera de la manière suivante. En supposant qu'on ait sous la main un malade traité par la méthode des frictions, il suffira, pendant qu'il est couché, de placer quelques bandes de papier sensible, à l'azotate d'argent ammoniacal, les unes dans son lit, les autres en dehors, en échelonnant ces dernières à des distances de plus en plus grandes de l'entrebâillement des draps. On les verra toutes se teinter; celles de l'intérieur du lit, très promptement parce qu'elles sont dans une atmosphère complètement saturée de vapeurs mercurielles; celles de l'extérieur, de plus en plus lentement à mesure qu'elles s'éloigneront davantage de la tête du lit; et si celui-ci est entouré de rideaux, dans l'espace limité par eux, la présence du mercure en vapeurs sera partout facilement démontrable.

On ne peut donc pas, quelque précaution qu'on prenne, soustraire un sujet frictionné à l'action des vapeurs émises par l'onguent dont on le frotte, et cette émission persiste assez longtemps encore après le nettoyage des surfaces enduites, lors même qu'on a le soin de laver celles-ci à l'eau de savon. Ce lavage, en effet, quelle que soit l'application qu'on mette à l'effectuer, n'enlève jamais complètement les particules mercurielles infiniment divisées qui se logent dans les dépressions des sillons épidermiques, et, moins encore, celles qui pénètrent, à des profondeurs diverses, dans les canalicules des cavités glandulaires. C'est là un fait que les observations de nombreux savants allemands, mais plus particulièrement celles de Fürbringer, ont mis nettement en évidence, et dont j'ai complété la preuve en démontrant que le résidu de mercure, conservé par les surfaces enduites après le nettoyage, donne lieu à une émission de vapeurs souvent fort prolongée, qu'on peut facilement constater de la manière suivante.

Quand un malade traité par la méthode des frictions est arrivé au terme de son traitement, aux places où des onctions lui ont été faites, quoique nettes en apparence, on reconnaît sûrement la présence du mercure résiduel par l'emploi du papier sensible, à l'azotate d'argent ammoniacal. Des bandes de ce papier quotidiennement appliquées sur les parties primitivement frottées de la peau, dont on les sépare par quelques doubles de papier sans colle afin d'éviter l'action réductrice des sécrétions cutanées, montrent, en s'impressionnant pendant plusieurs jours de suite, et quelquefois pendant des mois entiers, combien est persistant le dégagement de vapeurs mercurielles qui se produit dans cette circonstance.

Pour le dire en passant, ce dégagement, qui peut être d'une assez longue durée et s'effectuer dans une assez large mesure, explique une particularité bien connue des syphiligraphes, mais dont ils n'avaient pas cherché à se rendre compte; celle de la continuation de l'action curative des frictions après la cessation du traitement. Il explique aussi la diminution progressive de diamètre et la disparition finale des globules mercuriels qui pénètrent dans l'intérieur des glandes cutanées, sans qu'il soit besoin de recourir, comme l'a fait Fürbringer, à une prétendue action chimique des sécrétions glandulaires, se traduisant d'abord par l'oxydation de ces globules, et ensuite par leur transformation en composés solubles qui disparaîtraient parce qu'ils seraient absorbés.

Comme il faut rejeter, en même temps que ce mode d'absorption, tous ceux où on a fait intervenir, à un titre quelconque, la possibilité d'une pénétration mécanique à travers la peau intacte, on voit que le traitement par les frictions ne fournit d'autre mercure, à l'économie, que celui qui est absorbé en vapeurs par la voie de l'inhalation pulmonaire.

On s'est d'ailleurs assuré que ces vapeurs, respirées seules, ont une action curative spécifique, dont témoignent hautement les remarquables résultats obtenus par le Dr Müller (33) et par Rémond (34).

Dans un premier essai, Müller disposa, par places, sur les murs d'une chambre de quarante-deux mètres cubes de capacité, des morceaux de gaze, enduits chacun de 8 grammes d'onguent mercuriel, et destinés à être renouvelés à tour de rôle, tous les huit jours. Quand il se fut bien assuré que cette chambre, laissée close pendant quelque temps, avait son atmosphère saturée de vapeurs mercurielles, il y installa quatre malades atteints de syphilis secondaire, sans les soumettre, d'ailleurs, à aucune autre espèce de traitement. Dès le cinquième et le septième jour le mercure apparaissait, d'abord dans les excréments, puis dans les urines de ces malades, et on pouvait, en même temps, noter chez eux les signes d'une amélioration de leur état général, assez lente d'abord, mais qui s'accentuait bientôt plus nettement en déterminant la prompte disparition des manifestations syphilitiques.

Comme fait important à retenir, si on pouvait en espérer la généralisation, Müller mentionne ce qui suit : parmi les syphilitiques qu'il traitait se trouvait une femme atteinte de phtisie, sur laquelle ce traitement produisit les meilleurs effets, car sa fièvre cessa et ses forces se relevèrent. Les propriétés antiseptiques bien connues des vapeurs mercurielles les rendraient-elles capables d'agir destructivement sur le microbe de la tuberculose? C'est une question qui vaut la peine d'être sérieusement étudiée, et on ne voit, *a priori*, aucune raison pour qu'on doive la résoudre par la négative.

En sus des quatre cas de guérison qui viennent d'être rapportés, Müller en a obtenu deux autres encore, sur des syphilitiques mis au régime de l'inhalation des vapeurs mercurielles provenant, cette fois, de mercure incorporé à de l'argile et placé sur des assiettes, dans la chambre des malades.

Rémond, qui s'est proposé de contrôler les recherches de Müller, a procédé de la manière suivante. Son sujet était une jeune fille de vingt-deux ans, récemment infectée, et d'ailleurs bien portante, qui présentait une éruption composée de papules et de vésicules multiples, répandues sur un fond de taches rosées occupant la poitrine, le ventre, le côté interne des cuisses et les bras du côté de la flexion. La malade fut placée dans un cabinet de 50 mètres cubes de capacité, où l'air était renouvelé le moins souvent possible et maintenu à un état constant de saturation par les vapeurs émanant de huit doses, contenant chacune 9 grammes de mercure éteint dans de la craie et donnant, en tout, 1,5 mètre carré de surface émissive.

Dès le premier jour de son entrée dans ce cabinet, la malade élimina du mercure par les urines, et il en fut régulièrement ainsi jusqu'au jour de sa sortie, l'élimination portant sur des doses toujours croissantes de métal, qui eurent bientôt atteint la moyenne de 7 à 8 milligrammes par jour.

Après huit jours d'inhalation, les vésicules des avant-bras séchaient et se recouvraient de petites croûtes squammeuses; après huit jours encore, l'éruption se modifiait de la même manière aux cuisses et au ventre, et la chute des croûtes marquait un nouveau progrès dans la cure, lorsque celle-ci fut interrompue parce que la malade se trouvait réduite à un état d'extrême anémie, par suite de son séjour permanent dans un espace où l'air était renouvelé très rarement. A un certain moment, elle se plaignit de mal aux gencives et de coryza, mais ces douleurs disparurent sans traitement.

Le résultat obtenu par Rémond confirme donc pleinement ceux que Müller avait déjà mis en lumière, et nous pouvons, dès lors, affirmer, en toute assurance, les deux faits fondamentaux qui suivent :

1° Les frictions ne fournissent du mercure à l'économie qu'à l'état de vapeurs, dont l'absorption a lieu exclusivement par la voie de l'inhalation pulmonaire.

2° Les vapeurs mercurielles, émises à une température inférieure à celle du corps et absorbées par les poumons, ont sur la syphilis une action curative dont l'efficacité est indéniablement démontrée.

C'est donc aux vapeurs de mercure que le traitement par les frictions doit toute sa valeur thérapeutique, et l'on sait ce que les praticiens les plus compétents et les plus autorisés pensent de lui à cet égard. Tous s'accordent pour le considérer comme le mode d'administration du mercure de beaucoup le plus actif, le plus sûr et le mieux supporté; mais tout en proclamant bien hautement la supériorité de ses avantages, on ne l'emploie relativement que fort peu dans la pratique courante, et les mieux disposés en sa faveur, comme Fournier, par exemple, attendent pour y avoir recours que des cas d'une urgence bien démontrée viennent, en quelque sorte, les y contraindre.

Si les frictions, malgré la puissance bien reconnue de leur action curative, sont ainsi délaissées, cela vient de ce qu'on trouve à leur emploi des inconvénients, on va même jusqu'à dire, des dangers, qui font souvent, et avec raison, reculer devant leur application. On leur reproche leur malpropreté notoire qui est faite pour inspirer d'insurmontables répugnances, l'impossibilité où l'on est de les administrer avec le secret qu'exige la position de certains malades, et enfin la facilité avec laquelle elles provoquent, dit-on, la stomatite et la salivation, en marquant ces accidents d'un caractère exceptionnel de gravité qui peut aller jusqu'à les rendre mortels. Ce dernier reproche est loin d'être fondé, car on sait parfaitement aujourd'hui comment il faut procéder pour empêcher les frictions de produire des désordres buccaux; mais elles restent sous le coup des deux autres, et cela suffit pour justifier les fins de non-recevoir qu'on leur oppose, même dans les cas où on aurait les meilleurs effets à attendre de leur intervention thérapeutique.

Dans ces conditions, il y avait un intérêt très réel à rechercher s'il ne serait pas possible de leur substituer un mode de traitement qui posséderait tous leurs avantages, sans les faire acheter au prix des mêmes inconvénients; et voici à quels résultats m'a conduit cette recherche.

Comme les frictions doivent exclusivement leurs effets curatifs à l'action des vapeurs qu'elles émettent, la question à résoudre, en ce qui concerne leur remplacement, se réduit à ces termes fort simples : trouver un moyen commode et sûr d'obtenir une émission de même nature, et dans des conditions qui puissent se prêter facilement à l'absorption pulmonaire.

Il est de toute évidence qu'on ne saurait trouver ce moyen dans la claustration plus ou moins rigoureuse à laquelle Müller et Rémond ont condamné les sujets de leurs expériences, afin de les faire respirer dans une atmosphère confinée, constamment saturée de vapeurs mercurielles. C'est seulement dans les hospices de vénériens qu'un pareil mode de traitement pourrait être efficacement appliqué, et, là même, son application entraînerait de telles complications et de telles difficultés de service, qu'on ne voit pas comment on devrait s'y prendre pour la généraliser avec quelque chance de succès.

Dans le cas présent, l'objectif à réaliser était de départir individuellement à chaque malade, dans la clientèle de ville comme dans les hôpitaux, la dose thérapeutique de mercure qu'il convenait de lui faire absorber sous forme de vapeurs; au lieu de demander cette réalisation à l'emploi des frictions, on l'obtient beaucoup plus sûrement encore par l'emploi de flanelles mercurisées, qui ont, toutes choses égales d'ailleurs, un pouvoir émissif de beaucoup supérieur à celui des surfaces cutanées enduites.

J'ai dit précédemment comment ces flanelles se préparent par une double immersion dans le nitrate acide mercureux et dans l'eau ammoniacale; elles sortent de ce second bain profondément imprégnées de mercure réduit, qui doit être très adhérent si l'opération a été bien conduite, et que son état d'extrême division rend particulièrement propre à émettre abondamment des vapeurs. En plaçant, en effet, sur une de ces flanelles, du papier rayé, à l'azotate d'argent ammoniacal, on le voit s'impressionner beaucoup plus promptement et beaucoup plus fortement que sur des surfaces enduites présentant la même étendue.

Pour utiliser pratiquement le pouvoir émissif de ces flanelles on peut les employer, soit sous forme de plastrons qu'on porte suspendus au cou par-dessus le linge de corps, soit en les enfermant dans des sacs bien clos en toile fine, et d'un tissu très serré, qu'on fixe au traversin sur lequel on appuie la tête en dormant. Dans ce second cas le sac est nécessaire pour empêcher l'absorption des poussières que le frottement détache inévitablement des flanelles, et dont l'inhalation ou l'ingestion sont également dangereuses. On peut, à la rigueur, se passer de ce sac, en se contentant de piquer simplement les flanelles au-dessous du drap qui recouvre le traversin.

De ces deux modes d'emploi des flanelles mercurisées, le second est, sans contredit, celui qui garantit le plus sûrement la pénétration directe du mercure en vapeurs dans les voies respiratoires; c'est aussi celui qui donne le moins d'embarras aux malades, car il ne les oblige pas à dormir la tête sous les couvertures, comme cela est nécessaire pour obtenir du traitement par les plastrons, aussi bien que du traitement par les frictions, le maximum de leur effet curatif.

De quelque façon, d'ailleurs, que les flanelles mercurisées soient employées, elles ne peuvent efficacement servir aux malades que pendant le temps où ceux-ci séjournent au lit; et la proportion de mercure qu'ils absorbent est en raison directe de la longueur même de ce séjour. Si donc on tenait à rendre, pour eux, cette absorption continue, on devrait les astreindre à rester couchés pendant toute la durée de la cure, et Schutzenberger en usait ainsi avec les syphilitiques sur lesquels il opérait par la méthode des frictions, dans le but de les amener à un état de saturation mercurielle qu'il jugeait nécessaire à leur prompte et complète guérison. Les résultats qu'il obtenait avec les frictions, en les administrant suivant la règle qu'il avait adoptée, pourraient être encore plus facilement obtenus avec les flanelles mercurisées, mais les principes dont s'inspirait Schutzenberger dans l'application de son traitement ne sont plus en faveur aujourd'hui, et, au lieu de chercher à produire des saturations d'emblée, on préfère recourir à la médication fractionnée qui procède par petites doses, répétées aussi longtemps que cela est nécessaire pour la réalisation de l'effet curatif qu'on a particulièrement en vue. Les résultats fournis par la méthode des injections sous-cutanées, dans le traitement de la syphilis, montrent que les composés injectés, quelques divergences de formules qu'ils présentent, sont tous à peu près également efficaces lorsqu'ils introduisent quotidiennement dans l'économie des quantités de mercure effectif variant, suivant la gravité des cas, entre 4 et 20 milligrammes. Toutes les doses de ce métal comprises entre ces deux limites sont donc des doses thérapeutiques, et tout ce qui dépasserait la limite supérieure ne serait pas seulement inutile, mais pourrait aussi devenir dangereux, à la longue. Pour éviter ces inutilités et ces dangers dans l'emploi des flanelles mercurisées, il importe de savoir dans quelle mesure elles sont susceptibles de procurer du mercure à l'économie, et on a des moyens de se renseigner à cet égard avec assez de précision.

Nous avons vu que le mercure, inhalé en vapeurs, pénètre directement dans le sang dont il se sépare bientôt, soit pour aller se fixer sur certains éléments des tissus qui le retiennent momentanément dans leur trame, soit pour être entraîné hors de l'organisme en se mêlant aux produits éliminés par voie de sécrétion.

Comme son apparition dans le liquide sanguin est suivie de très près par sa disparition, et que celle-ci a lieu au niveau des capillaires de la grande circulation, on voit qu'il doit être très inégalement réparti entre le sang artériel et le sang veineux, et que, relativement abondant dans le premier, il doit n'exister qu'en proportion très faible dans le second, ou même y manquer complètement. Lors donc qu'un sujet est mis au régime de l'inhalation des vapeurs mercurielles, à chaque nouvelle inspiration d'air saturé de ces vapeurs, les ondées de sang veineux qui arrivent en conflit avec elles ne contenant que très peu, ou point de mercure, les conditions de l'absorption de ce métal se retrouvent sensiblement les mêmes qu'à l'inhalation précédente, et cette absorption est ainsi complètement assimilable, dans sa marche, à celle de l'oxygène atmosphérique.

Cela étant, comme on sait quelle est dans un temps déterminé, une heure par exemple, la proportion de l'oxygène absorbé par rapport à celle de l'oxygène inspiré, on est autorisé à admettre que la même loi de proportionnalité s'applique aux vapeurs mercurielles; et la connaissance de cette loi rend possible la détermination du poids de mercure que l'air saturé des vapeurs de ce métal, dans des conditions définies, peut fournir à l'économie après une heure de respiration continue.

Dans le cas d'un malade au lit, portant un plastron de flanelle mercurisée et tenant sa tête sous les couvertures, ou bien dormant la tête appuyée sur un sac en toile fine renfermant un large coupon de la même flanelle, on peut admettre que l'émission des vapeurs a lieu à la température moyenne de 20 degrés et que l'air ambiant respiré par le malade est saturé de ces vapeurs. Dans ces conditions, le volume d'oxygène absorbé par le sang pouvant être très approximativement évalué à 23 litres par heure, pendant le jour, à 20 litres pendant la nuit. Si ce gaz est saturé de vapeurs mercurielles à 20 degrés, il suffira de calculer la proportion de ces vapeurs qu'il peut contenir alors à saturation pour connaître la dose de mercure introduite en une heure dans l'organisme; on en trouve l'expression dans la formule suivante:

$$p = \frac{20 \times 1^{\text{g}},299 \times 6,9}{(1 + \alpha 20)(1 + \alpha' 20)} \times \frac{0,0066}{760},$$

dans laquelle 6,9 est la densité de la vapeur mercurielle à zéro, 0,0066 la tension maximum de cette vapeur, en millimètres, à la température de 20 degrés, déduite de la formule de Bertrand, et α' le coefficient de dilatation des vapeurs mercurielles que j'ai pris égal à celui de l'acide sulfureux.

Tous calculs effectués, le résultat numérique obtenu permet d'affirmer qu'en se plaçant bien effectivement dans les conditions requises pour s'assurer la possibilité de respirer pendant une heure de l'air saturé des vapeurs mercurielles à des températures voisines de 20 degrés, il y a, de ce fait, $1^{\text{millig}},39$ de mercure absorbé par les voies pulmonaires.

S'il s'agit d'un malade dont le séjour au lit se prolonge, comme c'est le cas ordinaire, pendant une huitaine d'heures, l'absorption portera sur 11 milligrammes environ de mercure, et avec cette mesure quotidienne on a au delà de ce qui est nécessaire pour répondre aux exigences des traitements qu'appliquent les doses thérapeutiques les plus élevées.

Nous pouvons déduire ces doses des données fournies par les recherches qui ont nettement réglé et fixé les conditions posologiques de l'administration du plus universellement employé des médicaments antisyphilitiques, le classique bichlorure de mercure ingéré par la voie stomacale.

Suivant le plus ou moins de gravité des cas qu'il est destiné à combattre, on l'ordonne quotidiennement à des doses dont l'échelle de variation est comprise entre 1 et 50 milligrammes, et, puisque celle-ci marque la limite supérieure à laquelle on s'arrête dans l'emploi de ce sel, il suffira d'évaluer la proportion de mercure effectif qu'elle est susceptible de fournir à l'absorption pour savoir celle que devront aussi fournir toutes les autres médications substitutives.

Or, 50 milligrammes de bichlorure contiennent, en nombre rond, 37 milligrammes de mercure, dont Hayem (35) a démontré que les 72/100 étaient rejetés par les fèces, ce qui réduit la part de l'absorption quotidienne à 10 milligrammes environ, dans les cas exceptionnels où on a besoin de la porter à son maximum.

Pour les cas moyens la dose indiquée serait donc de 4 à 5 milligrammes, et on a comme preuve de l'efficacité de cette dose les remarquables résultats de la méthode suivie par Liégeois (36) dans le traitement de la syphilis par les injections hypodermiques de sublimé.

Deux fois par jour, cet éminent clinicien injectait à ses malades un gramme d'une solution aqueuse de sublimé contenant un peu plus de 2 milligrammes de ce sel, et à peine, dans ces conditions, les deux injections quotidiennes introduisaient-elles dans l'organisme 4 milligrammes de mercure métallique. Avec cette faible absorption mercurielle, sur 218 observations personnelles de syphilis secondaire recueillies par lui, Liégeois a constaté 127 guérisons après trente-quatre jours de traitement en moyenne, et 69 améliorations après vingt-cinq jours. Les récidives, dans le premier cas, ont été de 9 p. 100 seulement, et 30 p. 100 dans le second.

On a, aujourd'hui, à peu près complètement renoncé à l'emploi du bichlorure et des autres composés mercuriels solubles dans l'application de la méthode hypodermique au traitement de la syphilis et on les a remplacés par des composés insolubles dont les plus en faveur sont le protochlorure et l'oxyde jaune de mercure. Cette faveur n'est pas imméritée; ils la doivent surtout, sans parler de leurs autres avantages, à la sûreté de leur action curative et à la précision qu'ils comportent dans leur dosage.

Grâce à cette précision, on a pu soumettre le traitement de la syphilis à une réglementation scientifique qui en assure l'uniformité et qui permet d'apprécier exactement dans quelle mesure s'y produit l'intervention du mercure métallique.

Après de nombreux tâtonnements, on s'est arrêté, pour l'emploi du calomel et de l'oxyde jaune de mercure, au manuel opératoire suivant : ces deux sels sont injectés également à la dose de dix centigrammes, et les injections, au début du traitement, sont renouvelées tous les huit à dix jours, à des places différentes, pendant une quarantaine de jours. Quatre injections consécutives ainsi pratiquées suffisent ordinairement pour amener la disparition de tous les symptômes morbides, mais la guérison n'est encore qu'ébauchée, et son achèvement final exige que les mêmes injections soient régulièrement continuées pendant deux ans, en les espaçant à un mois d'intervalle.

Nous n'avons à considérer ici que ce qui se passe pendant la première période du traitement, et, pour nous tenir dans nos appréciations au-dessus de la mesure des faits réellement accomplis, nous admettrons, ce qui n'est pas rigoureusement vrai, que tout le mercure d'une injection soit absorbé dans l'intervalle qui la sépare de la suivante. Dans ces conditions, voici ce que donnent les deux composés mercuriels qui font l'objet de notre étude.

Calomel. — 10 centigrammes ou 100 milligrammes de calomel contiennent 85 milligrammes de mercure, qui correspondent :

	milligr.
Pour un intervalle de 8 jours, à une absorption quotidienne de...........................	10,6
Pour un intervalle de 10 jours, à une absorption quotidienne de...........................	8,5
Moyenne............	9,5

Oxyde jaune. — Les 100 milligrammes de cet oxyde contiennent 92^{millig},62 de mercure, qui correspondent :

	milligr.
Pour un intervalle de 8 jours, à une absorption quotidienne de..........................	11,8
Pour un intervalle de 10 jours, à une absorption quotidienne de..........................	9,26
Moyenne...........	10,03

Ces deux moyennes, ainsi que je l'ai dit plus haut, sont au-dessus de la réalité; acceptons-les cependant comme véridiques, et nous serons assurés que la dose de mercure à introduire quotidiennement dans l'organisme pour combattre efficacement la syphilis est, au maximum, d'une dizaine de milligrammes.

On dépasse sensiblement ce maximum en respirant pendant huit heures de nuit de l'oxygène saturé de vapeurs mercurielles à vingt degrés, puisque cette respiration peut fournir à l'absorption 13 milligrammes de mercure métallique; mais comme la saturation de l'oxygène respiré suppose aussi celle de l'azote qui l'accompagne, il reste à savoir si les flanelles mercurielles se prêtent à cette double saturation.

Cette question qu'il importait essentiellement de résoudre, a été, de la part du Dr H. Bordier (37), le distingué préparateur du cours de physique médicale à la Faculté de médecine de Bordeaux, l'objet de recherches aussi méthodiquement conçues qu'habilement exécutées, dont voici les résultats :

Il a opéré sur des flanelles de coton du genre de celles qui servent à confectionner les serviettes éponges, et en les prenant d'un tissu aussi épais et aussi serré que possible. Après les avoir imprégnées de mercure réduit, par le procédé de la double immersion dans le nitrate acide de mercure et dans l'ammoniaque, il a recherché la quantité totale de mercure fixée par elles et la perte quotidienne qu'elles font de ce métal par évaporation à des températures déterminées. Pour se rapprocher le plus possible des conditions dans lesquelles cette évaporation se produit au lit des malades, les flanelles sur lesquelles il expérimentait sont restées enveloppées dans des sacs en toile fine perméables aux vapeurs, imperméables aux poussières, où on doit toujours les renfermer lorsqu'on les met en service.

En rapportant au décimètre carré les résultats numériques auxquels il est arrivé, il a trouvé qu'une flanelle de cette dimension fixait 1gr065 de mercure métallique réduit, et qu'elle en perdait, en une heure, 1milligr,95 par évaporation, à la température de 20 degrés, qui est sensiblement celle à laquelle les flanelles employées cliniquement se trouvent portées, lorsqu'on les dispose *le plus près possible des voies respiratoires.*

En partant de ces données déduites, comme je l'ai dit, d'expériences conduites avec la plus irréprochable précision, on voit qu'avec 5 décimètres carrés seulement de surface, une flanelle fixerait un poids total de mercure de 5gr325 et que sa perte horaire par évaporation, à la température de 20 degrés, serait de 9milligr,75. Donc, pendant les huit heures de nuit où un malade restera sous l'influence de ses émanations, une pareille flanelle pourra fournir à l'air respiré par lui $9{,}75 \times 8 = 78$ milligrammes de mercure en vapeurs; et ces vapeurs dont l'émission se prolonge pendant huit heures, suffisent à la saturation de 1,134 litres d'air atmosphérique à 20 degrés, contenant 226 litres d'oxygène. Comme pendant le même temps, à 20 litres par heure, l'absorption d'un malade au lit ne porte que sur 160 litres environ d'oxygène, on voit que des flanelles de 5 décimètres carrés de surface émettent, dans un temps donné, plus de vapeurs qu'un malade ne saurait, dans le même temps, en absorber par les voies pulmonaires, et l'on peut, par conséquent, se contenter d'elles dans la pratique.

Quoiqu'on puisse, en toute rigueur, s'arrêter à cette limite, pour plus de sûreté je conseille cependant de la dépasser largement et de ne pas donner à la surface émissive des vapeurs mercurielles moins d'une dizaine de décimètres carrés d'étendue. On irait au delà, dans les cas qui exigent une prompte mercurialisation, que je n'y verrais aucun inconvénient, car, pour constituer avec des flanelles un mode régulier d'administration du mercure, il importe de les utiliser de façon à ce qu'elles saturent complètement l'air respiré par les malades, et elles seront d'autant plus aptes à réaliser ce résultat qu'elles auront une plus grande surface.

Même en exagérant leurs dimensions, elles seront encore d'un emploi peu dispendieux, car leur préparation n'entraîne aucune manipulation coûteuse, et elles n'exigent pas des renouvellements fréquents.

Une flanelle qui fixe 1gr065 de mercure par décimètre carré et qui perd en une heure 1millig,95 par la même surface, ou 46millig,80 en vingt-quatre heures, mettrait, en le maintenant constamment à la température de 20 degrés, plus de vingt jours à perdre tout son mercure. A huit heures seulement d'évaporation par jour, et renfermée pendant le reste de la journée dans un flacon hermétiquement bouché, c'est pendant près de deux mois qu'elle pourrait fonctionner.

Un malade de bonne volonté, bien averti des précautions qu'il doit prendre et bien dirigé par son médecin, pourra donc toujours, quand il sera traité par les flanelles, respirer, pendant les huit heures de son séjour au lit, de l'air bien saturé de vapeurs mercurielles et absorber ainsi tout le mercure vaporisé dans les 160 litres d'oxygène qui passent de cet air dans son sang, soit 11 milligrammes environ d'hydrargyre, lequel est un peu audessus de la dose quotidienne à laquelle on administre ordinairement ce métal.

Si on veut la dépasser, on n'aura qu'à prolonger le séjour du malade au lit ou à lui faire rouler pendant le jour les flanelles en tampon qu'il enveloppera d'un linge fin, et qu'il gardera en face et à une petite distance de sa bouche entr'ouverte.

En procédant ainsi on pourra forcer, autant qu'on le voudra, la dose thérapeutique moyenne.

C'est ce que j'ai constaté sur moi-même au cours de l'épreuve d'inhalation de vapeurs mercurielles à laquelle je me suis soumis pendant plus de trois mois et durant laquelle j'ai quotidiennement analysé mes urines et mes excréments. Ces analyses, toujours concordantes, ont accusé une élimination quotidienne de mercure qui a varié de 6 à 8 et quelquefois jusqu'à 9 milligrammes, ce qui correspond à une absorption de 9 à 13 ou 14 milligrammes; l'élévation de ces derniers chiffres s'expliquant par la prolongation de mon séjour au lit, ou par un complément de respiration diurne ajouté à la respiration nocturne.

D'autres analyses faites sur les excréments et les urines des malades qui avaient comme moi dormi la tête appuyée, en décubitus latéral, sur des traversins recouverts de flanelles mercurielles, m'ont donné des résultats numériques sensiblement d'accord avec ceux qui me sont personnels, et un peu supérieurs à ceux relevés pour des malades auxquels on s'était contenté de faire porter des plastrons mercuriels sur la poitrine.

Quoi qu'il en soit de cette légère différence, l'absorption du mercure, pour les deux catégories de malades, a toujours eu lieu aux doses thérapeutiques lorsque ces malades, usant de larges flanelles, ont été surveillés avec soin; ou, ce qui vaut mieux encore, lorsque convaincus que, pour tirer parti du traitement auquel ils se soumettaient, ils devaient s'attacher à le suivre scrupuleusement dans toutes ses prescriptions, ils se sont fait un cas de conscience de s'y conformer.

Dans tous les cas, sans exception, où ce traitement a été appliqué en prenant les précautions nécessaires pour lui faire rendre tout ce qu'il est capable de donner, on en a toujours obtenu les résultats les plus satisfaisants, et je pourrais rapporter ici de nombreuses observations qui en fournissent nettement la preuve. Parmi elles je me bornerai à publier celles dont je dois la communication à mon savant ami le Dr Rivière, professeur agrégé à la Faculté de médecine de Bordeaux, que je ne saurais trop vivement remercier de l'empressement dévoué avec lequel il a bien voulu se mettre à ma disposition pour la vérification pratique de mes vues théoriques.

Observations du Dr RIVIÈRE sur l'emploi des flanelles mercurielles dans le traitement des accidents de la syphilis.

« Depuis bientôt deux ans, je n'emploie plus, pour combattre les accidents secondaires de la syphilis, que les flanelles mercurielles; j'ai mis complètement de côté les frictions à l'onguent napolitain, aussi bien que les préparations mercurielles internes ou les injections sous-cutanées. Dans deux cas en particulier, mes malades n'ont été, ni avant, ni depuis, soumis à aucune autre forme de médication. Dans trois autres cas, j'ai substitué ce mode de traitement à ceux employés jusque-là.

» Des deux premiers cas, l'un est très probant.

» Le 2 août 1886, je reçois la visite d'un jeune homme atteint depuis deux mois environ d'une ulcération sur la verge, ulcération qu'il irritait à l'aide de caustiques et qui par suite avait pris des dimensions énormes, celles d'une amande, et un aspect spécial. On pouvait, d'autre part, constater la présence, dans le fond de la gorge, de nombreuses plaques muqueuses envahissant le voile du palais et le plancher de la bouche; les cheveux commençaient à tomber. Soumis aussitôt au port nocturne de la flanelle mercurielle et à l'iodure de potassium, il vit très rapidement disparaître tous les accidents secondaires. Il n'a pas, depuis cette époque, cessé complètement l'usage de la flanelle, et aucun autre accident syphilitique n'est survenu. A aucun moment il n'a montré le moindre symptôme d'intoxication.

» La deuxième observation concerne un jeune homme qui, atteint, nous disait-il, cinq ans auparavant d'un écoulement urétral très léger, guéri sans traitement, était sujet depuis cette époque à des troubles gastriques très marqués, à des douleurs céphaliques très vives et très fréquentes, à des poussées nombreuses vers la peau; les cheveux étaient tombés et la calvitie était presque complète. Persuadé, après un long et minutieux examen, que ce malade avait eu dans le temps un chancre urétral, nous le soumîmes au traitement par les flanelles et l'iodure de potassium. Bientôt tous les troubles signalés disparurent peu à peu, les cheveux repoussèrent vigoureusement, et le jeune homme jouit aujourd'hui d'une parfaite santé.

» Des trois autres cas, l'un concerne un jeune homme atteint d'accidents syphilitiques très graves, et entre autres d'iritis, et qui avait été traité à Toulouse, pendant plusieurs années, par le mercure à l'intérieur à haute dose. Du reste, chaque fois qu'il cessait trop longtemps l'usage du mercure, les accidents oculaires tendaient aussitôt à reparaître avec une nouvelle intensité. En revanche, l'estomac, fatigué par cet abus du mercure, en était arrivé à ne plus pouvoir digérer quoi que ce fût; l'anémie était profonde, et si les accidents syphilitiques se trouvaient conjurés, l'état général du patient se trouvait soumis à une rude épreuve. Nous suspendîmes aussitôt tout emploi du mercure à l'intérieur. Depuis plus d'un an, le malade ne quitte pas sa flanelle; il n'a présenté jusqu'ici aucun accident syphilitique; d'autre part, son estomac a repris un fonctionnement meilleur, et la santé générale s'est tellement améliorée que le patient n'est plus reconnaissable.

» Dans les deux autres cas, les malades, soumis tous deux pendant longtemps à l'emploi du mercure soit à l'intérieur, soit en frictions, étaient fort las du régime auquel on les soumettait. L'un, atteint aussi d'une syphilis grave, emploie constamment, depuis un an environ (sa syphilis date d'un an et demi), la flanelle mercurielle et n'accuse plus aucun accident. Le dernier, soumis à notre examen pendant quelques mois, a quitté la France pour le Brésil, emportant avec lui un lot de flanelle. Il a été depuis perdu de vue; mais il m'avait promis de me faire savoir si de nouveaux accidents étaient survenus. Il m'eût certainement tenu parole, et j'estime que son silence m'est l'indice d'un état de santé très satisfaisant.

» Dans aucun cas, les patients soumis à ce mode de traitement n'ont présenté le moindre symptôme d'intoxication mercurielle; *ils n'ont entre autres jamais eu de stomatite ni de salivation.* »

A ces intéressantes observations, je pourrais en ajouter un bon nombre d'autres encore; mais comme je ne les ai pas personnellement relevées, je m'abstiendrai de les rapporter ici parce que je manquerais trop d'autorité pour en soutenir la discussion (¹).

La question clinique dont j'ai dû forcément laisser l'examen de côté par suite de défaut absolu de moyens *ad hoc*, ne saurait être étudiée, si on trouve qu'elle en vaut la peine, que par des spécialistes disposant de services hospitaliers où ils pourront procéder à des recherches comparatives méthodiquement dirigées. C'est à eux qu'il appartiendra de juger cette question en dernier ressort; mais en la soumettant à leur tribunal, il m'importe, pour éviter toute méprise, de bien préciser en quels termes elle se pose.

Ce n'est pas, j'insiste tout particulièrement sur ce point, un traitement nouveau et plus ou moins aléatoire de la syphilis que je viens préconiser : c'est, au contraire, un traitement fort ancien déjà, puisqu'il date du début de la grande épidémie syphilitique de 1590, et d'une efficacité universellement reconnue, que je prends dans la pratique courante et dont je me borne, sans autre changement, à régulariser et à simplifier l'application.

Je ne propose, en effet, les flanelles mercurielles que comme un moyen commode et sûr de remplacer les frictions dans la thérapeutique de la syphilis, et, en dehors de cette destination, je me défends de prétendre rien de plus pour elle. Lors donc

---

(¹) Nous croyons cependant devoir mentionner ici les conclusions d'un travail récent qui vient confirmer les observations de M. le Dr Rivière.

Ce travail, dû à M. le Dr Frézouls (¹), a pour titre : *Traitement de la syphilis par les flanelles mercurielles.* On y trouve dix-sept observations soigneusement recueillies à l'hôpital Saint-Jean dans les services de MM. Arnozan et W. Dubreuilh, desquelles il résulte que « les flanelles mercurielles exercent une action curative incontestable sur les divers accidents de la syphilis ».

Voici d'ailleurs les conclusions de l'auteur :

« 1° Le mercure administré par les voies respiratoires, par l'intermédiaire des » flanelles mercurielles, agit très efficacement sur le chancre et les accidents » secondaires.

» 2° Cette méthode est préférable, sinon supérieure, aux frictions et aux » injections hypodermiques par la facilité de sa mise en pratique et par *l'absence » d'accidents buccaux;* elle donne les mêmes résultats sans en avoir les incon- » vénients.

» 3° On pourra la substituer à la méthode stomacale facilement, ce qui deviendra » indispensable si l'on veut agir rapidement ou si l'individu est déjà atteint d'une » maladie générale ou des voies digestives.

» 4° Elle permet d'appliquer plus facilement le traitement mixte. »

Drs BORDIER et CASSAET.

(¹) Frézouls. Thèse de Bordeaux, n° 4, 1893.

qu'on voudra les faire servir à des essais cliniques, il ne faudra ni leur demander au delà de ce qu'on demande aux frictions, ni les employer autrement que d'après les règles prescrites pour le bon emploi de ces dernières.

Ces réserves faites, s'il est des praticiens qui repoussent absolument les frictions parce qu'ils les considèrent, au point de vue de leur valeur thérapeutique, comme inférieures à d'autres modes de médication préférés par eux, il est évident que ceux-là devront, pour rester logiques avec leurs préventions, condamner *a priori* et repousser également les flanelles.

Pour être tenté de recourir à celles-ci, il faut d'abord croire aux frictions; mais, en admettant l'incontestable réalité de leur pouvoir curatif, il ne faut pas, non plus, en exagérer la portée.

Les frictions, en effet, ne sont pas indistinctement applicables au traitement de toutes les phases de l'évolution intégrale de la syphilis, et l'opportunité de leur intervention se décide sur des indications précises, à défaut desquelles elles sont formellement déconseillées. Dans les cas qui se prêtent à leur application, il y a, si l'on veut obtenir d'elles tout leur effet utile, à instituer un traitement méthodiquement combiné, dont les phases périodiques doivent suivre un ordre de succession rigoureusement déterminé, et dont les praticiens les plus compétents fixent la durée totale à un intervalle de plusieurs années.

Toutes les prescriptions essentielles relatives à l'emploi rationnel des frictions doivent aussi être scrupuleusement observées pour l'emploi des flanelles, et faute de s'y conformer on s'exposerait à d'inévitables mécomptes. Il n'est pas dit, cependant, qu'il suffira toujours d'opérer strictement selon la formule consacrée pour obtenir des guérisons à coup sûr, et si l'on ne s'étonne pas de voir parfois les frictions échouer, malgré toutes les précautions prises pour les faire réussir, si, pas plus pour elles que pour aucun autre mode de médication spécifique, on ne peut prétendre au privilège d'une infaillibilité curative absolue, pourquoi voudrait-on l'exiger des flanelles mercurielles?

Il importe d'ailleurs, avec elles, de se tenir particulièrement en garde contre une cause éventuelle d'insuccès qu'on pourrait être trop facilement tenté d'attribuer à leur insuffisance thérapeutique, alors qu'elle proviendrait d'un simple fait de négligence dans la surveillance qu'exige leur emploi.

Dans certains cas, en effet, cette surveillance s'impose étroitement aux praticiens qui auront recours à elles, et il ne sera pas superflu de fournir ici quelques explications à cet égard.

Si l'élimination, pour les malades, de tout assujettissement à des pratiques pénibles rend le régime des flanelles mercurielles éminemment facile à suivre par eux, quand ils veulent bien mettre tant soit peu de bonne volonté à s'y prêter, ils trouvent, par contre, autant de facilité à s'en affranchir lorsqu'ils ne le subissent qu'avec défiance, et on risque de rencontrer ces dispositions hostiles chez beaucoup d'entre eux.

Pour les uns, appartenant à la catégorie de ceux qui refusent de se croire convenablement traités tant qu'on ne les drogue pas à outrance, et qui mesurent le mérite d'une médication au degré de violence des troubles qu'elle provoque, ces lambeaux d'étoffe noircie, dont l'action thérapeutique s'exerce sans aucune réaction sensible sur l'organisme, feront l'effet d'amulettes sans valeur, qu'ils tiendront en fort médiocre estime et qu'ils s'empresseront de rejeter dédaigneusement.

Pour les autres, imbus des plus aveugles préjugés à l'encontre du mercure, un traitement emportant l'obligation de respirer à pleins poumons les redoutables vapeurs d'un métal aussi mal famé, prendra le caractère d'un empoisonnement véritable; aussi les flanelles leur seront-elles profondément suspectes et ne manqueront-ils pas de s'en débarrasser dès qu'ils ne seront plus sous la surveillance immédiate de leur médecin. Si celui-ci se contente de constater que ces flanelles sont régulièrement en place au moment de sa visite, sans s'inquiéter de ce qu'elles deviennent en son absence, il penchera naturellement à mettre sur le compte de la nullité de leur action thérapeutique l'insuccès d'un essai qu'il aura tenté peut-être sans beaucoup de conviction, et que sa négligence seule aura fait avorter.

Pour n'avoir pas à lutter contre le mauvais vouloir latent des malades, on devra, avant de les mettre au régime de l'inhalation des vapeurs du mercure, s'attacher, autant que cela sera possible, à dissiper leurs préventions contre ce métal et à les convaincre qu'ils n'ont aucun danger à redouter de son emploi.

On n'aura généralement pas de peine à y réussir auprès de ceux de la clientèle de ville, préparés qu'ils seront à comprendre les explications rassurantes dont ils tiendront à faire leur profit; mais cela ne sera pas aussi facile auprès des malades de la clientèle hospitalière, peu faits pour être touchés par des arguments scientifiques et auxquels il conviendra, dans la plupart des cas, de n'accorder qu'une confiance très limitée : ce qui impose l'obligation de les surveiller rigoureusement.

Le meilleur moyen de s'assurer qu'ils usent des flanelles sans tricherie sera de procéder quotidiennement à la recherche analytique du mercure dans leurs urines et dans leurs excréments, ce qui est facile par la méthode que j'ai décrite dans un chapitre précédent, et ces analyses, en démontrant la réalité du fait de l'absorption mercurielle, permettront aussi au praticien de le suivre dans les phases par lesquelles il peut passer.

A l'obligation où ils seront de recourir à ces moyens de surveillance et de contrôle s'ajoutera pour eux celle d'éprouver, avant de les employer, les flanelles qu'ils mettront en service, afin de se rendre préalablement compte de leur pouvoir émissif. Mal préparées, ce qui peut arriver, elles seraient trop faiblement imprégnées de mercure réduit pour émettre à dose thérapeutique les vapeurs de métal qu'elles doivent fournir à l'inhalation, et elles deviendraient, de ce fait, complètement inefficaces. Comme rien dans leur apparence extérieure n'indique si elles sont plus ou moins riches en mercure, le seul moyen qu'on aura de se renseigner à cet égard sera de les essayer au papier réactif à l'azotate d'argent ammoniacal, qu'elles impressionneront à des degrés divers, suivant la grandeur variable de leur pouvoir émissif. Quelque élevé qu'il soit au début, ce pouvoir lui-même va progressivement en s'affaiblissant avec le temps et finit nécessairement par disparaître; mais il ne faut pas attendre que les flanelles soient entièrement épuisées pour les remplacer, et, ici encore, c'est par des essais au papier réactif, de temps en temps renouvelés, qu'on déterminera le moment opportun pour leur remplacement.

Comme elles n'émettent pas seulement des vapeurs, mais qu'il peut aussi s'en détacher, plus ou moins abondamment, des poussières provenant de la désagrégation partielle de leurs tissus pendant leur préparation, et que ces poussières organiques, imprégnées de mercure réduit, ne doivent pas avoir accès dans les voies respiratoires, où elles provoqueraient infailliblement des accidents inflammatoires, il importe essentiellement de les empêcher d'y pénétrer. On y réussira toujours, et très sûrement, en renfermant purement et simplement les flanelles, quel que soit leur mode d'emploi, dans un sac bien clos, en linge fin à mailles suffisamment serrées. J'avais cru d'abord qu'on pouvait se dispenser de les envelopper ainsi lorsqu'on les portait, en guise de plastrons, sur la poitrine; mais comme en les approchant alors trop près de la bouche on s'exposerait à des risques de stomatite par suite de l'inhalation de leurs poussières, pour les rendre sûrement inoffensives il ne faudra jamais les séparer de leur enveloppe.

En leur ôtant toute possibilité de nuire, cette précaution, fidèlement observée, permettra de respirer leurs émanations d'aussi près qu'on voudra, et les malades porteurs de plastrons formés par des flanelles enveloppées pourront relever celles-ci à la hauteur de leur bouche sans avoir à redouter aucun effet nuisible des vapeurs saturées qu'ils respireront alors, puisqu'elles seront absolument pures de tout mélange poussiéreux.

A la recommandation de n'employer les flanelles mercurielles que sous enveloppes, je dois encore insister sur celle de ne pas les réduire à des dimensions trop exiguës, si l'on ne veut pas fortement compromettre le succès du traitement auquel on les fera servir.

Le mercure administré dans ce traitement, l'étant, en effet, sous forme de vapeurs inhalées, il y a manifestement intérêt à faire agir celles-ci de telle façon que leur action produise son maximum d'effet curatif, et qu'elle s'exerce dans des conditions qui permettent, tout à la fois, de la définir et de la régler; ce qui n'est possible que par l'emploi de vapeurs, sinon rigoureusement saturées, du moins dans un état très voisin de la saturation. Cette saturation devant d'autant plus facilement se réaliser que les flanelles auront une surface émissive plus grande, on voit qu'il y aura tout profit, au point de vue thérapeutique, à exagérer plutôt qu'à restreindre leurs dimensions, et pour ne rien leur faire perdre de leur efficacité, il m'a paru qu'il ne fallait pas leur donner moins de 8 à 10 décimètres carrés de surface, comme je l'ai toujours recommandé; et il y aurait avantage à dépasser cette mesure.

Comme j'ai démontré, d'autre part, que les vapeurs saturées, pourvu qu'elles soient émises à des températures inférieures à celle de l'organisme qui les absorbe, ne font courir aucun risque d'accidents buccaux ou gastro-intestinaux, leur innocuité aujourd'hui bien établie fait pleinement tomber l'objection qu'on leur opposait pour les prohiber absolument dans le traitement de la syphilis. Je ne me porte garant que de leur innocuité; pour le reste, ce que je puis affirmer c'est que, toutes les fois, à ma connaissance, qu'on les a mises en œuvre pour le traitement de la syphilis, et que, grâce aux précautions prises *ad hoc*, le mercure fourni par elles à la respiration a été absorbé à doses thérapeutiques, leur action curative a pu être nettement constatée.

C'est un résultat auquel les mercurialistes purs ne sauraient manquer d'applaudir et qu'ils seront certainement heureux d'enregistrer, car ils sont unanimes à proclamer que le mercure, sous quelque forme, simple ou composée, qu'on l'administre, conserve toujours son action spécifique sur la syphilis, et ils se refuseront à admettre sans preuves bien rigoureusement établies, que ce métal doive perdre sa spécificité thérapeutique par le seul fait de son administration à l'état de vapeurs.

Si cette question devenait plus tard l'objet d'un débat contradictoire, ce n'est pas à coup d'observations cliniques qu'on arriverait à la trancher définitivement. Avant de la porter sur ce terrain, il faudra d'abord faire table rase des nombreuses expériences sur lesquelles je me suis appuyé pour conclure que les frictions ne fournissent à l'organisme aucune trace de mercure, ni libre, ni combiné, par voie d'absorption cutanée. S'il reste acquis que ces expériences sont exactes, s'il est vrai, par conséquent, que les frictions agissent exclusivement par les vapeurs qu'elles émettent, le preuve se trouve ainsi suffisamment faite de l'efficacité de ces vapeurs dans le traitement de la syphilis.

On pourrait objecter qu'elles possèdent cette efficacité quand elles sont émises par l'onguent mercuriel, mais qu'elles la perdent quand elles sont émises par les flanelles, et si je protestais contre ce qu'il y a de paradoxal à leur attribuer un mode d'action variable avec leur provenance, on ne manquerait pas de me répliquer que j'en fais autant, moi-même, quand j'affirme leur aptitude à guérir la syphilis, avec ou sans risques d'accidents buccaux, suivant qu'elles proviennent des frictions ou des flanelles.

A première impression, il y a lieu de s'étonner, en effet, de voir que deux traitements dont je proclame l'identité absolue, en principe, soient, en fait, séparés par une différence aussi radicale, et il y a là une antinomie apparente dont on est évidemment en droit de me demander l'explication.

L'innocuité des flanelles mercurielles s'explique facilement lorsqu'on sait, comme je l'ai démontré, que les vapeurs émises par elles, et pénétrant dans les voies respiratoires, n'exercent aucune action irritante sur les muqueuses buccale et gingivale, *pourvu qu'elles aient été émises à une température inférieure à celle de la bouche* [1].

---

[1] D'après ce que M. Merget a écrit dans les pages précédentes et d'après ses communications verbales, l'emploi des flanelles mercurielles lui semblait en effet devoir être restreint à la nuit, en raison de la constance de la température du milieu où se trouve, à ce moment, placée la flanelle, température qui a été évaluée par l'auteur à 20 degrés environ.

Drs Bordier et Cassaet.

Quant aux frictions, il y a longtemps qu'on cherche à se rendre compte des causes vraies de leur nocivité possible, et cette question, malgré les nombreuses controverses dont elle a été l'objet, est encore discutée aujourd'hui. Elle appelait donc des recherches nouvelles, que j'ai tentées à mon tour, et dont le chapitre qui va suivre contiendra l'exposition.

CHAPITRE VII

De la stomatite et de la salivation dans leurs rapports avec les frictions mercurielles.

Il reste bien entendu qu'il s'agit exclusivement, ici, des frictions opérées avec l'onguent napolitain normal, c'est-à-dire absolument pur de tout mélange d'oxyde, et appliqué de manière à éviter toute lésion de la peau. Dans ces conditions, il n'y a pas, comme nous l'avons vu, de trace d'absorption cutanée, et l'onguent n'intervient que par les vapeurs qu'il fournit à l'inhalation. Tout se réduit donc à bien déterminer le rôle de ces vapeurs dans le mécanisme de la production de la stomatite et de la salivation, et c'est sur ce point qu'il y a défaut d'entente et confusion générale.

Pour un grand nombre de savants, les vapeurs inhalées n'exerceraient pas d'action immédiate et directe ; elles seraient absorbées sans provoquer d'accidents buccaux, et c'est le mercure, ainsi fourni par elles à l'économie, qui ferait tout le mal en s'éliminant.

Comme il arrive fréquemment que la stomatite se déclare seule, sans accompagnement aucun de salivation, ceux qui ont voulu tenir compte de ce fait l'ont interprété comme il suit. Ils ont prétendu que l'acte même de la salivation mercurielle n'entraînait aucun dommage pour l'organe sécréteur, mais qu'une fois déversée dans la bouche, cette salive, par suite de son contact prolongé avec la muqueuse buccale, devenait pour celle-ci la cause d'une irritation d'autant plus vive que le mercure éliminé y prenait une part plus active. La stomatite serait donc, pour eux, le phénomène initial ; lorsqu'elle est légère, on n'observerait rien de plus, mais en devenant intense elle pourrait s'étendre aux glandes salivaires elles-mêmes, et c'est ainsi qu'apparaîtrait secondairement la salivation.

Pour Brasse et Wirth (38), au contraire, il n'y aurait entre les deux accidents aucun lien de dépendance mutuelle, et la stomatite, tout en n'ayant lieu qu'en présence d'une salive contenant du mercure, serait le phénomène unique quand la proportion de ce métal serait très faible, tandis que des proportions plus fortes provoqueraient la salivation.

Dans la généralité des cas, dès que l'élimination mercurielle dépasserait une certaine limite, elle deviendrait une cause d'altération pathologique dans les organes qui en sont le siège, et cette limite serait atteinte au moment où la perte totale de mercure en 24 heures serait de 7 millig,5 se décomposant comme il suit : 4 milligrammes pour les urines, 1 millig,5 pour les excréments, 2 milligrammes pour la salive. Dès que les pertes partielles pour les reins, les glandes intestinales et les glandes salivaires seraient supérieures à ces chiffres, il en résulterait, pour ces organes, une lésion inflammatoire qui se traduirait toujours par une hypersécrétion plus ou moins prononcée.

Brasse et Wirth sont arrivés aux conclusions que nous venons d'énoncer en se basant sur les résultats d'expériences dont les sujets étaient des syphilitiques qu'ils traitaient par des injections sous-cutanées de sublimé associé au chlorure d'ammonium et à la peptone. Comme il s'agit ici de l'œuvre d'expérimentateurs habiles et consciencieux, nous devons accepter comme rigoureusement vrais les résultats annoncés par eux ; en exprimant toutefois cette légitime réserve qu'ils n'ont de valeur que pour les circonstances particulières dans lesquelles ils ont été obtenus.

Or, s'il est exact qu'il y ait hypersécrétion des glandes salivaires et de toutes les autres, quand le mercure introduit dans l'économie par la voie des injections sous-cutanées est éliminé en proportion supérieure à 7 millig,5 rien de pareil ne se produit quand l'élimination porte sur du mercure absorbé en vapeurs par la voie de l'inhalation pulmonaire, et cela peut se prouver par les faits les plus décisifs.

Dans l'expérience à laquelle je me suis soumis personnellement et que j'ai prolongée pendant plus de trois mois, la quantité de mercure que j'éliminais quotidiennement s'est, à peu près constamment, maintenue au-dessus de la limite à laquelle Brasse et Wirth font commencer l'action inflammatoire du métal éliminé, et je n'ai présenté aucun des phénomènes d'hypersécrétion salivaire, ou autres, qu'ils rattachent à ce mode d'inflammation.

Le cas de la femme syphilitique traitée par Rémond est plus significatif encore. Cette malade, comme nous l'avons vu, a été séquestrée, pendant près de trente jours, dans un étroit réduit, où l'air qu'elle respirait, renouvelé le moins possible, était constamment saturé de vapeurs mercurielles. A partir du cinquième jour de cette période de séquestration rigoureuse, elle a constamment éliminé de 7 à 8 milligrammes de mercure par les urines seules, ce qui suppose, d'après les données mêmes de Brasse et Wirth, une élimination totale d'environ 15 milligrammes, et jamais sujet mercurisé par inhalation ne fut placé dans des conditions aussi défavorablement compromettantes. Cela ne l'a pas empêchée, cependant, de tirer de sa cure un très réel avantage, accusé, au moment de l'interruption, par un progrès bien marqué vers la guérison; et malgré la proportion exagérée de l'élimination du mercure, malgré l'état d'extrême anémie auquel sa claustration rigoureuse l'avait réduite, en la prédisposant ainsi à toutes les cachexies, elle n'a eu ni stomatite ni salivation.

L'explication donnée par Brasse et Wirth de la genèse de ces deux accidents ne convient donc pas au cas de l'élimination du mercure par les glandes salivaires, après inhalation des vapeurs de ce métal; par suite, elle ne convient pas davantage au cas du traitement par la méthode d'inonction, puisque celle-ci doit toute son efficacité thérapeutique à une inhalation de ce genre.

Reste alors, pour rendre compte des effets nocifs des frictions, l'explication de Kirchgasser (39), qui attribue, comme nous l'avons vu plus haut, cette nocivité aux vapeurs émises par l'onguent, vapeurs qui interviendraient activement, soit parce qu'elles trouveraient sur la muqueuse buccale tous les éléments de leur transformation en sublimé, soit parce que leur état d'extrême division moléculaire les rendrait particulièrement irritantes.

Ce sont là deux assertions entièrement gratuites que Kirchgasser n'appuie sur aucune preuve de fait direct, car elles sont loin d'être justifiées par l'interprétation arbitraire qu'il donne d'une expérience déjà rapportée à la page 84 du chapitre IV de cette étude.

Les deux lapins soumis à cette expérience, étroitement renfermés dans une niche en bois, presque hermétiquement close, dont le plafond était enduit d'une couche d'onguent napolitain, vivant dans un milieu où l'air mal renouvelé était rendu plus malsain encore par une élévation anormale de la température, ne subissaient pas seulement l'influence des émanations mercurielles de l'onguent, mais aussi celle des produits volatils, fortement irritants, provenant du rancissement des corps gras mélangés au mercure. Il n'y a aucune raison pour incriminer la première, alors que la seconde suffit, ainsi que je le démontrerai plus tard, pour rendre complètement compte des faits observés, et comme les lapins de Kirchgasser n'ont eu, d'ailleurs, que de la stomatite, sans aucune trace de salivation, il n'y a manifestement aucune conclusion à tirer pour l'homme des résultats d'une expérience tentée dans des conditions aussi défectueuses.

J'ajouterai que ces résultats sont absolument contredits par ceux de mes nombreuses expériences sur les animaux d'espèces diverses que j'ai soumis à l'action des vapeurs mercurielles, en prenant les précautions nécessaires pour que celles-ci fussent seules à intervenir. Dans ces conditions, elles n'ont déterminé sur aucun des sujets expérimentés ni stomatite ni salivation, et on ne saurait douter de leur innocuité complète sous ce double rapport, alors que tant de faits la confirment si incontestablement.

On pourrait aller plus loin encore, et il serait presque permis d'affirmer que les vapeurs mercurielles, loin d'être une cause d'irritation pour la muqueuse buccale quand elle est saine, sont susceptibles, au contraire, de jouer à son égard le rôle d'agents curatifs quand elle est le siège d'une inflammation traumatique. C'est ce que le fait suivant tendrait à prouver : le chien de l'expérience IV du chapitre IV fut pris, dès le début de cette expérience, d'une gingivite ulcéreuse résultant des blessures qu'il s'était faites en assayant d'arracher la toile métallique qui le séparait des toiles mercurisées appliquées contre les parois de sa niche. Or, au moment de sa mort, il était complètement guéri de cette gingivite, et rien ne défend d'attribuer cette guérison à une véritable action cicatricielle des vapeurs mercurielles inhalées par l'animal. Dans tous les cas, si ces vapeurs n'ont pas déterminé ou favorisé la cicatrisation, il est déjà remarquable qu'elles n'en aient pas empêché le travail réparateur.

C'est là seulement ce que je tiens à faire ressortir dans ce fait particulier ; c'est par là qu'il se rattache essentiellement au fait général de l'inaptitude des vapeurs de mercure à provoquer les accidents de la stomatite et de la salivation mercurielles,

Si j'insiste pour bien établir qu'il n'y a rien — absolument rien — à redouter d'elles sous ce double rapport, c'est qu'on voit là, au contraire, le trait le plus caractéristique de la nocivité qu'un préjugé aussi universellement répandu que fortement enraciné leur attribue. Ce préjugé s'explique par la confusion qu'on a faite de leurs effets avec ceux du mercure en gouttelettes provenant de leur condensation, et c'est cette confusion qu'il importe avant tout de faire cesser.

Pour que les vapeurs mercurielles, quand elles sont inhalées, ne provoquent pas d'accidents buccaux, il est indispensablement nécessaire qu'elles restent vapeurs, *dans le sens strictement littéral de ce mot,* c'est-à-dire qu'elles conservent, *sans variation aucune,* leur état parfait de fluide élastique. Si elles se condensent, soit dans la bouche elle-même, où elles auraient pénétré à une température plus élevée que celle des parois de la cavité buccale, soit dans l'air respirable avec lequel elles se mélangent préalablement, elles ne sont plus seules à intervenir, et les troubles qu'on voit alors subvenir sont le fait particulier d'un agent nouveau, auquel cette fâcheuse complication doit être exclusivement attribuée.

Les expériences précédemment décrites de Barensprung et d'Eulenberg sont là pour nous apprendre ce qui arrive quand les vapeurs mercurielles, émises à des températures trop élevées et respirées dans ces conditions, donnent lieu, par leur condensation, à la production de fines gouttelettes de mercure liquide qui se condensent sur les parois de la cavité buccale. Ainsi mises en contact immédiat avec la muqueuse qui tapisse ces parois, elles jouent, par rapport à elle, le rôle de corps étrangers susceptibles, comme tels, d'exercer une action altérante provenant elle-même, soit d'une irritation purement mécanique, soit d'une désorganisation des tissus attaqués chimiquement par suite de la transformation du mercure en composés septiques.

Quel que soit d'ailleurs son mode d'action, le mercure liquide directement en rapport avec la muqueuse buccale devient pour elle la cause d'une inflammation plus ou moins intense, suivant qu'elle est produite par une quantité plus ou moins considérable du métal actif, si le rôle de celui-ci se borne alors à provoquer cette stomatite.

On ne saurait admettre, en effet, que des vapeurs chaudes puissent pénétrer à l'intérieur des glandes salivaires pour y former des dépôts par voie de condensation; on ne saurait admettre davantage que la pénétration intra-glandulaire des gouttelettes mercurielles déposées sur la muqueuse buccale s'effectue progressivement par voie de pénétration mécanique à travers les conduits excréteurs de la salive; et l'on doit considérer les glandes salivaires, dans le cas où l'inhalation des vapeurs mercurielles s'accompagne de leur condensation, comme se trouvant complètement à l'abri de toute atteinte due au contact immédiat du mercure condensé. Elles s'enflamment cependant à la suite d'inhalations de ce genre, et il en résulte alors pour elles une crise inévitable d'hypersécrétion; mais l'inflammation que détermine cette crise vient, sinon toujours, du moins dans l'immense majorité des cas, après celle de la muqueuse buccale, à laquelle elle est ordinairement subordonnée.

Fournier, qui admet cette subordination, en thèse générale, affirme cependant que la salivation peut aussi se produire indépendamment de toute phlogose buccale ; mais comme aucun des exemples que lui ou d'autres en rapportent n'a trait au cas spécial que nous examinons ici, celui où il y a condensation des vapeurs mercurielles inhalées, en s'en tenant à ce cas particulier on est, je crois, rigoureusement en droit d'affirmer que la salivation est toujours un phénomène secondaire, et que jamais elle ne se déclare d'emblée.

Non seulement elle a une stomatite comme antécédent nécessaire, mais il faut encore que cette stomatite aille jusqu'à la gingivite pour que le flux salivaire entre en scène. Les glandes salivaires ne sont atteintes qu'après les gencives, et celles-ci sont le véritable point de départ de la lésion inflammatoire qui s'étend progressivement et finit par gagner les organes sécréteurs.

Quand les vapeurs mercurielles sont émises à de très hautes températures, ce qui donne lieu forcément à une condensation abondante et à un dépôt non moins abondant de gouttelettes mercurielles sur toute la surface de la muqueuse buccale, la stomatite, la gingivite et la salivation sont très promptes à se produire et acquièrent ainsi bientôt un degré exceptionnel de gravité; des faits nombreux sont là pour l'attester.

Au début de la grande épidémie de syphilis qui éclata avec tant de violence vers la fin du XIIIe siècle, alors qu'on traitait ce mal par les fumigations ou par les frictions à chaud, les accidents buccaux étaient de règle constante ; on eût été surpris de les voir manquer, et ils étaient souvent d'une telle soudaineté qu'ils allaient jusqu'à frapper les malades dès la première séance du traitement. On sait, d'ailleurs, combien leurs conséquences étaient, ordinairement, désastreuses.

Dans un vaste incendie qui eut lieu, en 1810, aux mines d'Idria, et qui amena la volatilisation d'une masse énorme de mercure, plusieurs centaines de personnes furent prises, presque subitement, de stomatite et de salivation.

On a eu fréquemment l'occasion de constater qu'il en arrivait autant aux constructeurs de thermomètres et de baromètres, dans les cas de rupture brusque des tubes où ils faisaient bouillir le mercure; et quand les étincelles de l'extra-courant de rupture, tirées sur ce métal, sont très fortes et renouvelées à plusieurs reprises, l'inhalation des buées mercurielles qui les accompagnent ne tarde pas à provoquer une vive irritation de la muqueuse buccale avec ptyalisme consécutif.

Le fait suivant, qui a toute la valeur d'une expérience faite spécialement en vue de la question qui nous occupe, est surtout propre à mettre nettement en évidence le mode particulier d'action des gouttelettes mercurielles provenant de la condensation des vapeurs émises par ce métal à des températures élevées.

Dans le service de Bonnet (de Lyon), quand on voulait déterminer, chez un sujet en traitement, une salivation sûre, abondante et rapide, voici comment on procédait. On projetait sur des charbons ardents, ou sur une pelle rougie, gros comme un petit pois de mercure, et le patient, la tête recouverte d'un morceau de flanelle et la bouche ouverte, était exposé aux émanations du métal volatilisé à ces hautes températures. Comme les vapeurs provenant de cette volatilisation se condensaient immédiatement dans l'air froid où elles se diffusaient, c'était du mercure liquide en gouttelettes fines qui pénétrait dans les voies respiratoires et qui se déposait sur la muqueuse buccale. Là, son action irritante était si prompte à se produire qu'il suffisait habituellement de deux fumigations de cette sorte pour provoquer fortement la stomatite et la salivation.

Quand les vapeurs mercurielles destinées à être absorbées par inhalation sont émises à des températures très peu supérieures à celle de l'air respiré avec elles, ou à celle de la bouche, le léger refroidissement qu'elles éprouvent les fait se condenser en proportions très faibles, et les accidents buccaux qui surviennent alors, tout en étant plus lents à se produire, n'en sont pas moins inévitables. C'est dans ces conditions que prennent ordinairement naissance les accidents auxquels on s'expose par l'emploi de la méthode d'inonction, et qui sont surtout fréquents avec elle quand on l'applique de la manière suivante.

Les praticiens qui admettent que le mercure fourni par les frictions à l'organisme y pénètre en très grande partie, sinon en totalité, par voie d'absorption cutanée, ont été conduits, en vertu de cette opinion erronée, à les opérer aux places où la peau, par sa minceur et par sa moiteur, leur semblait se présenter dans les meilleures conditions de perméabilité, c'est-à-dire aux aisselles, à l'aine et à la face interne des cuisses. Or, c'est quand on frictionne à ces places de choix que les accidents buccaux sont principalement à redouter.

Considérons, en effet, pour nous borner à l'examen du cas le plus habituel, ce qui se passe quand les frictions sont pratiquées aux aisselles. Dans cette région, pendant tout le temps que le malade passe au lit, la température ne diffère pas sensiblement de la température centrale, ce qui fait qu'elle dépasse de plusieurs degrés celle de la cavité buccale du malade et celle de l'air respiré par lui. L'onguent napolitain employé en onction au creux de l'aisselle émet donc des vapeurs, qui, par suite de leur état de saturation à la température du milieu axiliaire, se condensent forcément en passant de ce milieu dans l'air respiré par le malade et dans la cavité buccale où cet air pénètre. Il y a donc alors inhalation inévitable de gouttelettes mercurielles, avec concomitance de tous les accidents qui en sont le cortège obligé. En les retrouvant ici après les avoir étudiées déjà dans leur cause générale, on voit aussi se reproduire les phases diverses de leur processus évolutif, et c'est toujours par une périostite alvéolo-dentaire qu'ils débutent, pour se continuer par de la gingivite et de la salivation. Les dents sont nécessaires pour que cette périostite se déclare; leur absence assure, à cet égard, l'immunité la plus complète, et c'est là un fait devenu banal, tant on a eu de fois l'occasion de le constater pratiquement. Il est acquis, en effet, depuis longtemps que la salivation ne se montre jamais chez les enfants avant leur dentition, quoique les frictions leur soient souvent administrées à de très hautes doses, quand ils sont atteints de syphilis congénitale. Les vieillards privés de leurs dents sont préservés de la même manière, et les mineurs d'Almaden et d'Idria savent bien que les accidents buccaux auxquels ils sont sujets cessent absolument à partir du jour où toutes leurs dents sont tombées; rien n'est plus commun, dans leur milieu, que de les entendre répéter le dicton suivant, passé à l'état de vérité proverbiale : *plus de dents, plus de maux de bouche.*

La part, toute mécanique d'ailleurs, que les dents prennent au développement de la périostite qui précède la gingivite et la salivation est facile à expliquer.

Comme elles sont à une température plus basse que celle des vapeurs saturées émises aux aisselles, elles jouent, par rapport à ces vapeurs, le rôle de corps froids sur lesquels s'opère la condensation, et leur face antérieure se recouvre ainsi d'un dépôt de fines gouttelettes mercurielles que le frottement des lèvres ramène constamment vers le collet des dents, où elles vont finalement se réunir dans le sillon formé par le repli gingival. Là, ces gouttelettes se trouvent en contact immédiat avec le périoste alvéolo-dentaire, par rapport auquel elles jouent le rôle de corps étranger et sur lequel elles paraissent exercer une véritable action élective, d'où résulte bientôt une inflammation plus ou moins intense qui est le point de départ de l'affection buccale.

C'est bien du collet que part l'inflammation; elle s'y manifeste par un liseré rouge vif, et dès son début, comme Fournier l'a constaté, on peut faire sourdre de la sertissure des dents, derrière la gencive imperceptiblement décollée, un liquide franchement purulent. Plus tard la gencive se gonfle, devient chaude, douloureuse, saignante; puis la muqueuse s'enflamme à son tour, et, rendue par là plus sensible aux irritants, elle provoque aussi plus facilement l'excitation réflexe des glandes salivaires, dont l'activité fonctionnelle peut alors démesurément s'accroître.

Ce qui a lieu quand les dents et les gencives sont saines, se reproduit, *a fortiori,* avec un degré marqué d'aggravation quand elles sont en mauvais état; aussi, Ricord indique-t-il la carie dentaire, les maladies des gencives et l'évolution des dents de sagesse comme autant de causes prédisposantes à la stomatite et à la salivation mercurielles.

Cette explication se justifie encore par la facilité avec laquelle elle rend compte du fait depuis longtemps constaté, mais non suffisamment défini dans sa cause, de l'influence du froid sur l'apparition plus fréquente et plus rapide des accidents buccaux qui peuvent résulter de l'usage des frictions. Si celles-ci ont bien le mode d'action que je viens d'indiquer, une condition nécessaire de leur bon emploi sera de maintenir couchés les malades en traitement. C'est alors, en effet, qu'ils seront dans la situation la plus favorable pour respirer à haute dose les vapeurs mercurielles émises par les surfaces ointes, et la chaleur du lit interviendra, en même temps, pour accroître cette émission dans des proportions considérables. Quand les malades sont levés, ces mêmes surfaces éprouvent un abaissement marqué de température qui diminue notablement leur pouvoir émissif; il y a donc alors une diminution très marquée dans la production des vapeurs mercurielles, et celles qui se dégagent dans de pareilles conditions sont à peu près totalement perdues pour la respiration, par suite de leur diffusion libre dans l'air ambiant.

On a reconnu depuis longtemps, en Allemagne, l'inutilité des frictions pendant le jour; aussi, dans la méthode de Sigmund, sont-elles renouvelées chaque soir, pendant toute la durée de la cure, à des places différentes qui sont lavées avec soin le lendemain matin; et le succès qu'on obtient de l'application de ces règles empiriques démontre pratiquement la justesse des considérations théoriques sur lesquelles je me suis appuyé pour affirmer que le traitement par les frictions doit toute son efficacité au soin qu'on a de l'employer exclusivement pendant la période de séjour des malades au lit.

En cet état de choses, plus la différence entre la température de l'air confiné du lit et celle de l'air extérieur sera grande, et plus aussi elle favorisera la condensation des vapeurs mercurielles, en augmentant d'autant les risques de stomatite et de salivation, et en rendant par là ces accidents plus fréquents en hiver qu'en été. J'ajouterai un dernier mot à l'explication que je viens de donner du mécanisme par lequel se produit la périostite alvéolo-dentaire qui est le point de départ de la stomatite mercurielle. S'il n'est pas possible de montrer par une preuve de fait directe que les gouttelettes de mercure, provenant de la condensation des vapeurs de ce métal sur la face antérieure des dents, viennent se réunir au bord libre des gencives, dans le repli que la muqueuse gingivale forme au niveau de la sertissure, on a du moins, pour affirmer que les choses se passent réellement de cette façon, des raisons empruntées aux analogies les plus frappantes.

C'est ainsi qu'on voit nettement, dans la gingivite des fumeurs, les particules charbonneuses arrêtées sur la face antérieure des dents être mécaniquement entraînées vers le bord libre des gencives et s'y localiser en produisant une irritation généralement fort légère. Le dépôt charbonneux qui se forme de cette façon est parfaitement apparent ; il colore en brun le collet de la dent, et s'interpose entre celui-ci et le bord gingival : on peut le faire disparaître par un simple brossage.

La gingivite saturnine se produit par un mécanisme en tout semblable : lorsqu'un ouvrier vit dans une atmosphère saturée de poussières plombiques, celles-ci, après avoir rencontré les dents qui les arrêtent au passage, viennent s'accumuler à la base de ces organes où elles forment un liséré, ardoisé d'abord, puis noirâtre quand il est plus intense, d'une épaisseur variant de 0,1 millimètre à 1 millimètre, qui siège à la sertissure des gencives. Il s'y transforme bientôt en sulfure de plomb dû à l'action de l'hydrogène sulfuré provenant, soit de la décomposition putride des parcelles alimentaires retenues entre les dents, soit des sulfures alcalins de la salive, et la présence de ce sulfure est facile à démontrer. On le voit, en effet, blanchir lorsqu'on le traite par l'eau oxygénée, puis reprendre sa couleur noire par l'addition d'une solution d'hydrogène sulfuré; et Pauvert, après l'avoir détaché du collet des dents, a constaté qu'il donnait, avec l'acide azotique et l'iodure de potassium, les réactions caractéristiques du plomb.

De l'ensemble de tous ces faits il se dégage une conclusion essentielle à noter au point de vue pratique ; c'est que, dans les diverses méthodes de traitement de la syphilis où l'on fait intervenir à un titre quelconque l'action thérapeutique des vapeurs mercurielles, on s'expose éventuellement au risque d'un même danger, celui de la provocation d'accidents plus ou moins intenses de stomatite et de salivation, par suite de la condensation toujours possible de ces vapeurs. Dans les deux méthodes des frictions et des flanelles, il faut donc compter avec la menace de ce danger; mais si toutes deux le comportent en principe, c'est avec la première seulement qu'il est sérieusement à craindre, tandis qu'il s'atténue, dans la seconde, au point de devenir à peu près complètement négligeable.

Avec les frictions, en effet, l'onguent employé prend toujours la température des portions de la surface de la peau qu'il recouvre, et comme ces surfaces, pendant le séjour des malades au lit, se mettent, elles-mêmes, en équilibre de température avec les régions profondes de l'organisme, on voit que l'onguent peut alors s'échauffer jusqu'à 37 ou 38 degrés : ce qui a lieu, surtout, lorsque les frictions sont pratiquées au creux des aisselles ou au pli de l'aine. Dans ces conditions, les vapeurs mercurielles sont émises à des températures supérieures, non seulement à celle de l'air ambiant, mais aussi à celles des dents et des gencives; elles doivent donc, si elles sont saturées, se condenser d'abord en passant de l'atmosphère du lit dans l'atmosphère extérieure, puis encore en pénétrant dans la cavité buccale, et donner ainsi naissance aux accidents qui sont la conséquence inévitable de cette condensation.

Je crois, d'ailleurs, qu'on se trompe en attribuant ces accidents, comme on le fait généralement, à l'action exclusive du mercure. L'influence nocive de ce métal, quand elle se produit dans les conditions que je viens de définir, se complique, en effet, de celle d'une cause perturbatrice qui joue un rôle actif, jusqu'à présent méconnu, dans la production des accidents que comporte éventuellement le traitement par la méthode des frictions.

Quand celles-ci sont appliquées sans aucun souci des soins nécessaires de propreté, l'onguent mercuriel, trop longtemps en contact avec la peau dont on néglige le nettoyage et altéré par les exsudations des sécrétions cutanées, rancit bientôt en dégageant des produits âcres et volatils dont l'influence nuisible est loin d'être négligeable. Irritants, en effet, comme ils le sont, et se trouvant, par suite de leur mélange avec l'air inhalé, en rapport direct avec les muqueuses gingivale et buccale, on n'a pas de raison pour refuser d'admettre qu'ils puissent les altérer, en y déterminant, suivant les cas, des lésions inflammatoires plus ou moins profondes.

La possibilité de ces altérations ressort nettement des résultats des recherches de Cloëz (40) sur le *rancissement des matières grasses dans des atmosphères limitées*. Ce savant, après avoir constaté que ce phénomène donne lieu à la formation d'un peu d'acroléine et à celle de la série des acides acrylique, acétique, formique, propionique et butyrique, a voulu voir, en outre, jusqu'où pourrait aller l'action irritante de ces corps volatils mélangés avec l'air de la respiration, et il a constaté qu'elle entraînait danger de mort pour les animaux de petite taille.

S'autorisant de ces faits, Cloëz en a conclu que l'homme ne saurait être impunément exposé aux émanations des corps gras rancis, et cela montre comment ils sont susceptibles d'intervenir dans la production des accidents buccaux inséparables de l'emploi des frictions dans le traitement de la syphilis lorsqu'on les applique sans prendre les précautions nécessaires pour les rendre inoffensives.

Ces précautions sont celles que d'éminents praticiens, tels que Panas, en France, Sigmund et Kirchgasser, en Allemagne, s'accordent à recommander comme le complément obligé de la mise en œuvre de la méthode d'inonction; elles se réduisent, dans ce qu'elles ont d'essentiel, à la rigoureuse observation des prescriptions suivantes :

1° Administrer quotidiennement les frictions, en prenant soin de les renouveler chaque soir à des places différentes et de nettoyer, le lendemain matin, les surfaces frottées la veille.

2° Éloigner l'onguent mercuriel de la bouche et du nez;

l'appliquer de préférence sur les membres inférieurs, plus rarement sur l'abdomen, jamais au creux des aisselles et au pli de l'aine.

3° Astreindre les malades à une grande régularité dans tout ce qui touche aux soins de l'hygiène buccale.

4° Entretenir le linge de corps et le linge de nuit dans un état constant d'extrême propreté.

5° Ventiler convenablement les pièces affectées aux malades pendant le jour.

6° Recourir assez fréquemment à l'usage des bains généraux.

En n'employant les frictions qu'avec le correctif obligé de ces mesures préventives de sûreté, on réussit toujours à les rendre complètement inoffensives; c'est là un fait de clinique expérimentale définitivement jugé aujourd'hui, et on en trouve surabondamment la confirmation dans la statistique des résultats obtenus par Panas, Sigmund et Kirchgasser.

Ce qu'il importe de remarquer ici, c'est que les précautions à l'aide desquelles ces savants spécialistes ont appris à préserver les sujets frictionnés de la stomatite et de la salivation, et dont ils se sont bornés à justifier *empiriquement* l'efficacité, sont précisément celles qu'on est conduit *théoriquement* à prescrire lorsqu'on admet l'explication que je donne du mode d'action thérapeutique des frictions et du mode de production des accidents buccaux qu'elles sont susceptibles de provoquer.

S'il est vrai, en effet, qu'elles agissent exclusivement par les vapeurs qui se dégagent des surfaces frottées, et que les lésions dont elles font accidentellement courir le risque du côté de la bouche proviennent, soit de la condensation de ces vapeurs, soit du pouvoir irritant propre aux produits volatils résultant du rancissement de l'onguent, le double objectif qu'on devra conséquemment se proposer dans leur emploi sera de s'efforcer d'empêcher cette condensation et ce rancissement, et c'est parce qu'elles en fournissent les moyens que les précautions mentionnées plus haut sont efficaces.

En n'opérant jamais les frictions, ni au creux de l'aisselle, ni au pli de l'aine, où il peut se produire des élévations de température considérables, et en les limitant aux membres inférieurs qui offrent pour support à l'onguent des surfaces cutanées relativement froides, on abaisse au minimum la température d'émission des vapeurs mercurielles, et on diminue d'autant les risques de leur condensation quand elles pénètrent dans la cavité buccale.

Les lavages rigoureux des surfaces frottées, la propreté du linge de corps et du linge de lit, les bains généraux s'opposent au rancissement de l'onguent.

La suppression des frictions pendant le jour est de déduction logique quand on admet que leurs vapeurs seules sont actives, car c'est uniquement pendant la nuit, et du fait même de leur séjour au lit, que les malades sont en situation de respirer des atmosphères réalisant les conditions de la saturation mercurielle. La suppression diurne se justifie encore par cette autre considération qu'elle a pour effet de rendre intermittente la respiration des vapeurs émises par l'onguent, et cette intermittence suffit, comme je l'ai précédemment établi, pour écarter de leur part tout danger d'action nuisible sur l'organisme.

Quant aux soins de propreté de la bouche, leur usage est indiqué, *a priori*, pour combattre l'influence des causes perturbatrices qui peuvent si fâcheusement compliquer l'emploi des frictions, en donnant naissance aux accidents inflammatoires déterminés par la condensation des vapeurs mercurielles sur les muqueuses buccale et gingivale. Dans le cas où cette condensation se produirait, l'action mécanique de la brosse à dents débarrasserait les muqueuses des gouttelettes métalliques dont le contact irritant provoque, s'il se prolonge, la stomatite et la salivation.

Les précautions proposées en vue de rendre l'application de la méthode d'inonction absolument inoffensive réunissent donc toutes les conditions, théoriquement et pratiquement requises pour atteindre leur but ; mais s'il est vrai que leur efficacité soit indéniablement démontrée, on voit, par l'énumération sommaire qui vient d'en être faite, qu'elles sont trop nombreuses, trop gênantes et qu'elles imposent des exigences de régime trop assujettissantes pour qu'il puisse être raisonnablement question d'en infliger la contrainte aux malades de la clientèle de ville. Elles seraient même d'une mise en œuvre difficile pour ceux des services hospitaliers et des maisons spéciales de santé, à moins d'installations particulières qui font le plus ordinairement défaut.

On rencontre donc, lorsqu'on veut appliquer les frictions en observant rigoureusement les règles prescrites pour leur emploi normal, des empêchements matériels absolument prohibitifs dans la plupart des cas, et qui ne permettent que très exceptionnellement de recourir à ce mode de traitement dans la pratique courante.

Avec les flanelles mercurielles, ces empêchements n'existent plus et la cure de la syphilis peut se poursuivre dans des conditions de simplicité et de sûreté qui ne laissent rien à désirer.

Les flanelles, en effet, tout en dépassant l'onguent en puissance thérapeutique, puisqu'elles émettent, à surface égale, une proportion de vapeurs beaucoup plus grande, ont, en outre, l'avantage de ne faire courir aucun risque de complications accidentelles du côté de la bouche. Cela tient à ce que n'étant pas immédiatement en contact avec la peau, dont elles sont séparées par des corps mauvais conducteurs qui s'opposent à leur échauffement, elles ne fournissent à l'inhalation que des vapeurs émises à une température sensiblement inférieure à celle de la cavité buccale, et ne pouvant plus, dès lors, se condenser sur les parois de cette cavité.

En rendant ainsi cette condensation impossible, on écarte la première des deux causes que j'ai assignées à la production de la stomatite et de la salivation, dans l'emploi des frictions; la seconde est écartée plus efficacement encore par la suppression des corps gras, entraînant celle des effets pernicieux de leur rancissement.

Cette suppression se recommande encore par un autre avantage, celui de simplifier beaucoup le traitement en le débarrassant de la fastidieuse corvée des onctions de chaque soir et des nettoyages rigoureux du lendemain matin, en dispensant de l'obligation onéreuse du renouvellement fréquent du linge de lit et du linge de corps, en rendant inutiles les bains généraux et en n'exigeant pas de précautions spéciales pour une ventilation plus active.

Quant aux soins de propreté de la bouche, quoiqu'il soit prudent de ne pas les omettre, ils sont loin, cependant, d'être impérieusement ordonnés, et les syphilitiques traités par les flanelles à l'hôpital de Bordeaux ont pu les négliger, dans la plupart des cas, sans qu'il en soit résulté pour eux le plus minuscule inconvénient.

Il est évident, enfin, que, pour les malades désireux de se faire soigner discrètement, le traitement par les flanelles se prête parfaitement à cette discrétion, et qu'il est particulièrement facile de le suivre en s'arrangeant de façon à ce que rien n'en trahisse le secret; ce n'est là qu'un avantage secondaire, il est vrai, mais à mérite thérapeutique égal, il suffit pour faire pencher la balance du côté où on le constate.

Qu'on préfère les flanelles ou qu'on s'en tienne fidèlement à l'antique usage des frictions, ce qui me paraît important à retenir comme résultat principal de mes recherches, c'est le mode d'action commun, c'est la spécificité propre de ces deux traitements, séparés seulement par des détails de forme; spécificité qui leur assigne une place à part, et bien distincte, dans la thérapeutique mercurielle des affections syphilitiques.

Ils ont, en effet, pour caractéristique propre, d'employer comme agent curatif les vapeurs mercurielles pures, émises à une température inférieure à celle de l'organisme, et pénétrant directement, par la voie de l'absorption pulmonaire, dans le sang d'abord, puis dans les humeurs et dans la trame des tissus de l'économie, en conservant partout et toujours leur état métallique.

Dans la médication par les vapeurs ce serait donc exclusivement au mercure seul, au mercure métallique, que l'action curative devrait être attribuée, et ce point de fait, dont je me suis efforcé de multiplier les preuves, mérite qu'on s'y arrête, parce qu'il se rattache à une importante question de la thérapeutique mercurielle générale de la syphilis.

En réalité, cette médication par les vapeurs est la première qui ait été opposée à la syphilis, puisqu'on a combattu cette affection, dès le début de la grande épidémie de 1494, par les frictions d'abord, puis bientôt après par les fumigations, et que, dans les deux cas, l'action médicatrice est exclusivement due aux vapeurs mercurielles. Les fumigations, qui entraînaient à leur suite les plus formidables accidents, furent assez promptement abandonnées, et sans retour; mais les frictions, malgré leurs inconvénients notoires, furent conservées, et elles restèrent pendant près de deux cents ans l'unique moyen employé pour administrer le mercure aux syphilitiques.

C'est Jean de Vigo (1514) qui paraît avoir eu le premier la pensée de substituer au métal en nature un de ses composés minéraux, car on lui attribue la prescription de l'oxyde rouge à l'intérieur; mais l'introduction des mercuriaux dans la pratique fut surtout l'œuvre de Paracelse (1605), qui employa le précipité rouge, le nitrate de mercure, le mercure doux et le sublimé. Après lui, Duchesne tenta l'essai du turbith minéral et celui d'un prétendu oxyde gris de mercure, et la découverte d'une foule de préparations nouvelles par les alchimistes et par les chimistes donna une grande extension à l'usage des mercuriaux en général. Les préparations peu sûres primitivement mises en usage firent place, dans le XVIIe et le XVIIIe siècle, au sublimé préconisé d'abord par Wisemann (1667), administré plus tard par Turner (1707) dans l'eau-de-vie, mais mis surtout en vogue par Van Swieten (41), dont la liqueur tient encore une si grande place dans la thérapeutique de la syphilis.

C'est surtout depuis Van Swieten que les mercurialistes ont eu recours à l'emploi fréquent des mercuriaux, et on peut dire qu'ils ont épuisé, dans leurs essais, toute la série de ces composés. Nos praticiens d'aujourd'hui, ayant à choisir dans cette pharmacopée mercurielle si riche et si variée, s'inspirent généralement de cette pensée que tous les mercuriaux ont sensiblement la même vertu curative, et les motifs de leurs préférences pour tels ou tels d'entre eux sont tirés, non pas d'une opinion raisonnée sur leur valeur intrinsèque, mais de considérations empruntées surtout aux conditions de tolérance présentées par les malades.

Devant cette unité, on pourrait presque dire devant cette identité d'effet thérapeutique, qui semble bien caractériser les mercuriaux comme antisyphilitiques, et qui fait que, dans le même cas, on les varie souvent sans règle directrice bien certaine, on a été naturellement conduit à supposer qu'ils subissaient dans l'économie des changements par lesquels ils étaient finalement ramenés, au moment de l'absorption, à une seule et même formule chimique.

Ce fut Hunter (42) qui émit le premier cette supposition que le mercure devait se trouver sous une forme unique et toujours la même dans la circulation générale; mais il se contenta d'énoncer les motifs *a priori* qui les rendaient plausibles et il ne chercha pas à détourner la véritable nature de cette forme ultime dont l'intervention était, pour lui, la condition *sine qua non* de l'efficacité de toute médication mercurielle.

Cette lacune fut comblée plus tard par Mialhe (43) d'abord, puis par Voit (44) et Overbeck (45), et les résultats des recherches de ces savants ont fait loi jusques à présent. Sur leur autorité, on admet à peu près unanimement que le dernier terme auquel tous les mercuriaux doivent aboutir, pour se présenter sous une forme propre à l'absorption, est un albuminate double soluble de mercure et de sodium, miscible au sang et susceptible, par cela même, d'être transporté dans toutes les parties de l'organisme.

Dans cette formule générale de transformation des mercuriaux, Mialhe, Voit et Overbeck ont aussi compris le mercure coulant ingéré ou injecté, et les vapeurs mercurielles inhalées; mais, comme je l'ai précédemment démontré, elle n'est nullement applicable à ces dernières, qui pénètrent directement dans la circulation sans être obligées de contracter aucune combinaison chimique préalable. Passant dans le sang à leur état naturel, elles paraissent le conserver indéfiniment, du moins dans les conditions normales, et s'il leur arrive, ce qui est contestable, de donner lieu à la formation de quelque composé hydrargyrique, j'ai démontré qu'il ne peut pas être un albuminate soluble.

La théorie qui fait de la formation préalable de ces albuminates la condition nécessaire de l'absorption du mercure, et de son efficacité dans le traitement de la syphilis, est donc inapplicable au cas des vapeurs mercurielles.

En défaut pour ce cas, peut-on admettre qu'elle reste vraie pour tous les autres, et faut-il attribuer au mercure deux modes d'action différents sur la syphilis, suivant qu'on l'administre à l'état de vapeurs ou sous la forme de mercuriaux? Ce dualisme n'étant pas probable, comme je ne puis que maintenir intégralement tout ce que j'ai affirmé du caractère propre de la spécificité des vapeurs mercurielles, cela devait me porter à douter de la vérité de l'explication généralement donnée de l'action spécifique des mercuriaux. C'est à la discussion de cette explication que je vais consacrer la seconde partie de cette étude, en comprenant, comme je l'ai déjà dit, sous la dénomination de *mercuriaux,* non pas seulement la longue série des composés mercuriels utilisables contre le mal vénérien, mais aussi le *mercure coulant* administré par voie d'ingestion gastro-intestinale ou d'injection sous-cutanée.

BIBLIOGRAPHIE DES CHAPITRES VI ET VII

(1) MUSSA BRASSAVOLO. — *Ratio comp. medic., cum. tract. de Morbo gallico*, Lyon, 1555.

(2) TROUSSEAU et PIDOUX. — *Traité de Thérapeutique.*

(3) LANGSTON PARKER. — *The med. Treat., of. Syph. diseases*, Londres 1874.

(4) AUTENRIETH. — *Phys.*, § 76.

(5) OVERBECK. — *Mercur und Syphilis*, p. 17. Berlin, 1861.

(6) OSTERLEN. — *Uebergang des reg. Quecks., in die Blutmasse und. die Org., Handbuch der Heilmittellehre.* — 6 Auflage, S. 95, n. 96.

(7) EBERHARD. — *Vers. ueber Uebergang fest., Stoffe von Darm. und Hant. Dissert. inaug.* Zurich, 1847.

(8) LANDERER. — *Quecks, Eiter ein Syph. Buchners Rep., N. E.* Bd XLV, 1847.

(9) HASSELT. — *Buchners Rep.* Bd XLIX, 1849.

(10) BARENSPRUNG. — *Ueber die Wirk. des graues. Quecksilbersalbe und des Quecksilberdampfe., J. f. pract. Chemie*, Bd L, 1850.

(11) HOFFMANN. — *Ueber die Aufnahme von Quecks., und der Fette in den. Kreisl., Dissert. inaug.*, Wurzbourg, 1854.

(12) DONDERS. — *Physiol. des Mensch.*, 1856.

(13) VOIT. — *Physiol. Unters.*, I Heft. Augsbourg, 1857.

(14) OVERBECK. — *Loc. cit.*

(15) ZULZER. — *Ueber die Aufnahme des auss Haut.* — *Wien. med. Centr.*, n° 56, 1869.

(16) BLOMBERG. — *Nagra ord. om Quecksilfrets, absorpt. of. Org. Helsingfors*, 1867.

(17) RINDFLEISCH. — *Zur Frage von der Resorpt. des reg. Quecks., Arch. für Dermat. und Syph.*, 1870.

(18) NEUMANN. — *Ueber die Aufnahme des Quecks. durch die unver. Haut. Wien. med. Woch.* N°s 50, 52, 1871.

(19) AUSPITZ. — *Ueber die Resorpt. ung. Stoffe. Med. Jarhr.*, 1871.

(20) RÖHRIG. — *Exp. Krit. unt. ueber die fluss. Hautaufsaugung Arch. cl. Heilk.*, 13 Jh., 1871.

(21) FLEISCHER D'ERLANGEN. — *Unt. Ueber des Resorpt. verm. der mensl. Haut.*, p. 73. Erlangen, 1871.

(22) FÜRBRINGER. — *Exper. Unt. ueber die Resorpt. und Wirkung des reg. Quecks. der gr. Salbe. Virch. Arch.*, Bd LXXXII, H. III, p. 491-507.

(23) KIRCHGASSER. — *Ueber die Wirk. des Quecks. Dampfe Welche sich bei inunct. mit. gr. Salbe entwickeln. Virch. Arch.*, Bd XXXII, S. 145.

(24) FÜRBRINGER. — *Loc. cit.*, p. 504.

(25) NEUMANN. — *Loc. cit.*, n° 53.

(26) LEWALD. — *Unters. ueber den Ueberg. von Arzn. in die Milch., Habil. Abhandl.* Breslau, 1857.

(27) FLEISCHER D'ERLANGEN. — *Loc. cit.*, p. 77.

(28) STELWAGON. — *Dubl. J. of. med. Sc.*, septembre 1884.

(29) RÉMOND. — *Note pour servir à l'étude de l'action du mercure sur l'organisme. Ann. de Derm. et Syph.*, t. IX, p. 158.

(30) FERRARI. — *Sull'Asorbimento del Merc. met. par la pelle. Gazzetta degli Ospitali*, t. VII, p. 643-651.

(31) RITTER. — *Ueber die Resorpt. Fahigkeit der norm. mensl. Haut. Deutsch. Arch.*, Bd IV, H. 12, p. 155.

(32) KIRCHGASSER. — *Loc. cit.*, p. 152.

(33) MULLER. — *Mitth. aus. d. med. Klin. d. Univ. Vurz.*, Bd II, p. 355, 1886.

(34) RÉMOND. — *Loc. cit.*, p. 159.

(35) HAYEM. — *Gazette des Hôpitaux*, 1888.

(36) LIÉGEOIS. — *Ann. de Dermatol. et de Syphil.*, 1869.

(37) H. BORDIER. — *Bull. et Mém. de la Soc. de Thérap. de Paris*, 1892, p. 231.

(38) BRASSE et WIRTH. — *Soc. de Biologie*, 1887.

(39) KIRCHGASSER. — *Loc. cit.*

(40) S. CLOËZ. — *Bulletin de la Société Chimique de Paris*, 1865, p. 41.

(41) VAN SWIETEN. — *Von Venerischen Krankheiten und ihrer Heilart*, 1791.

(42) HUNTER. — *A Treatise on the veneral Disease.* London, 1786.

(43) MIALHE. — *Mém. de l'Acad. de Médecine*, 1843.

(44) VOIT. — *Phys. Chem. Unters.*, H. I. Augsbourg, 1857.

(45) OVERBECK. — *Mercur. und Syphil.*, H. II, p. 17, 1861.

DEUXIÈME PARTIE

MERCURIAUX

ACTION PHYSIOLOGIQUE, TOXIQUE ET THÉRAPEUTIQUE

CHAPITRE Ier

Discussion des théories proposées pour expliquer le mode d'action des mercuriaux sur l'organisme.

Les mercuriaux pris dans leur ensemble peuvent être administrés, soit par voie d'ingestion gastro-intestinale, soit par voie d'injections hypodermiques, et en laissant de côté les peptonates et les albuminates que l'on considère comme pouvant passer directement dans la circulation sanguine, tous les autres médicaments mercuriels seraient d'abord modifiés comme nous venons de le dire dans les pages précédentes.

Dans l'estomac, dans l'intestin, dans les tissus, dans toutes les humeurs, sous l'influence des diverses substances qu'ils trouvent partout dans l'organisme, ils s'engageraient dans une série de réactions d'ordre purement chimique, qui aboutiraient finalement à les transformer soit en bichlorure, comme le prétendent Mialhe, Voit et Overbeck, soit en peroxyde, selon l'opinion de Blomberg. Le chlorure ou l'oxyde ainsi formés se trouvant en présence de liquides albuminiques, se combineraient avec l'albumine pour donner naissance à un précipité d'albuminate double, soluble dans un excès d'albumine, et ce serait seulement à l'état final de chloralbuminate ou de chloroxydalbuminate solubles que le mercure provenant de l'absorption des mercuriaux se retrouverait dans le sang. C'est par ces mêmes sels albuminiques que s'exercerait l'action des mercuriaux sous ses différentes formes, physiologique, toxique et thérapeutique.

A part quelques modifications portant exclusivement sur des détails secondaires, proposées par Bucheim et Ottingen (1), par Otto Graham (2) et par Jeannel (3), cette théorie de l'absorption mercurielle par l'intervention finale des albuminates solubles, généralement acceptée dans ses grandes lignes, est restée dans la science. En l'adoptant, l'inégale rapidité d'action des mercuriaux tiendrait uniquement à l'inégale rapidité de leur transformation finale, et si on les divise en trois groupes, mercure métallique, mercuriaux insolubles et mercuriaux solubles, comme ceux des deux premiers groupes sont plus lentement transformables que ceux du dernier, on a prétendu expliquer par là pourquoi ces derniers, bien qu'employés à des doses moins élevées, sont cependant plus promptement et plus énergiquement efficaces.

Dans le même ordre d'idées, de toutes les méthodes employées aujourd'hui pour le traitement de la syphilis, c'est celle des injections hypodermiques de peptonates et d'albuminates mercuriels solubles qui serait de beaucoup la plus rationnelle et la plus sûre, puisque la solubilité des sels injectés assurerait leur introduction dans l'organisme sous une forme éminemment propre à l'absorption immédiate.

Dans les vues qui viennent d'être exposées il y a une part de vérité qu'on ne saurait méconnaître et qui explique l'accueil favorable qu'elles ont reçu de la généralité des savants.

Ce qu'on peut, en effet, admettre comme une vérité acquise, quoiqu'elle n'ait pas été démontrée expérimentalement pour tous les cas, c'est que les préparations mercurielles, sèches ou liquides, ingérées dans l'estomac et passant de là dans l'intestin, ou introduites dans les tissus par voie d'injection hypodermique, y donnent toujours lieu à la formation d'une proportion plus ou moins considérable de bichlorure ou de bioxyde de mercure, et que ceux-ci, à leur tour, en quelque point de l'organisme qu'ils prennent naissance, sont toujours assurés d'y rencontrer les éléments de leur transformation en chloralbuminates ou chloroxydalbuminates (ou peptonates) doubles solubles de mercure et de sodium.

En partant de ces faits acceptés comme vrais, on s'est cru en droit d'en conclure que les albuminates précités pouvaient et devaient passer en dissolution dans le sang, lequel leur servait ensuite de véhicule pour les transporter dans toutes les parties de l'organisme; ce qui leur permettait d'entrer partout en conflit direct avec le virus vénérien, dont ils seraient les seuls modificateurs spécifiques.

C'est cette conclusion qui appelle un sérieux examen, et l'on peut d'abord objecter contre elle qu'elle est purement hypothétique, car aucun des savants qui l'ont formulée, aucun de ceux qui s'y sont ralliés avec tant d'empressement, ne s'est donné la peine de vérifier la présence, dans le sang, des chlorhydrargyrates alcalins qui doivent, d'après eux, s'y trouver infailliblement après l'administration des mercuriaux. S'ils eussent tenté cette recherche, elle leur aurait certainement donné, comme celles que j'ai entreprises dans ce but, des résultats absolument négatifs.

L'erreur *a priori* de leur affirmation tient à ce qu'ils se sont bornés dans leurs expériences *in vitro* à opérer sur la partie liquide du sang, sur le plasma ou sur le sérum, et il est vrai, dans ces conditions, que l'addition de bichlorure ou de bioxyde de mercure détermine la précipitation d'un sel double hydrargyro-alcalin, soluble dans un excès du liquide employé. Rien ne les autorisait, toutefois, à se prévaloir, comme ils l'ont fait, de résultats obtenus avec le plasma ou le sérum pour conclure à ce qui devait se passer effectivement dans le sang, car c'était ne pas tenir compte de l'action possible de l'hémoglobine, et cette action est trop importante pour qu'il soit permis de la négliger.

Je l'ai signalée, le premier, dans une étude sur le *Mercure et les Mercuriaux* publiée dans les nos 45 et 46 du *Journal de Médecine de Bordeaux,* et Blarez (4), qui a repris mes expériences, les a confirmées en vérifiant et en garantissant ainsi l'exactitude de leurs résultats. Elles ont porté sur l'oxyhémoglobine, l'hémoglobine réduite, le sang artériel et le sang veineux.

Expérience I. — Dans une solution d'oxyhémoglobine, on

introduit soit un albuminate hydrargyro-alcalin, soit un peptonate de même nature (peptone de Chapoteau), en quantité insuffisante pour précipiter complètement l'hémoglobine; il se forme alors un abondant précipité qu'on recueille sur un filtre et qu'on lave avec soin. Dans le liquide rouge que surnageait le précipité, les réactifs des sels mercuriels ne décèlent la présence d'aucun d'entre eux; mais quand on le traite par le chlorate de potassium et l'acide chlorhydrique, ou par l'acide nitrique bouillant, on peut s'assurer qu'il contient alors des proportions infiniment faibles de bichlorure ou d'azotate mercurique provenant, sans aucun doute, des traces de mercure libre qui s'y trouvaient primitivement. Le précipité rouge recueilli sur le filtre, desséché entre deux feuilles de papier buvard, impressionne très nettement à distance le papier sensible à l'azotate d'argent ammoniacal; il contient donc, lui aussi, du mercure libre qui se dégage en vapeurs, et quand ce dégagement a cessé, le précipité restant, traité par le chlorate de potassium et l'acide chlorhydrique ou par l'acide nitrique bouillant, donne les réactions caractéristiques des sels mercuriels, ce qui prouve qu'il contenait du mercure combiné.

L'hémoglobine qui entre dans sa composition ne paraît pas avoir été sensiblement modifiée dans sa constitution chimique, car, après avoir placé sur une plaque de verre un peu de ce précipité, avec une trace de chlorure de sodium et d'acide acétique cristallisables, Blarez a obtenu des cristaux d'hémine.

Expérience II. — Blarez, à qui elle est due, a soumis une solution d'hémoglobine à l'action du vide et de l'acide carbonique. Après un certain nombre d'opérations de ce genre, il a traité la solution d'hémoglobine réduite par de la peptone et de l'albuminate mercurique, et les résultats obtenus ont été identiques à ceux de l'expérience précédente, à cela près que les précipités, tout en présentant les mêmes caractères essentiels, étaient cependant beaucoup plus foncés et se déposaient plus rapidement.

Expérience III. — Agissant sur l'hémoglobine, les albuminates mercuriels solubles ne pouvaient être que des modificateurs du sang; tel est leur rôle, en effet, et Polotebnow (5) l'a mis en évidence par une expérience déjà ancienne, mais dont il n'a pas vu les résultats sous leur jour véritable.

Si l'on prend, comme je l'ai fait d'abord, du sang bien défibriné et suffisamment étendu d'eau pour que celle-ci détruise les globules en se chargeant de leur matière colorante, en le traitant par les albuminates, on a un précipité rouge semblable à celui de la solution aqueuse d'hémoglobine, et contenant du mercure libre et combiné, pendant qu'on trouve seulement des traces de mercure libre dans le sérum surnageant.

Quand on opère sur du sang frais à globules normaux, comme l'a fait Polotebnow, il n'y a pas de précipité immédiat; il n'apparaît qu'au bout d'environ vingt-quatre heures et il est formé par un dépôt de globules déformés et plus ou moins décolorés. C'est par cette altération des hématies que se traduit, dès le début, l'action des albuminates; sous leur influence, les globules prennent une couleur plus claire, deviennent sphériques et se détruisent promptement, surtout si on opère à 37° ou 38°.

Expérience IV. — Les albuminates et peptonates mercuriques se comportent avec le sang veineux comme avec le sang artériel à cela près que le précipité rouge formé par eux, dans ce cas, est plus foncé et se dépose plus vite.

J'ai pris soin de noter qu'il s'agissait uniquement, dans les expériences précédentes, du traitement de solutions hémoglobiniques, ou de sang en nature, par des doses de peptonates ou d'albuminates mercuriques insuffisantes pour la précipitation complète de l'hémoglobine, parce que tel est bien le cas, pour ces sels, lorsqu'ils prennent naissance dans l'organisme par l'administration des mercuriaux, et qu'ils passent ensuite dans la masse relativement énorme du liquide sanguin.

En sus de ce cas, Blarez a examiné celui où l'hémoglobine est traitée par les peptonates et albuminates pris en proportions suffisantes pour que le liquide surnageant le précipité soit complètement décoloré. Quoique les résultats auxquels il est arrivé confirment dans ce qu'ils ont d'essentiel ceux que j'ai rapportés plus haut, je n'y insisterai pas ici parce qu'ils ne se rattachent pas directement à mon sujet.

Quant à l'expérience de Polotebnow, elle fournit un fait important à retenir, celui de l'altération immédiate des globules sanguins par leur conflit avec les liquides albumino-mercuriels, et de la prompte destruction qui en est la conséquence; c'est là le seul point que le savant russe ait visé dans ses travaux; il n'a pas reconnu que l'influence altérante des albuminates provenait de leur action sur l'hémoglobine, il n'a recherché le mercure nulle part, ni dans les précipités globulins, ni dans les liquides surnageants.

En me bornant à considérer ceux-ci pour le moment, ce qui résulte de mes expériences c'est que, dans les conditions où elles ont été faites, ces liquides ne renferment pas la plus minuscule trace de sel mercuriel en dissolution.

Comme ces conditions sont précisément celles qu'on rencontrerait dans l'organisme, en admettant *a priori* l'hypothèse qu'il doit s'y former, après l'ingestion ou après l'injection des diverses préparations mercurielles, des albuminates ou peptonates hydrargyro-alcalins solubles susceptibles de passer dans le sang en conservant leur état liquide, on voit que cette hypothèse n'a rien de fondé, et qu'il y a lieu de la rejeter absolument.

Avant de chercher à la remplacer, j'insisterai, en les résumant, sur les deux faits essentiels qui résultent de mes recherches.

1° L'administration des mercuriaux ne peut jamais avoir pour effet d'introduire dans le sang un peptonate ou un albuminate mercuriel en dissolution;

2° Quand un de ces sels, provenant de réactions accomplies dans les cavités digestives ou dans les tissus, ou bien préparé artificiellement, pénètre par absorption ou par injection dans le système circulatoire, il est immédiatement détruit en formant avec l'hémoglobine un précipité insoluble qui renferme la presque totalité du métal du sel mercuriel, en partie libre, en partie combiné : on peut aussi trouver du mercure libre dans le sang qui n'a pas participé à la réaction.

De ce que les chloralbuminates et chloro-peptonates mercuriels, introduits dans le sang, ne peuvent pas s'y conserver en dissolution, il ne s'ensuit pas qu'il doive en être de même pour tous les autres sels mercuriels solubles, et il importait surtout de savoir ce qui advenait, sous ce rapport, au plus employé d'entre eux, le bichlorure.

En supposant réunies les conditions les plus favorables à son absorption, comme avant de rencontrer les globules il prend d'abord contact avec le plasma, ce qui entraîne forcément sa transformation en chloralbuminate soluble, on voit que son action propre disparaît ici totalement pour faire place à celle de ce dernier sel, à laquelle, d'ailleurs, elle serait identique, si par suite de quelque circonstance fortuite elle pouvait directement s'exercer sur les globules. Le bichlorure, en effet, les altère profondément et provoque bientôt leur destruction par la propriété qu'il a de former, lui aussi, avec leur hémoglobine, un composé insoluble, qui renferme, soit en liberté, soit en combinaison, tout le mercure du sel mercuriel qui a participé à la réaction.

Tous les sels simples solubles de mercure, iodure et bromure mercuriques, azotates, sulfates, etc., se comportent comme le bichlorure, à l'exception d'un seul d'entre eux, le cyanure mercurique, qui ne précipite ni l'albumine du plasma ni l'hémoglobine des globules.

Parmi les sels mixtes, l'iodure double de potassium et de mercure (solution de Gibert), présente la même particularité, et nous aurons à revenir ultérieurement sur ces deux cas.

Ce qui reste vrai, en thèse générale, c'est que la théorie de l'absorption mercurielle par les albuminates, peptonates ou autres sels mercuriels solubles n'est nullement justifiée par les faits, et je ne connais qu'une seule tentative faite, jusqu'à présent, pour la remplacer plus rationnellement : c'est celle qu'on doit à Rabuteau (6).

Ce savant thérapeutiste a toujours combattu la doctrine de Mialhe, de Voit et d'Overbeck, en objectant contre elle, avec raison, que la prétendue transformation des médicaments mercuriels en bichlorure d'abord, puis en albuminates solubles, n'a jamais été démontrée par des preuves de fait directes, et voici, d'après lui, comment les choses se passeraient réellement.

En se bornant à l'étude de l'administration des mercuriaux par la voie de l'ingestion, il soutient que, dans tous ces cas, il y a toujours réduction du médicament employé, et par suite mise en liberté du mercure métallique, qui serait absorbé directement et en nature par la muqueuse gastro-intestinale, à cause de l'état d'extrême division auquel il se présenterait.

Pour rendre acceptable cette explication, Rabuteau avait deux preuves de fait à produire : 1° celle de la réduction de tous les sels de mercure dans l'estomac et dans l'intestin ; 2° celle de l'absorption directe de ce métal par la muqueuse gastro-intestinale ; il a fort incomplètement et fort insuffisamment fourni la première, et il a totalement omis la seconde.

1° Partageant les sels de mercure en proto et en persels, comme types des premiers, il a pris le protochlorure, le protoiodure et le protobromure de mercure, et il les a vus, sous l'influence du suc gastrique, se transformer respectivement en bichlorure, periodure et perbromure, en même temps qu'il y avait apparition de mercure réduit.

Quant aux persels, il n'a expérimenté sur aucun d'eux, et il se borne à émettre de simples suppositions sur leurs transformations possibles dans l'organisme, où il *est probable,* dit-il, qu'ils se réduisent toujours en donnant des chlorures, iodure et bromure de sodium et du mercure métallique. Comme argument à l'appui de la *probabilité* de cette réduction, il invoque la facilité avec laquelle elle a lieu, dans des circonstances semblables, pour les sels d'argent, d'or et de platine, et il pense que ce qui est si visiblement vrai pour eux doit l'être également pour leurs voisins immédiats, les persels de mercure. C'est par l'admission *a priori* de leur réductibilité qu'il explique la présence du mercure en nature, souvent constatée, dans les exsudats et dans la trame des organes des sujets mercurialisés.

2° Ici, Rabuteau n'esquisse même pas une ébauche de démonstration quelconque, il se contente de déclarer que l'absorption directe du mercure réduit par la muqueuse gastro-intestinale est suffisamment prouvée par ce fait prétendu d'observation thérapeutique que les préparations mercurielles où le métal pur entre à un état d'extrême division comptent au rang des plus actives et sont celles qui ont l'influence sialagogue la plus prononcée.

Est-il bien vrai, d'abord, que les pilules de Sédillot, de Belloste et leurs nombreux succédanés doivent être classés dans la catégorie des préparations mercurielles énergiquement actives? C'est le contraire qui me paraît généralement admis pour eux, et la plupart des spécialistes les tiennent pour des médicaments très doux, très peu fatigants et qui n'occasionnent pas ordinairement de troubles buccaux, ou qui n'en occasionnent que d'à peu près insignifiants.

Quoi qu'il en soit de leur plus ou moins de puissance thérapeutique, ce qu'il y a de certain c'est que leur mercure divisé n'est pas directement absorbable par la muqueuse gastro-intestinale tant que celle-ci se conserve intacte. Il le devient, au contraire, comme le démontrent des expériences de Rindfleisch, que nous rapporterons ailleurs, dès que cette membrane est le siège de lésions plus ou moins profondes. Rabuteau ne distingue pas entre ces deux cas, et, comme il semble n'avoir visé que le premier, il a commis, en cela particulièrement, une erreur notoire. Entachée de cette erreur, reposant, non sur des faits précis, mais sur de simples *probabilités*, son opinion n'a même pas été discutée, et il en est resté le seul partisan. On doit remarquer, cependant, qu'elle n'a pas été réfutée, et s'il l'a mal défendue, ce n'est pas une raison pour la déclarer fausse *a priori*.

J'ai montré, dans le chapitre précédent, que le mercure fourni à l'organisme par l'inhalation des vapeurs de ce métal y conservait sans altération aucune son état métallique, et comme il exerce, dans ces conditions, une action curative indéniable sur la syphilis, c'est bien à lui, en nature, et à lui seul qu'elle doit être attribuée.

Si les choses se passent ainsi dans le traitement du mal vénérien par les frictions ou par les flanelles, il n'est pas illogique de penser qu'il peut en être de même dans le traitement par les mercuriaux, et pour trancher la question qui se pose alors à leur égard, il y a préalablement à rechercher s'ils sont, oui ou non, réductibles dans l'économie, ce qui nous ramène, en définitive, à reprendre la thèse de Rabuteau et à demander à un examen attentif des faits dans quelle mesure elle est soutenable. C'est à la partie physiologique de cet examen que va être consacré le chapitre suivant.

BIBLIOGRAPHIE

---

(1) Bucheim et Ottingen. — Cité *in* H. Hallopeau. *Du mercure, action physiologique et thérapeutique*. Th. agrég. Paris, 1878, p. 52.

(2) Otto Graham. — Même lieu, même page.

(3) Jeannel. — *Théorie de la dissolution du calomel dans l'organisme* (*Journ. de Méd. de Bordeaux,* 1869, février, p. 71).

(4) Blarez. — *Nouvelles Recherches sur l'absorption des mercuriaux par voie digestive et sur leur action sur le sang.* Th. de Bordeaux, 1882, n° 15.

(5) Polotebnow (Von A.). — *Wirkung der Quecksilber præparate in Allgemeinen* (*Virch. Arch.,* XXXI, I, p. 35).

(6) Rabuteau. — *Traité élémentaire de Thér. et de Pharm.* 4e éd. 1884.

CHAPITRE II

Action physiologique des mercuriaux.

Pour nous rendre compte de l'action physiologique des mercuriaux, c'est-à-dire de leur action sur l'organisme vivant, nous aurons à nous demander d'abord comment ils agissent localement, à leur point d'application, sur les parties avec lesquelles ils sont mis directement en contact et au niveau desquelles s'opère leur absorption. Une fois cette absorption accomplie, et les médicaments introduits dans le système circulatoire, c'est leur action générale qu'ils manifestent, celle qui résulte de leur diffusion dans tout l'organisme, et nous aurons, pour la suivre à travers ses différentes phases, à l'étudier successivement dans ses effets sur le sang, qui est le premier atteint, puis sur les tissus et sur les organes où le mercure pénètre au sortir du liquide sanguin. Comme ce métal ne séjourne que temporairement dans l'économie, il nous restera, en dernier lieu, à examiner quelles sont les conséquences de son élimination pour les glandes dans les sécrétions desquelles on le retrouve.

Si l'on voulait donner à cette étude tous les développements qu'elle comporte, en y embrassant la série complète des innombrables préparations mercurielles préconisées contre la syphilis, on se heurterait à l'impossibilité matérielle d'accomplir une pareille tâche, tant on s'est ingénié à multiplier ces préparations, en les variant sans mesure et sans motifs.

Il importe donc de distinguer entre elles, en rejetant toutes celles qui seraient douteuses ou de double emploi, pour ne retenir que celles dont la valeur thérapeutique, solidement assise sur une large base de faits cliniques, est d'une notoriété indiscutable, et dont l'emploi est classiquement consacré.

Les mercuriaux qui présentent sérieusement ces garanties sont fort peu nombreux, et leur étude est en outre facilitée par cette circonstance qu'ils appartiennent, pour la plupart, à la catégorie des préparations mercurielles *simples*, en désignant ainsi celles qui sont formées soit par le mercure métallique, soit par ses sels les plus usuels.

A côté d'eux, mais plus rares encore, viennent se placer quelques mercuriaux mixtes, c'est-à-dire résultant de l'association d'une préparation *simple* avec une ou plusieurs substances étrangères, et voici les deux séries de mercuriaux qu'on peut ranger dans ces deux catégories.

Préparations mercurielles simples :

Mercure métallique.
Chlorures mercureux et mercurique.
Bromures mercureux et mercurique.
Iodures mercureux et mercurique.
Sulfures mercureux et mercurique.
Oxyde mercureux et mercurique.
Nitrates mercureux et mercurique.
Sulfates mercureux et mercurique.

Nous laissons de côté le cyanure mercurique, dans lequel le métal est combiné à une substance très active, dont l'action domine celle du mercure et la fait disparaître ou la rend secondaire.

Préparations mercurielles mixtes :

Albuminates mercuriels chloro-alcalins.
Iodure double de mercure et de potassium.

Comme les mercuriaux peuvent être administrés par voie d'ingestion stomacale et par voie d'injection hypodermique, nous aurons à étudier leur action physiologique dans ces deux cas.

§ 1. — *Action physiologique des mercuriaux simples administrés par voie d'ingestion.*

1° *Mercure métallique.* — Si les mercuriaux simples, ingérés, n'agissent comme antisyphilitiques qu'en fournissant du mercure métallique à l'économie, il semblerait dès lors que l'emploi direct de ce métal devrait, dans la thérapeutique de la syphilis, primer tous les autres modes de traitement, et à d'autres époques, en effet, il a eu de nombreux et très zélés partisans. De nos jours, il est à peu près universellement délaissé, et le discrédit dans lequel il est tombé tient au peu de sûreté qu'il présente dans la pratique, par suite de la trop grande variation des écarts observés entre les doses du métal ingérées et celles qui sont effectivement absorbées.

Quand on l'administre par voie d'ingestion, ce métal peut être donné soit à l'état de mercure coulant, en masses plus ou moins volumineuses et pur de tout mélange, soit à l'état de mercure très divisé, contenu dans des poudres et des pilules où il se trouve alors mélangé avec les substances les plus diverses.

Mercure coulant. — En l'employant à cet état, ce sont surtout ses propriétés mécaniques qu'on s'est proposé d'utiliser, et le seul auteur qui lui ait attribué une action thérapeutique propre est Desbois (de Rochefort), d'après lequel, au commencement du XVIIIe siècle, c'était la mode à Édimbourg et à Londres d'avaler tous les matins de cinq à dix grammes de mercure, dans le dessein de se guérir de la goutte, de la pierre et de la gravelle.

Une pareille médication ne saurait être prise au sérieux et ne mérite pas qu'on la discute; mais s'il y a lieu de croire que ses nombreux adeptes n'en ont retiré aucun profit, sa vogue elle-même, qui s'est prolongée pendant plusieurs années, prouve suffisamment qu'ils ne devaient en ressentir aucun dommage, et c'est là le seul fait que je veuille ici retenir. En attestant, en effet, la complète innocuité du mercure coulant introduit quotidiennement dans les voies digestives, il prouve, par cela même, la non-absorption de ce métal par la muqueuse gastro-intestinale.

Cette preuve résulte encore de la constatation d'une pratique de tout temps familière aux ouvriers des mines de mercure, qui n'hésitent pas, lorsqu'ils veulent impunément dérober ce métal, à l'avaler en très fortes proportions, l'évacuent ensuite par les selles, et peuvent indéfiniment renouveler cette manœuvre sans en éprouver la plus minuscule infirmité.

C'est probablement la connaissance de ces faits si frappants d'indéniable innocuité qui a déterminé les praticiens à user avec tant de hardiesse de l'ingestion du mercure coulant dans le traitement, tout mécanique d'ailleurs, de certaines affections des voies digestives, telles que les invaginations et les contractures intestinales, les volvulus, les constipations opiniâtres, etc. Ils n'ont pas craint, en effet, de porter jusques à 1/2 kilogramme, et souvent même jusques à 1 kilogramme, la dose du métal ingéré, et dans aucun cas il ne s'est produit d'accidents mercuriels lorsque la muqueuse gastro-intestinale était saine. Ces accidents, au contraire, ont éclaté avec un grande violence lorsque cette muqueuse était enflammée.

L'absorption du mercure, qui n'a pas lieu dans le premier cas, devient donc possible dans le second; mais comme la syphilis ne s'accompagne d'aucune lésion intestinale, on voit qu'il n'y a pas de place, dans le traitement de cette maladie, pour l'emploi du mercure pur, lorsqu'on le prend sous la forme de métal coulant.

Mercure divisé. — Après avoir ainsi constaté l'impossibilité de le faire absorber sous cette première forme, on a pensé qu'on le rendrait sûrement absorbable en l'administrant à un état d'extrême division, et on le triture, à cet effet, avec quelque matière, ou bien pulvérulente, comme le sucre, ou bien visqueuse, comme le miel, ou bien encore avec quelque corps gras, jusqu'à ce qu'il soit *éteint*, c'est-à-dire divisé en particules assez finement atténuées pour que le mélange, examiné à la loupe, ne laisse plus apercevoir aucun globule métallique.

Ainsi obtenu, il peut être employé en poudres ou en pilules, tantôt formant une préparation simple où ne figure avec lui que l'excipient choisi pour l'éteindre, tantôt servant de base à des préparations plus composées, et d'une composition souvent fort hétéroclite. Toutes ces préparations sont identiques au point de vue thérapeutique quand on n'y introduit aucune substance active, et quand, en outre, elles sont récentes; car il n'y a pas alors à tenir compte de l'excipient, et c'est au mercure divisé seul qu'on a réellement affaire.

On a prétendu qu'à cet état d'extrême division ce métal était directement absorbable par la muqueuse gastro-intestinale, mais des expériences concluantes de Rindfleisch (1) ont démontré qu'il n'en est rien lorsque cette membrane est saine. Ce savant, qui a opéré sur des chiens, auxquels il a administré, à l'intérieur, des pilules ne contenant que du mercure divisé pur de tout mélange actif, a pu constater, dans certains cas, la présence de ce métal dans les globules blancs des glandes mésentériques, mais la muqueuse gastro-intestinale était alors le siège d'ulcérations qui avaient servi de porte d'entrée au poison, et là où elles ne se produisaient pas, il n'y avait pas, non plus, de trace d'absorption. Comme ces ulcérations, à type bien nettement défini, présentaient tous les caractères de celles qui résultent de l'intoxication par le sublimé corrosif, et que ce composé n'avait pu se former ici qu'aux dépens du mercure ingéré, il faut en conclure que l'absorption de ce métal exige sa transformation partielle préalable en bichlorure, par suite de son altération dans les cavités digestives.

D'après la théorie de Mialhe, cette transformation aurait lieu dans l'estomac et dans les intestins sous l'influence des chlorures alcalins contenus dans ces cavités; elle serait sensiblement activée par la présence de l'air, qui n'y fait jamais défaut, et Blarez (2) a expérimentalement démontré la justesse de ces vues théoriques.

Opérant sur du mercure éteint dans de la gomme, il l'a ajouté, ainsi divisé, en petite quantité à de l'eau ordinaire, à une solution faible (2 pour mille) d'acide chlorhydrique, à une solution faible de chlorure de sodium, à du suc gastrique artificiel, à du suc gastrique et à de l'albumine, et tous ces liquides chauffés pendant six heures à la température de 40° lui ont donné des quantités notables de mercure à l'état de sel, principalement à l'état de bichlorure.

Il n'y a donc pas à douter du fait de la transformation partielle en sublimé, du mercure ingéré dans les cavités digestives, et comme ce sel ne peut pas intervenir sans altérer plus ou moins profondément la muqueuse qui tapisse les parois de ces cavités, cette altération a précisément pour effet de la rendre propre à l'absorption du métal inattaqué.

Tel est bien le mécanisme de cette absorption lorsque les poudres ou pilules mercurielles ingérées ne contiennent que du mercure rigoureusement pur mélangé à un excipient absolument inactif; mais il ne suffit pas qu'une préparation soit donnée comme réalisant parfaitement cette double condition pour qu'on soit en droit de la regarder comme irréprochable à cet égard.

Dans bien des cas, c'est à dessein qu'on fait entrer dans la composition des pilules mercurielles une ou plusieurs substances actives qui ont alors pour effet, en vertu de leur action propre, d'irriter la muqueuse gastro-intestinale, et cette irritation, quand elle n'est pas poussée à l'excès, répond parfaitement au but qu'on se propose d'atteindre dans le traitement institué, puisqu'elle favorise l'absorption du mercure.

Il peut donc y avoir un avantage très réel à associer thérapeutiquement à ce métal des adjuvants convenablement choisis, mais il importe essentiellement, si on ne veut pas fausser les conditions de son emploi, qu'il ne subisse, par le fait de cette association, aucune modification chimique qui le transforme en quelqu'un de ses composés toxiques. Or, quoi qu'on fasse, cette transformation finit toujours par s'accomplir avec le temps, et il est bon que les praticiens sachent à quels fâcheux mécomptes ils sont exposés sous ce rapport.

Comme il s'agit ici d'un fait d'ordre pharmaceutique que Blarez a spécialement étudié dans sa remarquable thèse sur l'*Absorption des mercuriaux*, c'est à son appréciation que je m'en rapporterai sur une question qui est aussi complètement de sa compétence.

D'après lui, « il est reconnu aujourd'hui que le mercure impur, » tel qu'il se trouve dans les préparations dont il est la base, se » recouvre à l'air d'une pellicule grisâtre qui n'est autre chose » qu'un mélange de mercure métallique et d'oxyde mercurique. Il » est incontestable que la division extrême du métal favorise cette » modification, et qu'en conséquence *toutes* les préparations faites » avec le mercure lui-même contiennent une quantité sensible » d'oxyde mercurique.

» Du mercure gommeux préparé par moi, mis en contact avec » l'eau après une exposition de plusieurs jours à l'air, a aban- » donné à cette eau une quantité de sel telle que j'ai obtenu » immédiatement des précipités avec le sulfure de sodium et le » protochlorure d'étain. Il y avait eu formation d'un sel mercuriel » dont l'acide avait été pris à la gomme.

» Par conséquent, les préparations mercurielles à base de » mercure agissent, lorsqu'elles sont ingérées, non seulement » par le mercure métallique très divisé qu'elles contiennent, mais » encore par l'oxyde mercurique qui s'y trouve contenu, oxyde » qui contracte facilement combinaison, principalement avec les » chlorures alcalins. »

C'est du bichlorure de mercure qui se forme dans cette circonstance, et comme il s'en forme également dans la réaction des mêmes chlorures sur le mercure métallique ingéré, il ne faudrait pas se hâter de conclure de l'unité du fait chimique, dans les deux cas, à l'unité du fait physiologique qui en est cependant la conséquence.

Quand on administre une préparation mercurielle qui est authentiquement à base de mercure métallique, il est bien vrai que ce métal, sous l'influence des chlorures alcalins de l'économie, se transforme en bichlorure ; mais cette transformation est très lente à se produire, et jamais, par conséquent, le sel qui en résulte ne se trouve en quantité suffisante dans les cavités digestives pour irriter trop vivement leur muqueuse. Il ne manquera même pas d'arriver souvent que cette irritation soit assez faible pour passer à peu près inaperçue, et l'absorption mercurielle en sera d'autant diminuée.

Au contraire, si la préparation, nominalement à base de mercure métallique, contient en outre, à l'insu de celui qui la donne, des proportions notables d'oxyde mercurique, la formation du bichlorure dans les voies digestives suivra de très près l'ingestion; elle pourra être très abondante en même temps que très rapide, les lésions de la muqueuse gastro-intestinale seront alors d'une gravité exceptionnelle, et on aura tous les symptômes d'une intoxication mercurielle aiguë, en même temps qu'un accroissement marqué dans l'absorption du mercure.

Comme c'est à ce métal qu'on attribue, dans les deux cas, les effets observés, cela explique la flagrante contradiction des opinions émises par les différents auteurs sur le mode d'action thérapeutique des préparations auxquelles il sert de base. Pour les uns, ces préparations sont aussi douces que bénignes et n'exposent les malades à aucun risque sérieux de troubles du côté de l'intestin; pour d'autres, elles sont énergiquement actives et susceptibles, comme telles, de devenir dangereuses.

D'après ce qui précède, on voit que les premiers seuls sont dans le vrai; les seconds attribuent faussement au mercure ce qui est le fait de l'action d'un de ses composés les plus toxiques, inconsciemment employé par eux.

Pour conclure, on peut affirmer qu'il n'y a pas, à proprement parler, d'action physiologique du mercure ingéré; car celle qu'on observe localement dans certains cas d'ingestion ne lui est nullement imputable. Elle provient, soit des composés mercuriels auxquels il donne naissance par suite des transformations chimiques qu'il subit dans le canal alimentaire, soit de celles qui ont pour cause son altération plus ou moins profonde dans des excipients mal choisis. Cette action locale, à laquelle il est complètement étranger, lui ouvre les voies pour son absorption en nature, et quand c'est ainsi qu'il est absorbé, ni sa diffusion dans le sang, ni sa pénétration dans la trame des tissus et des organes ne sont prochainement suivis de troubles généraux sensibles. Le seul risque qu'il fasse alors courir est celui d'accidents nerveux dont il n'y a pas à se préoccuper au moment même où on l'administre, car ils ne se reproduisent qu'à très longue échéance, lorsque son administration ne porte que sur de très faibles doses longtemps continuées. Son élimination par les diverses glandes n'entraîne aucune modification apparente dans leur fonctionnement physiologique normal.

2° *Préparations mercurielles simples.* — Celles-ci, dont nous avons maintenant à nous occuper, jouent, comme on pouvait facilement le prévoir *a priori*, un rôle fort différent dans l'organisme suivant qu'elles sont solubles ou non. C'est dans le premier cas seulement qu'elles ont la propriété d'agir physiologiquement, tandis qu'elles en sont totalement dépourvues dans le second, et elles ne peuvent alors devenir actives qu'à la condition de se transformer préalablement en un composé soluble. Quand cette transformation, comme c'est le cas ordinaire, s'accomplit dans les cavités digestives, elle résulte d'une série de réactions de chimie physiologique dont nous allons résumer les traits principaux.

Chlorure mercureux (protochlorure de mercure, calomel, mercure doux). — Le chlorure mercureux ou calomel est celui de tous les composés mercuriels dont les transmutations dans l'organisme ont été étudiées avec le plus de soin, et pour se rendre compte des altérations qu'il y subit, indépendamment des recherches physiologiques auxquelles on l'a fait servir, on a aussi multiplié sur lui, *in vitro,* les essais les plus variés.

Les nombreux travaux dont il a été l'objet ne portant, pour la plupart, que sur des points particuliers de l'ensemble des modifications qu'il est susceptible d'éprouver dans l'organisme, et aboutissant souvent à des conclusions contradictoires, il y avait lieu de les reprendre pour en tirer, après les avoir préalablement contrôlés, un exposé général complet de la question à laquelle ils se rattachent. C'est dans ce but que Blarez (3) a entrepris les importantes recherches dont je vais résumer les résultats, en les empruntant à sa thèse sur l'*Absorption des mercuriaux*.

Au premier rang de ceux qu'on lui doit, il faut noter celui du rejet motivé de la légendaire théorie de Mialhe, qui confond dans une même explication tous les effets physiologiques, toxiques et thérapeutiques, non seulement du calomel, mais aussi de toutes les autres préparations mercurielles, en les attribuant à leur transformation en sublimé sous l'influence des chlorures alcalins de nos humeurs. Pour le calomel en particulier, lorsqu'on fait agir sur lui leurs solutions à des températures qui ne dépassent pas celle du corps humain, Blarez a démontré que cette influence est absolument nulle, et que les réactions observées étaient exclusivement le fait de l'eau de la dissolution.

L'eau toute seule, en effet, pure de tout mélange, comme on l'obtient par une bonne distillation, exerce sur le calomel une action décomposante manifeste, qui aboutit à le dédoubler en bichlorure et en mercure métallique, d'après la formule

$$Hg^2Cl = HgCl + Hg$$

Cette action décomposante, signalée pour la première fois par Roloff (4) et par Vogel (5) qui opéraient en maintenant pendant longtemps du calomel en contact avec de l'eau bouillante, se produit aussi à la température du corps, comme Hoglan (6) l'a constaté; mais c'est Blarez surtout qui l'a méthodiquement étudiée et qui en a donné comparativement la mesure.

Des nombreuses expériences qu'il a faites dans ce but, les seules qu'il y ait intérêt à rapporter ici sont celles qui ont été effectuées à la température du corps humain, ou du moins à une température très voisine, et voici ce qu'elles ont donné.

1 gramme de calomel et 60 centimètres cubes d'eau distillée ayant été chauffés à 40° au bain-marie et agités de temps en temps pendant quatre heures, on a trouvé, en renouvelant cette opération à plusieurs reprises, de 2 milligrammes à 2 milligr. 5 de sublimé dans le liquide filtré qui en provenait. Le résidu resté

sur le filtre contenait, avec le calomel non décomposé, du mercure métallique libre, dont la présence était facile à révéler par l'emploi du papier réactif à l'azotate d'argent ammoniacal.

Les résultats étaient sensiblement les mêmes que l'on se servît d'eau distillée bien aérée, ou d'eau distillée bouillie et refroidie à l'abri du contact de l'air; ils ne dépendaient nullement de l'action propre de la chaleur, car du calomel chauffé pendant longtemps à des températures variables, et traité ensuite par l'eau distillée et par l'éther, n'a abandonné à ces véhicules aucune trace de sel mercuriel.

Introduit dans les voies digestives et élaboré par les différents liquides organiques qu'il y rencontre, c'est bien encore avec de l'eau que le calomel est mis en contact, mais ce n'est plus, de beaucoup s'en faut, avec de l'eau pure, car celle qu'il y rencontre contient toujours en dissolution les substances les plus variées, qui peuvent et doivent intervenir plus ou moins activement pour leur propre compte : il y avait lieu, par conséquent, de rechercher leur mode d'action.

Ces substances sont, les unes de nature minérale, les autres de nature organique; celles de la première catégorie sont des sels alcalins, chlorures, phosphates et carbonates, et aussi quelques acides libres, chlorhydrique et phosphorique; celles de la seconde sont des albuminoïdes divers.

Action des chlorures alcalins sur le calomel. — Deux de ces sels, les chlorures de sodium et de potassium, se retrouvent invariablement dans tous les liquides de l'organisme avec lesquels le calomel entre en conflit lorsqu'il est administré par voie d'ingestion; mais, par contre, le chlorure d'ammonium y fait toujours défaut, et c'est là une particularité essentiellement importante à noter. Mialhe, en effet, pour démontrer l'action décomposante des chlorures alcalins sur les mercuriaux, s'est servi d'une liqueur, dite *liqueur d'essai,* ainsi constituée :

Chlorure de sodium......	0gr60
Chlorure d'ammonium ...	0 60
Eau distillée.............	10 »

En maintenant les divers mercuriaux en digestion avec cette liqueur pendant vingt-quatre heures, à des températures qui ont varié de 40° à 50°, il a obtenu des quantités de sublimé sensiblement supérieures à celles que donne, dans les mêmes conditions, la digestion avec de l'eau pure; et, dans le cas du calomel qui nous occupe ici spécialement, cette supériorité est nettement attestée par les chiffres d'une série de dosages comparatifs dont l'exactitude a été rigoureusement contrôlée...

Quoique exactes, les expériences de Mialhe n'en sont pas moins dépourvues de toute valeur pour le sujet qui nous occupe, parce que la *liqueur d'essai* avec laquelle elles ont été faites renferme un agent chimique qu'on ne rencontre nulle part dans l'organisme humain, ce qui ne permet pas de transporter à celui-ci les conclusions qu'elles ont fournies.

Pour opérer dans des conditions semblables à celles où les chlorures alcalins de l'économie agissent sur le calomel ingéré, Blarez s'est servi de solutions de chlorure de sodium et de chlorure de potassium, étendues au degré moyen (5 p. 1000) de leur dilution dans nos liquides organiques, et il a trouvé qu'elles n'activent en aucune façon, à la température de 40°, la dissociation du sel mercureux. Celui-ci n'est pas plus influencé par elles que par l'eau distillée la plus pure, il s'y dédouble exactement de la même manière, et dans les mêmes proportions, en mercure métallique et en bichlorure.

Il ne subsiste donc rien de la théorie de Mialhe, et Blarez, après avoir démontré la nullité de l'action décomposante des chlorures alcalins de l'économie sur le calomel, l'a constatée aussi, soit pour les acides minéraux organiques, soit pour ceux qu'il peut nous arriver d'introduire avec nos aliments dans les voies digestives. Il y avait surtout intérêt à faire cette constatation pour l'acide chlorhydrique, à cause de sa présence constante dans le suc gastrique et du rôle essentiel qu'il y joue, aussi Blarez a-t-il porté plus spécialement son attention sur ce point. Dans des essais comparatifs qu'il a faits avec de l'eau distillée d'une part et des solutions d'acide chlorhydrique à 1, 2 et 3 pour mille, il a trouvé que l'action était identiquement la même. Il y a toujours eu la même quantité de bichlorure formée, et les résidus ont toujours renfermé les mêmes proportions de mercure libre.

Des solutions étendues des acides phosphorique, acétique, citrique, tartrique et lactique ont donné des résultats identiques, et il faut en conclure, avec Blarez, que les acides minéraux déversés normalement dans les voies digestives, ou qui peuvent y être introduits avec nos aliments, sont sans influence aucune sur la décomposition du protochlorure de mercure ingéré; décomposition qui s'effectue par le fait seul de l'eau et non par celui de ces agents, en présence desquels le calomel se dédouble en bichlorure et en mercure métallique, tout comme s'ils ne s'y trouvaient pas.

S'ils interviennent à la suite de cette action, c'est pour réagir à leur tour sur le sel mercurique formé, et ils s'en partagent alors la base avec lui, proportionnellement à leurs capacités respectives de saturation, dans les conditions où l'on se trouve. C'est ce qui explique comment Bellini a pu dire qu'il se formait du lactate de mercure dans l'estomac.

Action des sels alcalins sur le calomel. — Mialhe a complètement passé sous silence l'action de ces sels, qui méritaient cependant de fixer son attention, car la plupart des liquides de notre organisme sont alcalins, et cette alcalinité est ordinairement due à des carbonates et à des bicarbonates de sodium et de potassium; plus rarement à des composés résultant de l'union de la potasse et de la soude avec des corps de nature protéique.

C'est à Jeannel (7) qu'on doit d'avoir signalé le premier l'action énergique que les carbonates et les bicarbonates alcalins de l'économie exercent sur le calomel, et d'avoir démontré par des expériences précises qu'elle était de beaucoup supérieure à celle des chlorures des mêmes genres. Blarez, qui a répété ces expériences et qui s'est assuré de leur rigoureuse exactitude, a entrepris une série d'essais comparatifs, à la température de 40°, en faisant agir sur du calomel de l'eau distillée et des solutions très étendues (au 1/1000) de carbonates et de bicarbonates de sodium et de potassium. La proportion de bichlorure contenue dans ces solutions a toujours très notablement dépassé celle que contenait l'eau distillée, et les quantités de mercure métallique libre qu'on retrouve dans tous les résidus varient dans le même rapport que les quantités correspondantes de bichlorure dissous.

Blarez a également vérifié, comme Jeannel l'avait annoncé, que l'eau ordinaire est plus active, dans la décomposition du calomel, que l'eau distillée, à cause du bicarbonate de chaux qu'elle tient en dissolution.

Quand l'alcalinité des liquides de l'organisme est due à la présence de soude ou de potasse, faiblement combinées avec des matières protéiques, ces alcalis, toutes choses égales d'ailleurs, ont un pouvoir décomposant plus grand encore que celui de leurs carbonates, et les expériences *in vitro* auxquelles on les a fait servir accusent une complexité très marquée dans les réactions qui se produisent alors. Il se forme, en effet, du protoxyde de mercure, du mercure métallique, du bichlorure et aussi du bioxyde de mercure provenant de l'action de l'alcali sur le bichlorure formé, en même temps qu'un chlorure alcalin entre en dissolution. Ceci est d'ailleurs une question de théorie pure, car, dans la pratique, les alcalis faisant partie de combinaisons protéiques, existent en trop faible proportion dans nos humeurs pour qu'il y ait à se préoccuper de leurs effets possibles. Les carbonates alcalins, au contraire, sont en quantité relativement notable dans certains liquides de l'organisme, tels que le suc intestinal, par exemple, et de tous les agents modificateurs du calomel dans les voies digestives, ils sont incontestablement ceux qui exercent l'action décomposante la plus énergique.

Action des principes albuminoïdes. — Quoique inférieure à celle des bicarbonates alcalins, elle n'en est pas moins très nettement accusée, et elle se traduit par des résultats de même ordre. C'est Selmi (8) qui l'a le premier signalée, en 1840, et qui a constaté que le calomel, traité par du blanc d'œuf, se dédoublait en mercure métallique et en bichlorure, dédoublement qui est facilité, d'après Grimelli, par la présence des chlorures alcalins, à cause de leur tendance à former avec le sublimé des sels doubles solubles.

Blarez, de son côté, s'est assuré que l'action du blanc d'œuf est immédiate et qu'elle provient de l'albumine seule qu'il contient, car celle-ci se comporte identiquement de la même manière lorsqu'elle a été débarrassée des sels qui l'accompagnent dans le blanc d'œuf naturel. Les albuminoses, notamment les peptones, agissent sur le calomel, mais leur action décomposante est moins marquée que celle de l'albumine.

Modifications subies par le calomel dans les voies digestives.— Avec les résultats de ces diverses expériences *in vitro* nous avons tous les éléments nécessaires pour nous rendre compte de ce que devient le calomel ingéré.

On peut l'administrer à jeun ou pendant la digestion : dans le premier cas, on fait ordinairement suivre son ingestion de celle d'une quantité variable de véhicule aqueux, et celui-ci restant pendant quelque temps à la température du corps, en contact dans l'estomac avec le sel mercureux, peut déjà, d'après la remarque de Blarez, en commencer la décomposition, à laquelle contribuent aussi la salive et le mucus stomacal qui sont légèrement alcalins et susceptibles à ce titre d'opérer le dédoublement du calomel en mercure métallique et en bichlorure. Il y a lieu, toutefois, de remarquer que leur action décomposante est très faible, car Blarez ne l'a pas trouvée supérieure à celle de l'eau ordinaire; aussi résulte-t-il de là que le calomel ingéré ne peut être décomposé, dans l'estomac, qu'en proportions fort minimes, et qu'on ne doit, par conséquent, l'administrer qu'à des doses très atténuées si l'on veut que les produits de sa décomposition stomacale soient intégralement absorbés. Dans ces conditions, comme le sublimé sur lequel porte cette absorption est extrêmement dilué, il n'irrite pas sensiblement la muqueuse gastrique.

A doses plus élevées, la portion du calomel qui est restée intacte dans l'estomac passe au bout d'un certain temps dans le duodénum, et là c'est par le suc intestinal qu'elle est élaborée. Ce suc, qu'on peut considérer comme du sérum transsudé, est un liquide très alcalin par suite de sa contenance en carbonate de soude, assez riche aussi en albumine, et, pour ce double motif, éminemment apte à opérer la décomposition du calomel, qui est alors prompt à se dissocier en mercure métallique et en bichlorure. Celui-ci, qui se produit au contact de la muqueuse intestinale, et relativement en quantité notable, irrite cette membrane sur une plus ou moins grande étendue, et cette irritation a pour conséquence d'activer dans une large mesure la sécrétion des glandes annexes. Cette sécrétion, par le flux qu'elle provoque, empêche l'absorption de mercure métallique et rend ainsi le calomel thérapeutiquement inactif contre la syphilis, en exaltant ses propriétés purgatives.

Pendant la digestion, le calomel est décomposé beaucoup plus activement dans l'estomac que lorsqu'il est ingéré à jeun, par suite de l'intervention des substances albuminoïdes et du suc gastrique. Blarez qui a opéré des digestions artificielles, en présence de calomel, avec viande et suc gastrique artificiel, a toujours trouvé que le produit de ces digestions contenait une quantité notable de mercure en dissolution, et le résidu une grande quantité de mercure libre. Dans ces conditions, comme il le remarque, il reste uni aux produits de la digestion à l'état de peptonate mercurique, et si le calomel est en trop grande proportion pour être entièrement décomposé dans l'estomac, l'excès passe dans l'intestin, où il produit, en se décomposant, une irritation qui tend à se traduire par une action purgative. Cette action est diminuée par les chlorures introduits avec les aliments, parce que ces sels, comme Jeannel (9) l'a démontré, enrayent l'action des carbonates alcalins sur le calomel. Il faut donc, d'après le conseil de Bellini, s'abstenir de donner des aliments salés en même temps que du calomel, non pas par la crainte qu'on avait autrefois de provoquer la formation d'un excès de sublimé et par suite une action trop vive, mais par celle, au contraire, d'obtenir une action insuffisante.

Maintenant que nous connaissons, par les résultats de cette série d'expériences *in vitro*, les effets produits sur le calomel par les principaux agents chimiques avec lesquels il se trouve en contact dans les voies digestives, nous voyons qu'il doit finalement s'y transformer en mercure métallique et en bichlorure; celui-ci pouvant à son tour donner naissance à des chloralbuminates ou à des chloropeptonates hydrargyro-alcalins, en présence des albuminoïdes et des albuminoses. L'observation directe et l'expérimentation sur les animaux ne laissent aucun doute à cet égard, et concourent également à prouver que c'est bien ainsi que les choses se passent dans l'organisme.

Buhl, ayant eu fréquemment l'occasion de faire des autopsies de typhiques qui avaient pris du calomel peu de temps avant leur mort, a trouvé des gouttelettes de mercure visibles à l'œil nu dans leur estomac et dans leur intestin, en même temps qu'il notait sur les muqueuses de ces organes les érosions caractéristiques de l'action du sublimé corrosif.

Overbeck (10) a opéré sur deux chats auxquels il a également administré du calomel par ingestion. Ces deux animaux moururent le lendemain, et leurs excréments renfermaient des grains intacts du sel mercureux ingéré, ce qui prouvait qu'il avait traversé toute la longueur du tube intestinal. L'autopsie montra l'estomac et le tube intestinal tout entier remplis d'une masse mucilagineuse où l'on distinguait partout, mais surtout dans l'estomac et dans le duodénum, des gouttelettes mercuriques semblables à celles qu'on obtient en traitant du calomel par l'albumine, et ayant la grosseur moyenne de celles de l'onguent gris. Tous les liquides intestinaux filtrés renfermaient du bichlorure, et sous l'influence de cet agent il y avait eu inflammation de la muqueuse du gros intestin et du côlon, ulcération de celle du rectum.

En dernière analyse, deux faits essentiels et surabondamment prouvés résultent de l'administration du calomel à l'intérieur: 1° *mise en liberté de mercure métallique;* 2° *production d'une proportion correspondante de sublimé corrosif.*

Comme le métal mis en liberté est réduit chimiquement, et par suite extrêmement divisé; comme il se trouve, d'autre part, directement en contact avec le réseau sanguin de la muqueuse gastro-intestinale, que le bichlorure a plus ou moins enflammée, les deux conditions nécessaires pour assurer l'absorption du mercure en nature sont ainsi remplies, et les expériences précédemment citées de Rindfleisch nous assurent de la réalité de cette absorption.

Le bichlorure, d'ailleurs, n'a pas seulement pour rôle de la rendre possible par son action traumatique sur la muqueuse gastro-intestinale, ses réactions propres que nous allons maintenant étudier, et celles des albuminates hydrargyro-alcalins auxquels il donne naissance, aboutissent, elles aussi, comme résultat final, à une absorption de mercure métallique.

Chlorure mercurique (bichlorure de mercure, sublimé corrosif). — Le bichlorure de mercure est sans contredit l'agent le plus employé dans le traitement de la syphilis, et si l'on remarque, en outre, qu'en sus de son emploi direct il n'est peut-être pas de cas d'administration des autres mercuriaux où il n'intervienne par sa formation secondaire; on voit, par ce rang exceptionnel qu'il occupe dans la pratique, quelle importance il faut attacher à l'étude de son mode d'action physiologique.

Pour lui comme pour tous les mercuriaux solubles, cette action est d'abord locale et s'exerce directement sur les parties de la muqueuse gastro-intestinale avec lesquelles il se trouve mis en contact. Nous pouvons la caractériser d'un seul mot en disant qu'elle est *caustique;* et les lésions organiques par lesquelles elle se manifeste ne diffèrent en rien de celles qui sont produites par les toxiques irritants. Aux points où elle est ainsi phlogosée, la membrane qui tapisse les voies digestives offre des facilités particulières à l'absorption mercurielle : celle-ci, dans ces conditions, ne peut donc manquer de s'accomplir, et la mercurialisation du sang qui en résulte d'abord, puis bientôt celle de l'organisme tout entier, entraînent dans l'état physiologique normal des troubles plus ou moins profonds que nous étudierons en les rapportant à ce que nous avons appelé *l'action générale du sublimé.*

Action locale du sublimé corrosif. — Elle est, comme nous

l'avons déjà dit, de même nature que celle qu'exercent les irritants en général. Comme eux, en effet, au moment de son introduction dans les voies digestives, le sublimé y détermine des lésions symptomatiques d'une inflammation plus ou moins intense des parties touchées; celles-ci, à l'autopsie, ne présentent donc que des lésions du type inflammatoire : de la rougeur à des degrés divers, des ecchymoses et des eschares, et quelquefois même leur altération peut aller assez loin pour qu'elles en arrivent à se détacher par lambeaux.

Ces lésions ne sont pas autres que celles auxquelles donnent lieu tous les irritants, pourvu qu'ils soient tant soit peu énergiques, et il n'y a rien là qui appartienne en propre au sublimé, sauf, cependant, l'aspect particulier que présente l'eschare lorsqu'elle vient de lui. Elle est alors solide, bien circonscrite, d'une couleur gris blanchâtre, qu'on peut regarder comme spécifiquement caractéristique, mais qui le devient surtout lorsqu'on complète le diagnostic tiré de la couleur par celui de réactions faciles à produire, sur lesquelles j'aurai plus tard à revenir.

Pour expliquer l'action locale du sublimé, on s'accorde généralement à la considérer comme une conséquence de la propriété qu'il possède de précipiter l'albumine et les diverses substances albuminoïdes, en formant avec elles des composés bien nettement définis. Dès lors, toutes les fois qu'il serait mis en contact avec un tissu vivant, il se combinerait avec l'élément fibro-albumineux qui en fait la trame, et en l'altérant ainsi dans sa constitution intime il deviendrait pour lui une cause de désorganisation et de mort. Quand il est introduit dans les voies digestives, ce serait donc à son action coagulante sur l'albumine qu'il faudrait attribuer l'action irritante qu'il exerce sur la muqueuse gastro-intestinale, mais aucun de ceux qui rendent cette coagulation seule responsable des lésions observées n'a recherché, ni dans quelle mesure elle se produit, ni comment elle peut entraîner à sa suite d'aussi violents accidents inflammatoires que ceux qu'on voit résulter de l'ingestion des plus faibles doses de sublimé.

Que ce sel coagule l'albumine libre quand il en rencontre à cet état dans la sérosité qui humecte nos tissus, c'est un fait bien assuré dont on ne saurait se dispenser de tenir compte, mais dont il convient aussi de ne pas exagérer l'importance, car il se passe en dehors de ces tissus eux-mêmes, et c'est l'action propre et directe du sublimé sur ceux-ci qu'il y a surtout intérêt à connaître.

Cette action que je n'ai trouvée nulle part mentionnée dans les traités modernes sur la matière, et dont on ne semble même pas, aujourd'hui, soupçonner la possibilité, n'en affecte pas moins un caractère très nettement marqué de spécificité qui ne laisse subsister aucun doute à son égard.

Elle rentre, comme cas particulier, dans ce fait général, depuis longtemps constaté, de l'altération de toutes les substances organiques animales et végétales par le sublimé, sur lequel, à l'entour, les substances qu'il altère exercent toujours une action réductrice qui peut aller, dans certains cas, jusques à la mise en liberté du mercure métallique, mais qui s'arrête ordinairement à l'apparition du calomel.

La première observation relative à cet ordre de faits date de 1879, et elle appartient à Berthollet (11) qui a opéré en mettant de la fibrine et un morceau de chair dans une solution aqueuse de sublimé. On remarque alors la formation d'un précipité blanc qui n'est autre chose que du calomel; les substances animales employées perdent leur plasticité et leur cohésion et deviennent friables; enfin, la liqueur, qui avait d'abord une réaction alcaline, s'acidifie fortement, et l'analyse montre que c'est de l'acide chlorhydrique qu'elle renferme.

Henry (12) et Boullay (13) étendirent à un très grand nombre de substances organiques, non seulement animales mais aussi végétales, les recherches que Berthollet avait limitées à la fibrine et au tissu musculaire, et ils démontrèrent que toutes ces substances, sans exception, réduisaient le sublimé à l'état de protochlorure, ou même de mercure métallique, en donnant lieu à une formation correspondante d'acide chlorhydrique.

Vignon, qui a spécialement étudié, dans ces derniers temps, l'action réductrice du coton, la fait dériver des propriétés acides qu'il attribue à celui-ci, en s'appuyant sur des considérations de thermo-chimie que je n'ai pas à reproduire ici, et l'explication qu'il propose pour le cas du coton conviendrait également à tous les autres cas. En vertu de leur fonction acide, les substances organiques qui sont aptes à réduire le sublimé commenceraient d'abord par déplacer l'oxyde mercurique de sa combinaison avec l'acide chlorhydrique, et le calomel résulterait de la réaction de l'oxyde mercurique sur le bichlorure non décomposé, réaction qui s'accomplirait d'après la formule suivante :

$$HgCl + HgO = Hg^2Cl + O.$$

Quoi qu'il en soit de la valeur théorique de cette explication, ce qui reste incontestablement acquis c'est que la réduction du sublimé par les diverses substances organiques animales et végétales est un fait constant dont la généralité ne comporte aucune exception, et que cette réduction, quand elle n'a pas pour effet de mettre en liberté du mercure métallique, donne au moins toujours lieu à une formation de chlorure mercureux, en même temps que d'acide chlorhydrique.

Tout se passe dans l'organisme comme dans les expériences *in vitro* que nous venons de rapporter; Devergie (14) en a fourni la preuve suivante, qui est décisive.

Expérience de Devergie. — Ce savant toxicologiste, après avoir empoisonné un chien avec une dose de $0^{gr},5$ de sublimé, a trouvé que la muqueuse de l'estomac avait été altérée par le poison sur une étendue d'environ 30 centimètres carrés. Détaché des parties saines, le lambeau correspondant avait sa surface recouverte d'une poudre d'un gris blanchâtre, qui fut enlevée et qui passa au gris noirâtre lorsqu'elle fut traitée par le protochlorure d'étain. On put alors y reconnaître, à la loupe, la présence du mercure métallique, et Devergie en conclut que cette poudre était formée par du calomel, dont il a voulu poursuivre la recherche jusque dans la trame intime des tissus du lambeau altéré. Il a, pour cela, fait deux parts égales de ce lambeau, et il les a vues, elles aussi, se teinter en gris noirâtre par l'action du protochlorure d'étain. Dans cet état de véritable imprégnation hydrargyrique elles ont été, par deux procédés différents, soumises à l'influence d'agents chimiques qui ont opéré la destruction de la matière organique, et le mercure a pu être facilement décelé dans les liquides provenant des deux opérations.

Il y a manque de rigueur à se servir du protochlorure d'étain pour révéler la présence du calomel, puisque le sel stanneux réduit également tous les sels mercuriels; l'expérience de Devergie laissait donc quelque chose à désirer sous ce rapport, et voici dans quelles conditions je l'ai reprise.

Dans des essais préliminaires, j'ai d'abord employé des lambeaux d'estomac et d'intestin pris sur des animaux récemment tués, et après les avoir soigneusement lavés pour les débarrasser de toute trace d'enduit albuminoïde, je les ai maintenus pendant quatre heures dans des solutions de sublimé de titres divers. Tous se sont recouverts d'un dépôt pulvérulent blanchâtre, que j'ai enlevé par un léger grattage, recueilli sur du papier buvard et séché par expression. Essuyée directement au papier réactif à l'azotate d'argent ammoniacal, cette poudre blanche l'a quelquefois impressionné faiblement, ce qui prouve qu'elle contenait alors quelques traces de mercure réduit; mais dans la majorité des cas elle est restée inactive.

Après cette première épreuve, généralement négative, la poudre est soumise à l'action des vapeurs ammoniacales, sous l'influence desquelles elle doit noircir si elle est formée de calomel, et le produit noir qu'on obtient alors doit aussi renfermer du mercure libre. Dans tous les cas que j'ai examinés, c'est bien ainsi que les choses se sont passées, et la poudre qui n'impressionnait pas le papier réactif avant l'exposition aux vapeurs ammoniacales l'a toujours, au contraire, très fortement impressionné après avoir noirci, ce qui caractérise nettement la présence du mercure métallique.

C'est donc bien du calomel qui s'est formé par l'action réductrice des lambeaux d'estomac et d'intestin mis en contact avec des solutions de sublimé corrosif, et comme celui-ci ne s'étale pas seulement à la surface des tissus réducteurs, comme il pénètre aussi, par imbibition, dans leur trame intime, il en résulte que le calomel s'y retrouve aussi bien à l'intérieur qu'à l'extérieur. On peut facilement s'en assurer en exposant aux vapeurs ammoniacales les lambeaux qui ont séjourné dans la solution de bichlorure, après les avoir préalablement lavés à grande eau et grattés superficiellement; ils prennent alors une teinte grisâtre, due à l'apparition du mercure métallique mis en liberté, et ils accusent nettement sa présence par la propriété qu'ils ont d'impressionner caractéristiquement le papier réactif à l'azotate d'argent ammoniacal.

A défaut d'expériences on a, pour l'homme, les résultats de nombreuses autopsies faites à la suite d'empoisonnements par le sublimé corrosif, et dont la description mentionne ordinairement, avec la couleur et l'aspect caractéristiques des eschares, l'acidité des liquides qui baignent les tissus altérés.

L'action locale du sublimé administré par voie d'ingestion est donc facilement explicable : en se réduisant au contact de la muqueuse gastro-intestinale, ce sel donne lieu à une double formation d'acide chlorhydrique et de protochlorure de mercure; le premier, qui est un irritant très énergique, corrode plus ou moins profondément les tissus qu'il attaque, et détermine ainsi les lésions inflammatoires observées; le second constitue l'enduit blanchâtre qui recouvre les eschares. Il n'y a rien dans tout cela qui se rattache tant soit peu à l'action coagulante du sublimé sur l'albumine.

Désorganisée par l'inflammation dont elle est le siège, la muqueuse gastro-intestinale remplit la condition qu'elle doit réaliser pour se prêter à l'absorption, et, celle-ci étant devenue possible, il nous reste à rechercher sur quelles substances elle s'effectue.

L'irritation de la muqueuse gastro-intestinale n'a pas seulement pour effet de rendre cette membrane absorbante, elle provoque encore une surexcitation plus ou moins vive des glandes gastriques et intestinales, d'où il résulte un afflux plus abondant des sucs qu'elles déversent dans les cavités digestives. Comme ces sucs sont alcalins et qu'ils contiennent, en outre, une proportion notable d'albuminoïdes, la réaction commune qu'ils exercent, à ce double titre, sur le calomel déposé à la surface et dans l'épaisseur même de la muqueuse gastro-intestinale a pour effet de le dédoubler en mercure métallique et en bichlorure, lequel, à son tour, si les albuminoïdes sont en excès, ce qui est le cas ordinaire, passe à l'état de chloralbuminate hydrargyro-alcalin soluble dans le liquide albuminique. Comme le mercure métallique mis en liberté est à l'état d'extrême division, et qu'il affecte cet état non seulement à la surface, mais dans la trame intime de tissus plus ou moins phlogosés, sa pénétration dans les capillaires sanguins mis à nu devient ainsi possible, et il est ainsi introduit, en nature, dans la circulation générale.

Pour les chloralbuminates hydrargyro-alcalins qui l'accompagnent, les conditions de l'absorption sont plus favorables encore puisqu'ils se présentent à l'état de dissolution ; et on peut enfin concevoir aussi le passage dans le sang d'une certaine quantité de bichlorure de mercure, dans les cas où ce sel se serait trouvé en excès par rapport aux substances albuminoïdes des sucs stomacaux et intestinaux.

Dans tout ce qui précède nous avons supposé que le mercure ingéré était mis directement en contact avec la muqueuse gastro-intestinale, ce qui implique qu'il était administré à jeun ; mais il n'en est pas toujours ainsi, car pour éviter les nausées qu'il peut provoquer à jeun, on est souvent obligé de le faire prendre au moment des repas. Dans ce cas, avant d'agir sur la muqueuse stomacale, il rencontre dans la cavité même de l'estomac les aliments qui, en leur qualité de substances organiques animales ou végétales, le réduisent en protochlorure et en acide chlorhydrique; ce qui nous ramène au cas précédent pour l'effet chimique produit, mais avec une atténuation marquée de l'action physiologique, puisque les corps qui en sont les promoteurs ne prennent plus naissance, comme dans les cas de l'ingestion à jeun, au contact même de la muqueuse gastro-intestinale.

Mélangé aux aliments qui ont provoqué sa formation, l'acide chlorhydrique n'est pas altéré par eux; dans le pétrissage de la masse alimentaire par les contractions péristaltiques de l'estomac il est incessamment ramené sur la muqueuse de cet organe, et une inflammation s'y détermine qui en assure la perméabilité pour l'absorption.

Le calomel, lui, ne reste pas intact dans la masse alimentaire; à mesure que la digestion s'avance, les principes albuminoïdes, qui deviennent de plus en plus abondants dans le chyme, suffisent bientôt pour le dédoubler totalement en mercure métallique et en bichlorure, lequel, à son tour, en présence des albuminoïdes en excès, donne lieu à une formation de chloralbuminates hydrargyro-alcalins solubles. Blarez, en opérant des digestions artificielles en présence du sublimé, a constaté, en effet, l'existence constante du mercure métallique dans les résidus de ces digestions, et l'on sait finalement que, dans les deux cas de l'ingestion du bichlorure de mercure, à jeun ou pendant les repas, c'est toujours sur les mêmes substances que porte l'absorption. Les plus importantes à considérer sont le mercure métallique et les chloralbuminates hydro-alcalins en dissolution; mais il peut aussi arriver qu'il y ait absorption directe du bichlorure lui-même. Demandons-nous maintenant quelles conséquences cette triple absorption peut entraîner pour l'ensemble de l'organisme.

Action générale du bichlorure de mercure. — Pour un des corps fournis à l'absorption par le sel mercurique, c'est-à-dire ici pour le mercure métallique, cette action générale est nulle ou du moins sans effet immédiat dont il y ait tant soit peu à se préoccuper pendant la durée du traitement. Introduit d'abord dans le sang, où il passe à un état d'extrême division, le métal mis en liberté est sans influence aucune sur le liquide sanguin, et la preuve de son innocuité complète, dans cette circonstance, ressort surabondamment des résultats des nombreuses expériences rapportées au chapitre V (p. 260-264) sur les effets des injections directes de mercure dans le système circulatoire des animaux vivants.

Les injections ont été faites habituellement dans les veines, plus rarement dans les artères, et dans aucun cas les habiles expérimentateurs qui les ont pratiquées n'ont signalé ni d'altération visible dans le sang injecté, ni de troubles fonctionnels qu'on pût rapporter à la plus légère altération latente. Lorsqu'il s'est produit des désordres plus ou moins graves, parfois suivis de mort, leur origine a toujours été exclusivement mécanique, et leur processus n'a pas varié. Si on opère avec du mercure insuffisamment divisé, les gouttelettes trop grosses sont arrêtées au passage dans les capillaires qu'elles obstruent en y rendant la circulation impossible, et comme elles jouent alors le rôle de corps étrangers dans les tissus des organes auxquels ces capillaires appartiennent, elles deviennent le centre d'autant de foyers d'inflammation dont la formation peut devenir le point de départ d'accidents redoutables, mais contre le risque desquels il est toujours facile de se prémunir.

Il suffit, dans ce but, d'employer en injections du mercure assez finement divisé pour que l'atténuation de ses globules rende leur libre circulation possible dans tous les réseaux capillaires, et grâce à cette simple précaution le métal injecté dans le sang y devient absolument inoffensif : ce qui écarte toute idée d'une altération quelconque de ce liquide. Ce qui est vrai, sous ce rapport, pour du mercure divisé par des moyens mécaniques, l'est *a fortiori* pour du mercure réduit chimiquement, comme l'est celui que l'ingestion du sublimé corrosif fournit à l'absorption gastro-intestinale.

Au sortir du sang, le mercure introduit dans ce liquide passe en partie dans les organes où il peut s'accumuler en proportion variables, en partie il s'élimine par les diverses sécrétions glandulaires, et dans leurs nombreuses expériences, Gaspard, Cruveilhier, Claude Bernard, Furbringer et beaucoup d'autres encore n'ont pas signalé un seul fait qui tende à établir que cette élimination s'accompagne d'un trouble fonctionnel quelconque pour les glandes qui en sont le siège.

Quant à la portion du métal qui finit, à la suite d'une administration longtemps continuée, par imprégner l'économie tout entière, c'est sur le système nerveux seulement qu'elle exerce son action, et celle-ci se traduit surtout, comme on le sait, par un tremblement symptomatiquement caractéristique. Puisque le sublimé corrosif ingéré fournit du mercure métallique à l'absorption, son emploi peut donc, à la rigueur, provoquer des troubles nerveux; mais on n'en trouve qu'un très petit nombre de cas, trois ou quatre tout au plus, rapportés dans les recueils d'observations cliniques, et comme ce n'est que dans des conditions très exceptionnelles qu'ils peuvent se produire, comme ces conditions ne se présentent jamais lorsqu'on applique, suivant la méthode aujourd'hui consacrée, le traitement antisyphilitique par le sublimé, on peut affirmer, à propos de l'action générale exercée par ce traitement, qu'elle ne dépend en rien du mercure métallique fourni par lui à l'absorption.

Avec les chloralbuminates hydrargyro-alcalins il n'en est plus de même, et leur passage dans le sang, que leur solubilité rend si facile, entraîne dans la constitution et, par suite, dans le fonctionnement de ce liquide, des modifications qui ont leur répercussion sur l'organisme tout entier.

Miscibles au sérum, sur lequel on ne les voit produire aucun effet appréciable, les chloralbuminates hydrargyro-alcalins agissent au contraire énergiquement sur les globules, par l'hémoglobine desquels ils sont entièrement précipités, ce qui ne peut avoir lieu, comme nous l'avons vu précédemment, sans que ces globules soient eux-mêmes profondément altérés et bientôt désorganisés et détruits. Malgré cette altération ils restent pendant quelque temps suspendus dans le plasma sanguin; mais ils ne tardent pas à se déformer, ils perdent leurs principes constituants, hématine et pigment, et ils finissent par disparaître en abandonnant au sang les déchets de leur décomposition ultime. Quoique moins atteints, en apparence, que les globules rouges, les globules blancs subissent eux eussi l'influence désorganisatrice des chloralbuminates hydrargyro-alcalins, et le sang ne saurait être ainsi vicié dans ses éléments vitaux les plus essentiels sans qu'il en résulte une perturbation générale dans l'organisme. On doit voir, en effet, dans cette viciation, comme Gubler l'a fait depuis longtemps remarquer, la cause prochaine des désordres fonctionnels très marqués qui peuvent se produire à la suite de l'ingestion du sublimé, et qui consistent surtout en phlogoses, hyperémies, congestions sanguines aux divers organes, troubles nutritifs de nature diverse.

Les lésions inflammatoires que provoque l'action générale résultant de l'ingestion du sublimé corrosif affectent spécifiquement certaines parties de la membrane muqueuse du tube digestif, et elles ont leur siège spécial soit dans la bouche, soit dans les parties inférieures, côlon et rectum, plus rarement dans le duodénum. Elles diffèrent nettement en cela de celles auxquelles donne lieu l'action locale, car celles-ci se remarquent principalement, si ce n'est uniquement, dans l'estomac, et dépassent rarement le commencement du duodénum. Elles en diffèrent encore par l'aspect des eschares qui sont rouges et non pas blanchâtres, et qui ne donnent pas la réaction du mercure métallique lorsqu'elles ont été exposées aux vapeurs ammoniacales.

Ce qui prouve bien, d'ailleurs, que l'action générale exercée par le sublimé ingéré stomacalement est due à l'absorption des chloralbuminates hydrargyro-alcalins provenant des modifications qu'il subit dans les voies digestives, c'est qu'elle se reproduit identiquement avec tout l'ensemble de ses symptômes caractéristiques, lorsque ces mêmes chloralbuminates sont introduits directement dans le sang par voie d'injection intra-veineuse. Les lésions occasionnées par ces sels ne se rattachent d'ailleurs en rien, ni directement ni indirectement, à la présence du mercure qu'ils renferment, car d'autres composés métalliques, ceux du platine d'après Kebler, ceux de l'or, ceux de l'arsenic d'après Bœhm et Unterberger, en provoquent de semblables lorsqu'ils sont injectés dans les veines. Mering se demande si on ne peut pas interpréter ce phénomène par une modification de la pression artérielle due à l'altération du sang, comme Bœhm et Unterberger l'ont fait pour l'arsenic, et Kebler pour le platine.

Quand, à la suite d'une ingestion stomacale de bichlorure de mercure, il y a absorption de ce sel lui-même, comme nous avons vu que cela est possible dans certains cas, c'est encore à la réaction des chloralbuminates qu'on est ramené. Le bichlorure, en effet, en pénétrant dans le sang y rencontre le sérum avec l'albumine duquel il se combine, et au lieu de venir du dehors c'est dans le liquide sanguin lui-même que le chloralbuminate hydrargyro-alcalin alors formé prend naissance. Comme il est en présence de sérum en excès, il s'y dissout, et l'action altérante qu'il exerce sur les globules est celle que nous avons déjà étudiée. Elle se complique ici d'une perte d'albumine par le plasma sanguin, puisque le bichlorure prend à ce liquide celle avec laquelle il se combine.

En terminant ici cette étude de l'action générale de ce sel, je dois rappeler que lorsque les albuminates qui en dérivent agissent sur l'hémoglobine des globules, ils sont entièrement précipités par elle, et qu'il ne reste plus, après cette précipitation, aucun composé mercuriel soluble dans le sang. J'ai démontré, de plus, que le précipité hémoglobinilique formé renfermait toujours une certaine proprotion de mercure libre, reconnaissable à la réaction de ses vapeurs sur le papier sensible à l'azotate d'argent ammoniacal, ce qui suppose, lorsque les faits se passent dans l'économie, que ce métal s'est fixé sur les globules et qu'il devient libre lorsque ceux-ci se détruisent. Il s'ajoute alors à celui qui a été pris par absorption dans les voies digestives.

Iodure mercureux (protoiodure de mercure). — Ce médicament, dont on fait aujourd'hui un si fréquent usage dans le traitement de la syphilis, ne pouvant, par suite de son insolubilité, exercer aucune action propre sur les muqueuses des cavités digestives, doit nécessairement, pour fournir du mercure à l'absorption, subir des transformations qui dépendent elles-mêmes du moment choisi par l'ingestion.

Administré à jeun, le protoiodure de mercure ne rencontre dans le canal que des liquides alcalins sous l'influence desquels il se dédouble en mercure métallique et en biiodure; mais Mialhe d'abord, et Blarez ensuite ont montré que l'action exercée sur lui par ces solutions alcalines est des plus faibles, et qu'elle est, en particulier, notablement inférieure à celle que ces solutions, dans les mêmes conditions, exercent sur le calomel. Aussi constate-t-on, dans la pratique, que les effets de ce dernier médicament l'emportent de beaucoup sur ceux du protoiodure, lorsque tous deux sont ingérés à jeun.

Il n'en est plus de même lorsque l'ingestion des deux sels mercureux a lieu pendant la digestion, et c'est, dans ce cas, le protoiodure qui passe au premier rang pour l'énergie de ses effets, car il se trouve alors en présence du suc gastrique qui agit intensivement sur lui non seulement par son acide chlorhydrique libre, mais aussi par ses principes albuminoïdes.

Sous l'influence de l'acide chlorhydrique, l'iodure mercureux se dédouble d'abord en mercure métallique et iodure mercurique, puis l'acide chlorhydrique réagit sur ce dernier sel pour partager le mercure avec l'iode suivant les lois de la statique chimique, et il y a, par conséquent, formation de bichlorure de mercure. Les réactions que nous venons de décrire aboutissant à un double apport dans la cavité stomacale de mercure métallique, en proportion notable, et de sublimé, nous sommes ainsi ramenés à un cas précédemment examiné, et dans lequel nous savons qu'il y a absorption du métal en nature.

Le suc gastrique renferme encore des principes albuminoïdes qui agissent sur l'iodure mercureux comme ils le font sur le calomel, c'est-à-dire qui le dédoublent, eux aussi, en mercure métallique et en iodure mercurique. Celui-ci, auquel s'ajoute l'iodure mercurique provenant de l'action de l'acide chlorhydrique, se combine avec les substances albuminiques pour former un albuminate iodo-mercurique alcalin soluble, lequel peut, à ce titre, pénétrer dans le sang. Là, comme les chloralbuminates, il est précipité par l'hémoglobine avec altération des globules suivie de leur prompte destruction, et au moment où cette destruction s'opère, il y a libération d'une certaine quantité de mercure métallique qui se diffuse dans le liquide sanguin.

Blarez, qui a fait comparativement des digestions artificielles avec le protochlorure et avec le protoiodure de mercure, a trouvé que celles faites avec le premier renfermaient plus de mercure en solution que celles faites avec le second. Il a trouvé aussi que les résidus des produits digérés en présence du protochlorure contenaient plus de mercure libre que ceux provenant de digestions faites en présence du protoiodure.

J'ai supposé, dans tout ce qui précède, que le protoiodure ingéré était chimiquement pur, mais on peut affirmer qu'il n'en est jamais ainsi dans la pratique. Ce composé, en effet, est d'une telle instabilité qu'on ne saurait répondre de sa pureté qu'à la condition de l'employer au moment même où il vient d'être préparé. La lumière l'altère promptement, et il en est de même du temps, car conservé dans l'obscurité la plus complète il se dédouble insensiblement en mercure et en biiodure de mercure. De nombreux échantillons pris dans diverses officines, essayés au papier réactif à l'azotate d'argent ammoniacal, m'ont toujours donné des empreintes très fortement accusées; ce qui prouve que tous contenaient des quantités notables de mercure libre. C'est une particularité dont il importe de tenir compte dans l'emploi thérapeutique du protoiodure de mercure; car, par le seul fait qu'il le présente, on est en droit d'affirmer qu'il fournit du mercure en nature à l'absorption.

Iodure mercurique (biiodure de mercure). — A côté du bichlorure de mercure se place, pour l'importance thérapeutique, le biiodure, qui est très peu soluble dans l'eau, mais dont la solution est encore très énergique.

Elle se comporte, en effet, comme celle du bichlorure, et sous l'influence réductrice de la muqueuse gastro-intestinale elle donne du protoiodure, avec lequel nous sommes ramenés au cas précédent, et de l'acide iodhydrique qui peut, soit agir localement comme caustique irritant sur la muqueuse, soit dissoudre en partie le biiodure insoluble et former avec lui un iodhydrargyrate double soluble, susceptible dès lors de passer directement dans le sang, où son mode d'action sera plus tard expliqué.

Comme la solubilité du biiodure de mercure est bien faible, c'est une très petite portion de ce sel qui donne lieu aux réactions que nous venons d'indiquer; et dans l'effet total qu'il produit, c'est surtout par sa portion insoluble qu'il intervient. Celle-ci, ne pouvant pas se prêter directement à l'absorption, ne saurait devenir active qu'après avoir subi dans l'économie des transformations, qui sont de nature différente suivant que l'ingestion est pratiquée à jeun ou pendant la digestion.

Lorsqu'on l'ingère à jeun, le biiodure de mercure, sous l'influence des chlorures alcalins de l'estomac et de l'intestin, donne naissance à du bichlorure de mercure et à un iodure double de mercure et de sodium dont la formation est exprimée par la formule suivante :

$$2\,HgI + NaCl = HgCl + HgI,NaI.$$

Cette formule nous montre qu'une grande partie du biiodure est transformée en sublimé corrosif, et par le fait de celui-ci il y a, comme nous le savons, du mercure métallique fourni à l'absorption. Quant à l'iodure double de mercure et de sodium, comme il est très soluble et qu'en pénétrant dans le sang il peut y rester encore dissous, puisqu'il n'est précipité ni par l'albumine du plasma ni par l'hémoglobine des globules, il a une action antisyphilitique propre qui s'ajoute ici à celle du mercure métallique, et qui peut être entièrement assimilée à celle de l'iodure double de mercure et de potassium dont nous aurons spécialement à nous occuper lorsque nous étudierons les effets de la plus employée des préparations mercurielles composées, le sirop si connu de Gibert.

Pendant la digestion, indépendamment de l'action des chlorures alcalins, le biiodure subit encore celle des acides libres du suc gastrique, qui réagissent énergiquement sur lui, même quand ils sont en solution très diluée. Il se forme alors non seulement du bichlorure de mercure, mais aussi de l'acide iodhydrique qui dissout une proportion notable de biiodure, et pendant que le bichlorure fournit du mercure métallique à l'absorption, l'iodhydrargyrate passe directement dans le sang, où il peut, comme nous l'avons déjà vu, rester en dissolution.

Pendant la digestion encore, le biiodure de mercure se trouve en contact avec des substances albuminoïdes, et Overbeck prétend qu'elles sont capables d'exercer sur lui une action réductrice très faible à la vérité, mais qui aboutirait néanmoins, d'après lui, à la mise en liberté d'une certaine quantité de mercure métallique. Ses expériences que j'ai répétées ne m'ont donné que des résultats négatifs, et il est probable que le métal libre qu'on trouve dans l'estomac lorsqu'on y ingère du biiodure provient des réactions du bichlorure dont la formation a toujours lieu à la suite de cette ingestion. Quoi qu'il en soit, Blarez, qui a opéré à plusieurs reprises des digestions artificielles en présence du biiodure, a toujours trouvé du mercure métallique dans les résidus de ces digestions.

Bromures mercureux et mercurique (protobromure et bibromure de mercure). — Leurs réactions dans l'économie sont les mêmes que celles des iodures correspondants, et il y aurait double emploi à revenir sur des détails déjà connus. Il y a cependant entre le periodure et le perbromure de mercure une différence qui mérite d'être signalée ; c'est celle de leur solubilité, qui est très faible pour le premier, très grande au contraire pour le second. Dans ces conditions, le bibromure réduit en plus grande quantité par la muqueuse gastro-intestinale, et abandonnant plus d'acide libre que le biiodure, a aussi une action locale irritante beaucoup plus énergique, et c'est peut-être pour cette cause que les deux bromures de mercure sont très rarement employés dans la pratique.

Oxyde mercureux (protoxyde de mercure). — Cet oxyde existe réellement, mais il est très peu stable et se dédouble facilement en mercure métallique et bioxyde de mercure. Le métal ainsi obtenu est dans un état d'extrême division qui le rend éminemment propre à être absorbé, et l'oxyde mercurique intervient pour déterminer l'altération qui permet à la muqueuse gastro-intestinale de se prêter facilement à cette absorption.

Oxyde mercurique (bioxyde de mercure, oxyde rouge de mercure). — Cet oxyde est légèrement soluble dans l'eau; il est donc déjà irritant à ce titre, mais il le devient surtout lorsqu'on l'ingère dans les voies digestives, par la modification que lui font subir les chlorures alcalins et les acides libres du suc gastrique. Sous leur influence, il se transforme immédiatement en bichlorure, et on retombe alors sur la série bien connue des réactions de ce sel.

Azotate mercureux (protoazotate, protonitrate de mercure). — Si ce sel est employé en dissolution, comme il ne peut être dissous qu'à la faveur d'un excès d'acide azotique, la présence de cet acide libre a pour effet de le rendre caustique au plus haut degré. Il exerce donc, lorsqu'il est ingéré à jeun, une action altérante locale très énergique sur la muqueuse gastro-intestinale, et les lésions inflammatoires qui désorganisent cette membrane, en exaltant considérablement par là son pouvoir absorbant. Ce n'est pas, d'ailleurs, seulement l'acide azotique libre employé à dissoudre le sel mercureux qui joue ici le rôle d'agent corrosif, l'acide azotique combiné intervient dans le même sens, car il est facile de s'assurer que toutes les substances organiques animales et végétales, mais surtout les premières, réduisent complètement le protonitrate de mercure, en donnant naissance, d'une part, à du mercure métallique qui se fixe sur le corps réducteur, d'autre part, à de l'acide azotique libre.

Pour démontrer, en particulier, que la muqueuse gastro-intestinale jouit elle aussi de cette propriété réductrice, il suffit de laisser séjourner pendant quelque temps un lambeau d'estomac ou d'intestin dans une solution faible d'azotate mercureux. Lorsqu'on l'en retire et qu'on le dessèche par expression, on trouve qu'il impressionne fortement le papier sensible à l'azotate d'argent ammoniacal, et cela même après grattage superficiel; ce qui prouve que, dans l'organisme, le mercure réduit ne se dépose pas seulement à la surface de la muqueuse gastro-intestinale, mais qu'il pénètre aussi dans la trame intime des tissus, et comme il y est à un état d'extrême division, son absorption en est facilitée d'autant.

Si le nitrate mercureux est ingéré pendant la digestion, et qu'avant d'être en contact avec la muqueuse stomacale il entre en conflit avec l'acide chlorhydrique et avec les chlorures alcalins du suc gastrique, il est précipité par eux à l'état de protochlorure de mercure, et nous retombons alors dans un cas précédemment examiné, où nous savons qu'on aboutit, comme résultat final, à une absorption de mercure métallique.

Il y a encore libération d'une certaine quantité de ce métal dans la réaction du nitrate mercureux sur les substances albuminoïdes, qui dédoublent ce sel en mercure et en nitrate mercurique; et comme celui-ci, à son tour, se combine avec l'albumine en s'y dissolvant si elle est en excès, il y a formation de nitro-albuminates hydrargyro-alcalins dont l'absorption s'accompagne de troubles généraux dont il va être question à propos de l'étude de l'action du nitrate mercurique.

Quant à l'absorption du mercure métallique, ce n'est pas en théorie seulement qu'il y a lieu de l'admettre : elle a été expérimentalement démontrée par Blanberg, qui a fait prendre à des chats des pilules de protonitrate, et qui a trouvé du mercure dans le tissu connectif des villosités, dans le foie et dans la rate.

Azotate mercurique (deutoazotate ou deutonitrate de mercure). — L'azotate mercurique n'est soluble qu'à la condition d'être acide; lors donc qu'il est ingéré à jeun, il est déjà, par son acide libre, un caustique violent pour la muqueuse gastro-intestinale;

et à cette première cause de causticité s'ajoute encore celle qui résulte de sa réduction complète par la muqueuse gastro-intestinale. Il est, en effet, ramené par elle à l'état de mercure métallique, avec mise en liberté de l'acide azotique combiné, et celui-ci s'ajoutant à l'acide libre, il en résulte que le nitrate mercurique est certainement celui de tous les composés mercuriels dont l'action corrosive locale est la plus énergique. La muqueuse corrodée remplit les conditions voulues pour l'absorption du mercure réduit non seulement à sa surface, mais aussi dans l'épaisseur de ses tissus.

Quand le nitrate mercurique est ingéré pendant la digestion, sous l'influence de l'acide chlorhydrique et des chlorures alcalins du suc gastrique il se transforme en bichlorure de mercure, qui fait entrer à son tour, dans le mouvement d'absorption, du mercure métallique qui, introduit dans le sang, s'y diffuse sans l'altérer, et des chloralbuminates hydrargyro-alcalins solubles qui ont, au contraire, une action altérante très prononcée, à la suite de laquelle se produisent des troubles généraux dont on connaît la gravité.

Le nitrate mercurique ingéré pendant la digestion peut aussi réagir sur les substances albuminoïdes qu'il rencontre alors dans l'estomac, et il forme avec elles un précipité de nitro-albuminato-hydrargyro-alcalin soluble dans un excès du liquide albuminique. A cet état il est directement absorbé et, en passant dans le sang, il s'y comporte identiquement comme les chloralbuminates. Par son affinité pour l'hémoglobine qu'il tend à enlever aux globules, il altère ceux-ci très profondément, et leur altération, bientôt suivie de leur destruction, entraîne une série de troubles fonctionnels qui ont leur retentissement dans tout l'organisme.

En même temps qu'il y a formation de nitro-albuminates dans la réaction du nitrate mercurique sur les substances albuminoïdes stomacales, il y a aussi réduction d'une notable partie de ce sel, et Overbeck (15), qui l'a le premier constaté, a remarqué aussi qu'elle donnait lieu à une production relativement très abondante de gouttelettes mercurielles.

Le nitrate mercurique avec le nitrate mercureux sont donc des sels éminemment propres à fournir du mercure à l'absorption, mais la violence de leur action caustique locale, la gravité des troubles généraux qu'ils provoquent, même aux plus faibles doses, les rend d'un maniement très dangereux dans la pratique.

Sels mercureux et mercuriques divers. — C'est pour mémoire seulement que nous mentionnons ici quelques-uns d'entre eux, tels que les sulfates, oxalates, acétates, tartrates mercureux et mercuriques, qui ont eu jadis leurs jours de vogue, mais qui sont à peu près universellement délaissés aujourd'hui. Leur peu d'importance thérapeutique actuelle ôte tout intérêt à l'étude détaillée du rôle joué par chacun d'eux dans l'organisme; quelques généralités suffiront pour le faire apprécier dans ce qu'il a d'essentiel.

Tous les protosels administrés par voie d'ingestion, au contact de l'acide chlorhydrique et des chlorures alcalins de l'économie, se transforment très facilement en protochlorure de mercure, pendant que les deutosels passent, de leur côté, à l'état de bichlorures.

Sous l'influence des substances albuminoïdes, les protosels se dédoublent en mercure métallique et en deutosels, et ceux-ci donnent avec les mêmes substances des composés solubles dans un excès du liquide albuminique, composés qui remplissent les conditions nécessaires pour entrer dans la circulation sanguine et qui, en pénétrant dans le sang, ont sur les globules la même action altérante et destructive que les chloralbuminates hydrargyro-alcalins dont ils sont les congénères.

Finalement, les sels de protoxyde et de bioxyde de mercure employés dans la thérapeutique antisyphilitique sont ramenés, les premiers à l'état de protochlorure, les seconds à l'état de bichlorure, et cela suffit pour permettre d'affirmer qu'ils donnent tous du mercure métallique à l'absorption.

Les faits essentiels qui résultent de cette étude sur le mode d'action physiologique des mercuriaux simples peuvent donc se résumer comme il suit :

1° Le mercure métallique ingéré dans un état de convenable division est absorbé directement par la muqueuse gastro-intestinale, pourvu que celle-ci soit assez irritée pour être perméable. Cette irritation est quelquefois le fait de l'action propre d'adjuvants convenablement choisis, associés intentionnellement au mercure; mais, à leur défaut, il suffit, pour la faire naître, de l'intervention du bichlorure, qui est un produit constant de la transformation du métal introduit dans les voies digestives;

2° Toutes les préparations mercurielles simples, administrées par voie d'ingestion, fournissent du mercure métallique à l'absorption et ne fournissent effectivement que lui seul, car si d'autres substances, grâce à leur solubilité, pénètrent avec lui dans le sang, elles se fixent sur les globules par l'hémoglobine desquels elles sont intégralement précipitées. La modification profonde que subissent les globules entraîne bientôt leur destruction, et l'altération du sang qui en résulte se traduit par des troubles généraux qui peuvent atteindre un très haut degré de gravité.

§ 2. — *Action physiologique des mercuriaux mixtes administrés par voie d'ingestion.*

Les seules préparations mercurielles mixtes usuellement employées à titre d'*ingesta* sont les albuminates hydrargyro-alcalins, ou leurs congénères les peptonates, et les iodures doubles de mercure et d'un métal alcalin.

Albuminates et peptonates hydrargyro-alcalins. — Pour Mialhe la liqueur normale mercurielle doit avoir la composition suivante :

Eau distillée	500gr »
Chlorures sodique et ammonique, de chacun	1 »
Blanc d'œuf	1 »
Bichlorure de mercure	0 30

Battre l'albumine avec l'eau, filtrer, y dissoudre ensuite les sels et filtrer de nouveau. Cette liqueur contient 0gr,018 de sublimé pour 30 grammes. Ce dernier y est sous forme de chlor-albuminate mercurique dissous dans un excès d'albumine et dans les chlorures sodique et ammonique. Sous cette forme, il est mieux supporté par l'organisme et absorbé sans y apporter de troubles; étant déjà saturé d'albumine, il n'en enlève plus aux membranes séreuses internes.

Cette opinion préconçue sur l'innocuité de l'ingestion des chloralbuminates hydrargyro-alcalins est loin d'être fondée en fait; nous avons vu précédemment combien leur action sur l'hémoglobine les rend altérants pour le sang dont ils détruisent les globules, sur lesquels ils se fixent en formant avec eux un précipité dans lequel entre tout leur mercure. Une partie de ce mercure est libre, comme le démontre l'emploi du papier réactif à l'azotate d'argent ammoniacal, et se diffuse dans le liquide sanguin à mesure que les globules se détruisent.

Iodure double de mercure et de potassium (sirop de Gibert). — L'iodure double de mercure et de potassium ne précipite ni l'albumine du sérum, ni l'hémoglobine, du moins immédiatement. Additionné de sel marin en certaine quantité, il agit de même.

Il semblerait, d'après ce qui précède, que le sirop de Gibert n'éprouve pas de réduction dans l'économie; il n'en est rien cependant, et les faits suivants, signalés par Carles (16), prouvent au contraire la possibilité de cette réduction.

Carles a fait, avec de l'iodure de potassium, une solution de biiodure de mercure; il a mélangé un égal volume de cette solution avec deux types de sirop simple préparés, l'un à chaud, l'autre à froid, et malgré une longue exposition au bain-marie bouillant, il n'a pu saisir, dans la limpidité des deux sirops, qu'une différence insensible en faveur du sirop fait à froid.

Il n'en est plus de même dès qu'on ajoute dans l'un ou l'autre de ces deux essais une trace de carbonate alcalin. En effet, brusquement à chaud, ou lentement à froid, le sel mercuriel est réduit, et le sirop devient louche et plus ou moins gris par suite de la présence du mercure divisé qu'il contient.

Comme nouvelle preuve de l'influence néfaste des alcalins, Carles porte à l'ébullition une solution pure d'iodure mercurique et l'additionne successivement de sirop de sucre pur, de sucre interverti et même de miel, et elle reste intacte, tandis qu'elle est immédiatement réduite si on y introduit une trace de carbonate alcalin. Le même carbonate est sans action, à froid et à chaud, sur la solution *aqueuse* d'iodure double de mercure et de potassium.

La réduction est due à l'action des produits ulmiques qui se forment par suite de la réaction de la base alcaline sur les traces de sucre interverti qui existent toujours, ne serait-ce qu'à dose infinitésimale, dans le sirop de sucre.

Nous sommes donc amenés à conclure de cet ensemble de faits : *que la présence des alcalins est une cause d'instabilité pour le sirop de Gibert.*

Cela étant, on voit que ce sirop, ingéré à jeun ou avant les repas, comme c'est de règle constante à son égard, rencontre alors dans l'organisme les conditions les plus favorables à sa réduction, car les sucs stomacaux et intestinaux, ces derniers surtout, qui réagissent sur lui sont essentiellement alcalins, et s'il échappe partiellement à leur action, il ne peut pas se soustraire à celle de l'alcalinité du sang. Ce qui est à noter, seulement, c'est que cette réduction, différant en cela de celle des mercuriaux simples, n'est pas instantanée, quoique la température assez élevée de l'organisme intérieur soit faite pour l'accélérer. Il peut donc arriver que l'iodure de potassium introduit dans la circulation sanguine, d'où il ne disparaît que progressivement, agisse, jusques au terme final de sa réduction complète, par sa propre vertu curative qu'on a les plus sérieuses raisons d'admettre *a priori*.

D'après Fournier, celle que certains praticiens lui attribuent serait fort exagérée, et ce serait un médicament trop vanté, de la réputation duquel il y aurait beaucoup à rabattre, car, tout en étant éminemment désagréable à l'estomac et souvent intoléré par lui, il ne serait qu'un antisyphilitique faible, suffisant pour la curation des cas légers ou moyens, mais tout à fait disproportionné à des cas quelque peu graves, et surtout à des cas véritablement sérieux.

Voilà donc une préparation mercurielle qui, par suite de son caractère mixte, donne moins de mercure métallique à l'absorption que les mercuriaux solubles simples précédemment étudiés par nous, et qui se trouve aussi thérapeutiquement moins active; ne pourrait-on pas précisément attribuer l'infériorité qu'elle présente, sous ce rapport, à son insuffisance au point de vue de la libération du mercure?

Ce qui semblerait le permettre, c'est la supériorité bien constatée de la méthode qui consiste à administrer le mercure et l'iodure séparément sur celle qui consiste à les administrer en état de combinaison.

Fournier recommande comme une excellente pratique l'association de l'iodure de potassium et des frictions. L'iodure est donné avant les repas, les frictions le soir avant de se coucher. Cette méthode permet, dit-il, de soumettre les malades à un traitement intensif, sans fatigue pour les organes digestifs, sans éveiller des phénomènes d'intolérance. C'est à elle que, de l'assentiment presque unanime, il convient de confier le traitement des cas graves, de la syphilis viscérale en particulier. Or, traiter par les frictions, c'est réellement donner du mercure en nature, et il se conserve intact, comme je m'en suis assuré, en présence de l'iodure de potassium, de sorte que les deux effets curatifs s'ajoutent.

§ 3. — *Action physiologique des mercuriaux administrés par voie d'injections hypodermiques.*

Dans le traitement général de la syphilis, on a aujourd'hui une tendance bien prononcée à délaisser la méthode des ingestions par la voie buccale, pour la remplacer par celle des injections hypodermiques de solutions ou d'émulsions mercurielles, et on se propose un double but en agissant ainsi : celui de doser les médicaments employés avec une exactitude plus rigoureuse, celui surtout d'éviter les fâcheuses complications du côté du tube digestif auxquelles ils donnent lieu lorsqu'ils sont ingérés.

On a commencé par injecter hypodermiquement des solutions de bichlorure de mercure proposées, pour la première fois en 1864, par Hunter et Hebra, mais le risque qu'elles font courir des accidents locaux les plus graves a bientôt fait renoncer à leur emploi, et on s'est rejeté sur celui des composés mercuriels insolubles.

Scarenzio (17) débuta dans cette voie en injectant hypodermiquement du calomel, et à la suite du succès de cette première tentative on a essayé, en Allemagne surtout, des injections de toutes sortes, si bien que non seulement tous les mercuriaux simples insolubles et solubles y ont passé successivement, mais que les mercuriaux mixtes eux-mêmes ont été mis largement à contribution.

Parmi ces derniers, les plus intéressants à étudier étaient assurément les albuminates et les peptonates hydrargyro-alcalins solubles, proposés, pour la première fois, par Oberlander, et sur l'emploi desquels on s'était complu à fonder des espérances de succès que l'événement ne devait malheureusement pas réaliser.

Sur la foi qu'on accordait aux conceptions théoriques de Mialhe, de Voit et d'Overbeck, on considérait ces sels albumino-mercuriels comme la forme chimique finale à laquelle les mercuriaux devaient aboutir pour être rendus propres à l'absorption; ils constituaient donc alors le plus rationnel de tous les médicaments qu'on pût employer pour combattre la syphilis, et comme on les croyait aptes à entrer de plain-pied dans le sang, et à jouer le rôle d'agent curatif sans avoir de transformation préalable à subir, on leur attribuait *a priori* le double avantage d'une action plus rapide et d'une désorganisation moins profonde des tissus dans lesquels l'injection les faisait pénétrer.

Le Moaligou (18) a démontré qu'ils étaient aussi irritants que les autres mercuriaux, et l'expérience clinique n'a pas tardé à prouver qu'ils n'accéléraient nullement les guérisons, ce qui, joint à leur peu de stabilité que rend leur conservation à l'état pur très difficile, les a fait bientôt délaisser dans la pratique.

Ce que nous avons dit de leur réaction sur l'hémoglobine et de la désorganisation qui en résulte pour les globules du sang, réduit à néant les arguments théoriques sur lesquels on s'appuyait pour conseiller leur emploi, et pouvait faire prévoir l'insuccès des tentatives dont ils ont été l'objet.

D'autres mercuriaux mixtes ont paru propres aux injections hypodermiques; le biiodure de mercure et de potassium a été proposé en 1868 par Martin (19), le biiodure de mercure et de sodium en 1869 par Bricheteau (20); mais la très vive irritation locale qu'ils déterminent a promptement fait renoncer à leur emploi, et par le fait de ces insuccès, il est arrivé que c'est, aujourd'hui, à peu près exclusivement aux mercuriaux simples que la méthode hypodermique demande ses moyens d'action contre la syphilis.

On a essayé un grand nombre d'entre eux; mais comme ils n'ont donné pour la plupart que des résultats très médiocrement satisfaisants, il ne reste plus aujourd'hui d'accrédités dans la pratique usuelle que le bichlorure de mercure, le protochlorure de mercure, l'oxyde jaune et le mercure métallique.

Comme ces trois derniers donnent toujours naissance à une formation de bichlorure dans les tissus où ils sont injectés, c'est celui-ci qui devra forcément nous occuper le premier.

Pour les mercuriaux injectés comme pour les mercuriaux ingérés, nous aurons à considérer, dans l'étude de leur action physiologique totale : 1° l'action locale qu'ils exercent aux points mêmes où l'injection est pratiquée; 2° l'action générale qui résulte de leur absorption ou de celle des composés auxquels ils sont susceptibles de donner naissance.

Leur action physiologique locale elle-même est double, car ils agissent sur les tissus à la fois comme corps étrangers et comme agents chimiques. La seule présence du médicament injecté suffit déjà pour déterminer une certaine inflammation qui s'accompagne d'une extravasation du sérum et de la diapédèse des globules blancs; puis, du fait de l'agent chimique, il se produit une lésion plus profonde et plus durable, caractérisée par la nécrose plus ou moins étendue des tissus voisins.

Injection hypodermique du bichlorure de mercure. — Que le bichlorure soit ingéré ou injecté, sa réaction sur les tissus avec lesquels il est mis en contact est toujours la même; et dans le second cas, qui nous occupe ici, comme dans le premier, il est réduit à l'état de protochlorure, avec une mise en liberté correspondante d'acide chlorhydrique.

Pour s'assurer de ce double fait, il suffit de prendre sur un animal récemment tué des lambeaux encore frais de tissu musculaire ou cellulaire et d'y injecter, à l'aide de la seringue de Pravaz, une solution de bichlorure composée selon la formule généralement adoptée. Après quelques heures d'attente, si l'on incise ces lambeaux par le travers de la partie injectée, les deux surfaces mises à vif par l'incision donnent les réactions suivantes : l'une d'elles, exposée aux vapeurs ammoniacales, impressionne très nettement le papier sensible à l'azotate d'argent ammoniacal, ce qui est un indice révélateur de la présence du protochlorure de mercure; l'autre est lavée avec une faible quantité d'eau et l'eau de lavage contient de l'acide chlorhydrique facile à reconnaître.

On peut aussi opérer sur un animal et détacher, après sa mort, le lambeau injecté qu'on traite alors comme nous venons de le dire, et avec lequel on obtient la même série de réactions.

L'injection intra-cellulaire ou intra-musculaire de sublimé a donc pour effet de mettre les tissus injectés, dans tous les points où la solution a pénétré, en contact direct avec de l'acide chlorhydrique libre, dont l'action corrosive s'exerce alors sur eux plus ou moins énergiquement suivant le titre de la solution employée, et se traduit par des lésions inflammatoires profondes capables elles-mêmes d'entraîner à leur suite les accidents locaux les plus redoutables.

On a vu, en effet, souvent se produire des abcès parfois très volumineux, de la gangrène, des escbares limitées qui se montraient au niveau de la piqûre, et des douleurs assez vives pour rendre le traitement absolument intolérable.

En abaissant convenablement le titre de la solution, en pratiquant l'asepsie la plus rigoureuse et en adoptant un lieu d'élection convenable, on peut atténuer assez ces accidents locaux pour les rendre négligeables; mais, quelques précautions que l'on prenne, on ne parvient pas à annihiler complètement l'action irritante de l'acide chlorhydrique, et voici comment elle se manifeste.

Au niveau de l'injection il se forme toujours une tumeur plus ou moins volumineuse qui met ordinairement une quinzaine de jours à évoluer et à disparaître, et qui apparaît généralement le second ou le troisième jour du traitement. C'est alors un petit noyau dur, gros comme une noisette, occupant le tissu cellulaire sous-cutané. Avec le temps, le *nodus* grossit, et tout autour de lui se forme une zone indurée, mais moins dure que le *nodus* lui-même. Cet empâtement se développe en nappe et peut occuper un espace de huit à dix centimètres de diamètre. La peau reste mobile au-dessus. Le nodus croît jusques au sixième ou septième jour, et il peut alors atteindre le volume d'une grosse noix; il diminue ensuite, pour se résorber enfin, à quelques jours près, au terme que nous avons précédemment assigné à son évolution.

L'inflammation dont le nodus est le siège y détermine une extravasation de sérum, qui agit alors par ses albuminoïdes, sur le protochlorure provenant de la réduction du sublimé primitivement injecté, et le fait repasser à l'état de bichlorure en mettant du mercure en liberté. On peut concevoir que ce bichlorure ainsi régénéré subisse encore l'action réductrice des tissus et que les choses se continuent ainsi jusqu'à complète transformation de la totalité du sel mercurique en métal et en acide chlorhydrique. Cela doit arriver quand l'injection est pratiquée avec une solution faiblement titrée et qui s'est bien uniformément infiltrée dans les tissus où elle a pénétré, et la méthode hypodermique ne fournit alors que du mercure métallique à l'absorption; celle-ci étant favorisée elle-même par l'action irritative de l'acide chlorhydrique.

Dans ce cas, l'injection du sublimé n'a physiologiquement d'autre effet que celui de déterminer la production des accidents locaux ci-dessus mentionnés, et il n'y a pas d'accidents généraux à noter. Les sujets injectés n'ont ni fièvre, ni céphalalgie, ni troubles gastro-intestinaux, ni stomatite, ni salivation.

Il n'en est pas de même lorsqu'on injecte une dose de sublimé trop considérable, et en même temps que les accidents locaux augmentent alors de gravité, on voit aussi les accidents généraux entrer en scène; leur genèse s'expliquant comme suit.

Avec un excès de bichlorure injecté, la réduction de ce sel par les tissus met aussi en liberté un excès d'acide chlorhydrique, dont l'énergique action caustique sur ces tissus entraîne leur nécrose et provoque ainsi la formation d'abcès souvent très volumineux remplis d'une sérosité jaunâtre contenant des débris de tissus conjonctif et élastique. Sous l'influence des albuminoïdes que contient abondamment cette collection séreuse, le protochlorure de mercure provenant de l'action réductrice des tissus se dédouble en mercure métallique et en bichlorure; mais celui-ci, en présence d'un excès d'albumine, se combine avec cette substance pour former des chloralbuminates hydrargyro-alcalins solubles dans la liqueur albuminique et par conséquent facilement absorbables.

En se produisant, cette absorption entraîne avec elle toute la série des troubles généraux qui ont été déjà décrits dans l'étude précédemment faite des effets physiologiques de l'ingestion du bichlorure, et cette description s'applique intégralement au cas de l'injection.

Il y a plus encore; il résulte des expériences comparatives de Prévost (de Genève) que le bichlorure de mercure injecté a une action physiologique générale de beaucoup supérieure à celle du bichlorure ingéré, et voici dans quelle mesure.

Opérant sur des animaux bien appareillés pour l'âge et pour la taille, Prévost a recherché la dose minimum de bichlorure qui devait leur être administrée, par voie d'ingestion stomacale et par voie d'injection sous-cutanée, pour déterminer chez eux l'apparition d'un même symptôme : celui de l'hyperémie intestinale dont ils sont caractéristiquement affectés dans les deux cas, et il a trouvé que cette dose était de douze à quinze fois plus forte dans le second que dans le premier. Ce qui prouve bien d'ailleurs que, dans ces circonstances, le bichlorure agit par les albuminates hydrargyro-alcalins provenant de ses transformations dans l'organisme, c'est que l'injection et l'ingestion directes de ces sels donnent identiquement les mêmes résultats.

Il n'y a donc aucun intérêt véritable, dans l'emploi de la méthode hypodermique, à remplacer le bichlorure par les albuminates mercuriels solubles ; mais, en le conservant dans la pratique, il faut régler son dosage avec le plus grand soin, afin d'éviter les accidents généraux auxquels il donne si facilement naissance, et qui présentent dans l'espèce un caractère exceptionnel de gravité, comme en témoignent de nombreuses observations cliniques recueillies par Heilborn, Procowinck, Arnozan et Vaillard, Fraenkel, etc.

Si ces accidents ne se produisent pas avec des injections à doses suffisamment faibles, cela tient, comme nous l'avons vu plus haut, à ce que les conditions dans lesquelles le bichlorure se trouve en contact avec les tissus injectés rendent impossible sa transformation en chloralbuminates et favorisent, au contraire, la libération intégrale de son mercure qui est réuni en totalité dans le nodus, où il est pris progressivement pour l'absorption. Comme il y est à un état d'extrême division, sa présence ne peut pas être directement constatée et il faut pour la révéler recourir à l'emploi du papier réactif à l'azotate d'argent ammoniacal, avec lequel le Dr Cheminade (21) a obtenu des empreintes très nettement accusées, qui ne laissent aucun doute sur la présence du métal réduit.

Injection hypodermique du protochlorure de mercure. — Le bichlorure et les autres composés solubles de mercure sont aujourd'hui à peu près complètement délaissés par les partisans de la méthode hypodermique. On leur préfère les préparations insolubles qu'on prétend être moins douloureuses, moins irritantes, d'une absorption plus lente et à ce titre relativement plus bénigne, sans cependant que cela lui fasse rien perdre de sa sûreté.

Comme il n'y a d'autre moyen de les employer qu'à l'état d'émulsion, on injecte forcément avec eux l'excipient qui sert à les émulsionner, et celui-ci, lorsqu'il n'est pas convenablement choisi, a son action propre dont il convient de s'inquiéter, car elle peut fâcheusement compliquer et compromettre même celle du traitement spécifique.

Pour que cet excipient n'exerçât aucune influence nuisible, il faudrait qu'il fût absolument neutre, c'est-à-dire sans action irritante sur les tissus, sans action chimique sur la préparation mercurielle, et il en est peu qu'on puisse recommander comme remplissant irréprochablement cette double condition. La glycérine, l'eau gommée, l'eau salée, l'huile d'olive de Neisser, employées dans les premiers essais, sont aujourd'hui abandonnées par suite des risques qu'elles font courir de la formation d'abcès, et remplacées par l'huile de vaseline, qui est un hydrocarbure parfaitement neutre, mais seulement lorsqu'il est bien pur. Il en résulte qu'on ne devra pas employer indifféremment tout ce qui se vend dans le commerce sous le nom de *vaseline liquide*, et Adrian a fait connaître les propriétés physiques et chimiques que doit réunir l'huile de vaseline, si l'on veut éviter tout accident provenant de son fait dans les injections sous-cutanées.

Quand c'est du protochlorure de mercure qu'on injecte dans ces conditions de parfaite innocuité de l'excipient, le traumatisme produit par la pénétration du sel mercureux dans les tissus est insignifiant, la douleur presque nulle, et dès le lendemain on note l'existence d'un noyau induré en tout identique, pour sa genèse et pour son évolution, à celui dont nous avons vu que l'injection du sublimé provoquait la formation.

Cette identité des deux nodus s'explique facilement par l'identité des conditions dans lesquelles ils prennent naissance. Le protochlorure injecté dans un tissu y joue le rôle de corps étranger et provoque ainsi une irritation inflammatoire accompagnée d'une extravasation de sérum aux points où elle se produit. Le sel mercureux étant mis ainsi directement en contact avec les albuminoïdes de ce sérum extravasé se dédouble d'abord en mercure métallique et en bichlorure, et l'apparition de celui-ci nous ramène au cas précédent. Par l'accroissement d'irritation qu'il provoque, ce bichlorure favorise l'absorption du métal mis en liberté, et suivant qu'il est en proportion moins ou plus considérable nous avons vu qu'il peut, lui aussi, fournir à l'absorption du mercure métallique, soit pur de tout mélange de chloralbuminates hydrargyro-alcalins, soit mélangé de ces sels, ce qui explique l'absence d'accidents généraux dans le premier cas, leur production inévitable dans le second.

Quoi qu'il en soit à cet égard, le résultat constant des injections hypodermiques de calomel est la mise en liberté d'une certaine quantité de mercure métallique dont l'absorption est rendue facile par les lésions inflammatoires des tissus dans lesquels il se dépose, et on ne saurait douter de la réalité de ce fait après les preuves multiples qui en ont été données.

Balzer (22) ayant pu autopsier un sujet sur lequel il avait pratiqué, avant la mort, des injections sous-cutanées au calomel, a toujours trouvé du mercure en fines granulations noirâtres dans tous les nodus qu'il a incisés.

Afin de contrôler les résultats obtenus chez l'homme, il a entrepris des expériences sur les animaux, et il a injecté à plusieurs cobayes des doses massives de calomel de 2 centigrammes. Ces animaux ont survécu; en incisant les foyers de cinq à huit jours après l'injection, il y a trouvé des cristaux de calomel non modifiés. Dans les foyers incisés du quinzième au vingt-cinquième jour, les vaisseaux étaient oblitérés par des caillots sanguins et infiltrés de nombreuses granulations noires de mercure réduit.

Pour démontrer la présence de ce métal dans les nodus provenant des injections hypodermiques de calomel, on peut substituer à l'examen histologique, qui a ses difficultés et ses incertitudes, la réaction caractéristique des vapeurs mercurielles sur le papier sensible à l'azotate d'argent ammoniacal; et les résultats que le Dr Cheminade a obtenus par l'emploi de cette méthode d'investigation confirment pleinement, comme on devait s'y attendre, ceux de Balzer.

Injection hypodermique d'oxyde jaune. — C'est Watraszewoski (23) qui a proposé, en 1886, de substituer l'oxyde jaune au calomel, comme étant moins irritant et produisant des effets thérapeutiques plus puissants, et c'est Balzer qui a introduit et fait adopter en France ce nouveau mode de médication antisyphilitique.

L'oxyde jaune de mercure doit ses propriétés actives à sa facile transformation en bichlorure sous l'influence des chlorures alcalins contenus dans toutes les humeurs qui baignent nos tissus, et ses réactions dans l'organisme sont, par conséquent, celles du bichlorure lui-même. Au nombre de leurs résultats on doit donc pouvoir constater celui de la mise en liberté d'une certaine quantité du mercure métallique disponible pour l'absorption, et cette constatation a été faite histologiquement par Balzer, qui a procédé, dans ce cas, comme nous avons vu qu'il l'a fait pour celui des injections hypodermiques de calomel.

Chez un syphilitique traité par les injections d'oxyde jaune et mort pendant le traitement, chez des cobayes et chez un chien injectés de la même manière, l'examen histologique du nodus lui a toujours fait découvrir ces fines granulations noires qui accusent la présence du mercure réduit, et si on avait besoin d'un complément de preuve à cet égard, il serait donné par la réaction des vapeurs de ce métal sur le papier sensible à l'azotate d'argent ammoniacal.

Conclusions. — En s'en tenant aux mercuriaux simples qui viennent d'être étudiés, on voit qu'ils donnent lieu, par injection comme par ingestion, à l'observation des mêmes faits.

Pour le seul d'entre eux qui soit soluble, le bichlorure, l'action locale, dans le cas de l'injection comme dans celui de l'ingestion, est due à l'acide chlorhydrique que la réduction du sel à l'état de protochlorure met en liberté.

Dans les deux cas, aussi, l'action générale est la conséquence du passage dans le sang de chloralbuminates hydrargyro-alcalins qui altèrent profondément ce liquide, en provoquant ainsi les graves désordres qui peuvent éclater surtout, avec tant de violence, du côté du tube digestif. Non seulement ici ces désordres sont symptomatiquement identiques à ceux que produit le bichlorure ingéré, mais celui-ci exige, pour les produire avec la même intensité, l'administration de doses de treize à quatorze fois plus fortes que celles du bichlorure injecté; ce qui prouve que les médicaments mercuriels sont plus complètement utilisés par la méthode hypodermique que par la méthode stomacale.

Quant aux mercuriaux insolubles, c'est d'abord à titre de corps étrangers qu'ils agissent localement, mais comme ils se transforment bientôt en bichlorure, c'est par lui seulement qu'ils sont actifs physiologiquement, toxiquement et thérapeutiquement.

Solubles ou insolubles, les mercuriaux injectés, comme les mercuriaux ingérés, fournissent toujours du mercure métallique à l'absorption; les observations et les expériences de Balzer et de Cheminade ne laissent aucun doute à cet égard.

Ce serait le cas de rappeler ici les nombreuses observations cliniques (dont quelques-unes, au moins, paraissent entourées de garanties sérieuses d'authenticité) qui ont constaté, dans certains cas, la présence du mercure réduit dans l'organisme. Je me borne à indiquer celles de Salmeron et Maldore (24) contre lesquelles il n'a pas été formulé de doutes et qui seraient particulièrement significatives.

Le premier de ces faits de revivification mercurielle intra-organique, observé par Salmeron (de Manchester), est le suivant : un homme atteint de chancre induré avait pris 60 centigrammes de sublimé avec 30 grammes d'onguent mercuriel et des fumigations avec 30 grammes d'iodure mercureux. Il n'avait pas eu de salivation, mais, deux mois après la cessation du traitement, il remarqua et fit remarquer au Dr Salmeron, sur la région stomacale, de petites gouttelettes de mercure reconnaissables à l'œil nu. Cette exhalation mercurielle dura environ trois semaines.

Maldore, de son côté, a observé dans la peau d'un abcès de la glande sous-maxillaire, développé chez un enfant auquel on avait administré du calomel, des globules de mercure parfaitement distincts.

Injection hypodermique du mercure en nature. — Les premiers essais d'injection de ce genre ont été tentés par Luton et Fürbringer, et les résultats de ces essais ont été rapportés aux pages 155 et suivantes et 165 de la première partie. Ils ne furent alors accompagnés d'aucune production de troubles locaux ou généraux. Depuis lors, à la suite de l'emploi usuel de l'*huile grise*, ces accidents sont devenus assez fréquents, et il est possible que là comme dans le cas des pilules, on ait attribué au métal des effets nocifs provenant en réalité de composés toxiques formés par la réaction d'excipients choisis dans des conditions insuffisantes de pureté ou d'asepsie.

Il peut se faire, d'ailleurs, que du mercure en nature, injecté hypodermiquement dans les tissus et y séjournant pendant un temps assez long, soit altéré par quelqu'un des corps dont le travail inflammatoire, qu'il provoque en sa qualité de corps étranger, détermine la formation.

On se trouve ici en présence de faits possibles d'un caractère fort obscur et d'une nature fort aléatoire; mais les premières expériences de Luton et de Fürbringer, faites avec le luxe de précautions nécessaires en pareil cas, sont là pour attester que le mercure bien divisé, dilué dans un excipient bien choisi, peut être absorbé hypodermiquement en produisant des effets curatifs exempts de toute perturbation locale ou générale.

Il y aurait d'ailleurs, ici, une question à poser préalablement aux cliniciens qui ont recours aux injections hypodermiques de mercure. Sont-ils bien assurés que le métal dont ils usent possède le degré de pureté absolue, qui est la condition rigoureuse de la sûreté de son emploi? Cela est fort douteux pour la presque totalité des échantillons du commerce, et cela suffit pour rendre méfiant à leur égard. On ne saurait répondre, ni chimiquement, ni cliniquement, d'un mercure qui contiendrait du plomb, du zinc ou tout autre métal.

BIBLIOGRAPHIE

---

(1) Rindfleisch. — *Archiv für path. Anatom.*, 1860, t. XXII.

(2) Blarez. — *Nouvelles Recherches sur l'absorption des mercuriaux par voie digestive et sur leur action sur le sang* (Th. de Bordeaux, 1886, n° 15).

(3) Blarez. — *Loc. cit.*

(4) Roloff. — *Anleitung zur Prufüng der Arzneikoerper bei Apotheken-visitationen*, etc., et *Bulletin de pharmacie*, t. VI, p. 235.

(5) Vogel. — *Sur la décomposition du calomel* (*Journal de pharmacie*, t. VIII, p. 156).

(6) Hoglan. — *Chemical News*, t. XLII, p. 178, et *Chemiker Zeitung*, t. IV, 1880, p. 720.

(7) Jeannel. — *Journal de médecine de Bordeaux*, 1869, p. 71.

(8) F. Selmi. — *Journal delle scienze mediche di Torini*, 1841.

(9) Jeannel. — *Loc. cit.*

(10) Overbeck (Rob). — *Mercur und Syphilis. Physiologisch-chemische und pathologische Untersuchungen*, etc. Berlin, 1861.

(11) Berthollet. — *Mémoires de l'Institut*, 1879.

(12) Henry. — *Solubilité du muriate de mercure au maximum et sur l'altération qu'il éprouve dans les sirops antisyphilitiques, robs, décoctions*, etc. (*Bulletin de pharmacie*, t. III, p. 193).

(13) Boullay. — *Observations sur l'altération*, etc. (*Bulletin de pharmacie*, t. III, p. 202).

(14) Devergie. — *Dictionnaire de médecine et de chirurgie pratiques*, t. XI, p. 349, année 1834.

(15) Overbeck (Rob.). — *Mercur und Syphilis, loc. cit.*

(16) Carles. — *Bulletin de la Société de Pharmacie de Bordeaux*, juillet 1893.

(17) Scarenzio. — *Prima tentativi di cura della sifilide constituzionale* (*Anali di medicine*, fasciolo agosto e settembri, 1864). — *Bul. de thérap.*, t. LXVIII, p. 379.

Scarenzio et Ricordi. — *La Syphilis et son traitement par les injections sous-cutanées de calomel. Malad. vénér. mél. c.*, t. IV (*Union méd.*, t. IV, p. 345).

(18) Le Moaligou. — *Injections sous-cutanées dans la syphilis* (Th. Paris, 1873).

(19) Aimé Martin. — *Des injections hypodermiques dans la syphilis* (*Gaz. hôp.*, p. 427, 1868).

(20) Bricheteau. — *De l'Application de la méthode hypodermique au traitement de la syphilis par les préparations mercurielles* (*Gaz. méd. Paris*, 1869, p. 29).

(21) Cheminade. — *Recherches cliniques et expérimentales sur les injections hypodermiques de calomel contre les accidents syphilitiques* (Th. de Bordeaux, 1889, n° 46).

(22) Balzer. — *Traitement de la syphilis par la méthode de Scarenzio* (*Soc. de Biol.*, 20 nov. 1886, p. 512). — *Traitement de la Syphilis par la méthode de Scarenzio, par le calomel en suspension dans l'huile de vaseline* (*Bull. de la Soc. méd. d. hôp.*, 11 mars 1887; *Gaz. hebd. méd. et chir.*, n° 11, p. 181, 1887). — *Accid. locaux. Soc. hôp.*, 22 avril 1880 (*Gaz. hebd. méd. et chir.*, 1887, n° 17, p. 276).

(23) Watraszewoski. — *Ueber Behandlung der Syphilis mit Injectionen von Calomel und Quecksilberoxyden* (*Wiener med. Presse*, 1886).

(24) Salmeron und Maldore. — *Elimination von Quecksilber durch die Haut und Speicheldrusen* (*Bull. de thérap.*, LXXI, p. 44).

CHAPITRE III

Action toxique des mercuriaux.

Qu'on les administre par voie d'ingestion stomacale ou par voie d'injection hypodermique, les mercuriaux ont toujours pour effet de tendre à imprégner l'organisme de mercure, et, suivant qu'ils sont employés à plus ou moins hautes doses, ils agissent toxiquement ou thérapeutiquement. Du fait acquis de l'unité de leur action thérapeutique, on s'est cru en droit de conclure à celui de l'unité de leur action toxique, et on a désigné sous les noms de *mercurialisme* ou d'*hydrargyrisme* l'ensemble des désordres fonctionnels qu'ils sont susceptibles de produire.

Ce mercurialisme lui-même pourrait affecter les trois formes, suraiguë, subaiguë et lente ou chronique, qui dépendraient étiologiquement des doses auxquelles l'agent toxique serait administré et se caractériseraient comme il suit.

A doses très fortes, les mercuriaux provoquent, surtout du côté de la bouche et du tube digestif, de violents accidents inflammatoires qui sont la manifestation dominante du mercurialisme suraigu, et qui se traduisent par une grande suractivité sécrétoire imprimée aux glandes salivaires, au pancréas et aux glandes intestinales. En altérant profondément la constitution du sang par la destruction des globules, ils déterminent l'hypoglobulie avec toutes les conséquences qu'elle entraîne. On signale aussi comme leur étant imputable une lésion des reins consistant en une calcification plus ou moins accusée des tubuli et parallèlement à laquelle il se produit une décalcification des os, laquelle peut aller jusqu'à rendre les épiphyses mobiles sur les diaphyses. Les troubles nerveux manquent ordinairement, et quand ils apparaissent, ils dépendent, non de la substance toxique, mais des troubles nutritifs et de la fièvre.

A doses moins considérables, mais encore sensibles, les mercuriaux reproduisent les accidents qui viennent d'être décrits, mais avec une violence moindre, et comme la forme subaiguë du mercurialisme qu'on observe alors ne diffère de la forme suraiguë que par l'intensité des symptômes et non par leur nature, il n'y a pas lieu de les distinguer au point de vue toxique; ce qui sera dit ici du mercurialisme aigu, en général, sera vrai pour chacune d'elles en particulier.

Introduits dans l'organisme à faibles doses longtemps continuées, les mercuriaux donnent naissance à cette forme du mercurialisme qu'on appelle *mercurialisme chronique* ou professionnel, parce que les ouvriers qui travaillent le mercure y sont plus particulièrement sujets; et, contrairement à ce qu'on observe dans les cas précédents, ce sont ici les accidents du côté du tube digestif qui sont nuls ou peu marqués, tandis que les troubles de l'innervation, parmi lesquels il faut surtout noter le tremblement, se montrent au premier plan.

Il peut y avoir en effet de la paralysie, des troubles de la sensibilité, de la salivation, mais le tremblement est le symptôme le plus constant et le plus typiquement caractéristique; il peut se produire indépendamment de la stomatite, et il est souvent la seule manifestation de l'intoxication.

Dans les diverses phases par lesquelles celle-ci peut passer, la puissance ou la nature de ses effets seraient, d'après l'opinion généralement reçue, intimement liées à la quantité effective de mercure introduite à la fois dans l'organisme, et quand cette quantité est la même, sous quelque forme que l'introduction ait eu lieu, on prétend que l'action toxique est aussi la même.

Cela étant, les modes d'administration du mercure qui exposeraient surtout aux risques de l'intoxication aiguë, seraient ceux qui assureraient le plus promptement la saturation mercurielle de l'organisme, et parmi eux on cite, au premier rang, les inhalations de vapeurs mercurielles, les fumigations, les frictions avec l'onguent napolitain.

Les faits, cependant, sont loin de justifier l'opinion que l'on se fait d'eux à cet égard, et c'est surtout en ce qui concerne l'inhalation des vapeurs mercurielles qu'elle doit être combattue et rectifiée.

Émises à une température inférieure à celle de l'organisme, ces vapeurs peuvent être respirées à saturation pendant de longues périodes sans qu'aucun trouble fonctionnel apparent en résulte. Leur respiration ne fait courir aucun danger si elle est intermittente; c'est par sa continuité seule qu'elle peut, à des échéances très éloignées, devenir nocive, et lorsqu'elles agissent toxiquement, c'est exclusivement par les troubles précédemment décrits comme typiquement caractéristiques du mercurialisme chronique que leur action se manifeste.

Dans le cas des fumigations, c'est-à-dire quand les vapeurs mercurielles sont émises à des températures élevées, leur condensation, qui se produit avant qu'elles pénètrent dans les voies aériennes, a pour conséquence une inhalation forcée de fines poussières mercurielles, et l'on peut observer alors une des manifestations du mercurialisme aigu, la stomatite avec salivation plus ou moins abondante; mais tout se borne à ces accidents buccaux inflammatoires, et il ne se produit rien ni du côté de l'œsophage ni du côté de l'estomac et de l'intestin.

Les frictions donnent lieu à la même remarque que les fumigations. Dans une expérience de Rhades (1), six chiens furent frictionnés pendant plusieurs jours aux aines avec 4 grammes d'onguent mercuriel. Sous l'influence de ce traitement, on les vit trembler, chanceler, se traîner sur le sol et finir par rester dans une immobilité complète jusqu'à la mort; quelques-uns eurent de la salivation, mais à l'autopsie on ne trouva aucune trace d'inflammation intestinale.

Ces résultats expérimentaux sont d'ailleurs largement confirmés par ceux que donne l'observation clinique, et Fournier, qui emploie si usuellement la méthode des frictions, lui reconnaît les deux avantages suivants : « Le premier, dit-il, celui qu'il faut » placer en tête, c'est de constituer un traitement actif, puissant, » comme effet thérapeutique ; le second, c'est de laisser indemnes » et libres les voies digestives, ce qui permet, en assurant la » cure spécifique sans surcharge pour l'estomac, d'ingérer les » autres remèdes qui peuvent être nécessaires. »

Les vapeurs de mercure émises à de basses températures ne donnent lieu à aucune des manifestations de l'hydrargyrisme aigu, les fumigations et les frictions ne donnant lieu qu'à quelques-unes d'entre elles ; il en résulte que tous les modes d'administration du mercure ne sont pas également aptes, comme on le prétend, à provoquer l'intoxication mercurielle aiguë, telle du moins qu'on la définit classiquement. Cette intoxication classique est exclusivement le fait de l'action des mercuriaux quand on dépasse, dans leur emploi, les doses thérapeutiques, et quand ils remplissent, en outre, certaines conditions, qu'ils ne sont pas tous également en situation de réaliser.

La première de ces conditions, c'est qu'ils soient solubles, et il n'y a que ceux qui le sont qui soient aussi directement toxiques. Les autres ne deviennent toxiques qu'en se transformant en composés solubles, et comme il est rare que cette transformation s'opère rapidement dans l'organisme, l'intoxication qui s'ensuit est toujours plus lente, quoique réelle.

Les principales préparations mercurielles solubles sont le bichlorure et le bibromure de mercure, les azotates et sulfates mercureux et mercuriques, et quelques autres sels semblables précédemment mentionnés ; mais pendant que les deux premières sont solubles dans l'eau distillée sans l'addition d'aucun complément, les autres ne le sont qu'en présence d'un excès d'acide, qui intervient alors comme acide libre.

Toutes ces préparations agissent toxiquement dès qu'elles sont administrées à des doses tant soit peu supérieures aux doses thérapeutiques, et ce que nous avons dit, dans le chapitre précédent, de leur action physiologique, rend leur action toxique facile à comprendre, car elles ne diffèrent que par l'intensité des symptômes.

Le plus ordinairement, l'empoisonnement mercuriel se produit à la suite d'une ingestion stomacale du composé vénéneux. Celui-ci agit d'abord localement aux points où il se trouve immédiatement en contact avec la muqueuse gastro-intestinale, et son action se traduit par un traumatisme violent, qui est symptomatiquement identique à celui que produisent tous les poisons corrosifs. Pour s'en convaincre, il suffit de passer en revue les symptômes principaux qui le caractérisent : chaleur brûlante à la gorge, pesanteurs d'estomac, épigastralgie, nausées et vomissements, douleurs déchirantes à l'épigastre, vomissements sanguinolents accompagnés d'efforts, évacuations douloureuses de matières sanguinolentes.

Les graves lésions inflammatoires que ces symptômes accusent sont ordinairement limitées à la partie supérieure du tube digestif; elles sont dues exclusivement soit aux acides libres, azotique, sulfurique, etc., qui tiennent les azotates, sulfates et autres sels mercuriels en dissolution, soit aux acides chlorhydrique et bromhydrique qui sont mis en liberté par le fait des réductions que le bichlorure et le bibromure de mercure subissent dans l'organisme. L'action corrosive de ces acides rend compte de toutes les particularités de l'intoxication locale de forme aiguë, et celle-ci n'est à aucun degré, ni directement, ni indirectement, le fait de l'intervention du mercure proprement dit.

A la suite de l'intoxication locale, l'absorption s'opère et les nombreuses recherches dont elle a été l'objet pour déterminer les éléments sur lesquels elle porte, nous les ont montrés se réduisant au nombre de trois; le mercure métallique des albuminates solubles hydrargyro-alcalins résultant des réactions des albuminoïdes organiques sur les sels mercuriels ingérés, et aussi, mais plus accidentellement, ces sels eux-mêmes. C'est à la suite de cette triple absorption que les effets toxiques généraux se produisent et ils consistent principalement en une altération profonde du sang, bien suffisante pour expliquer l'état de trouble qui en résulte pour tout l'organisme.

Ces troubles éclatent surtout avec violence du côté du tube digestif, et ils consistent en une violente hyperémie intestinale qui affecte plus spécialement le côlon et le cœcum et qui peut aller jusqu'à de véritables suffusions sanguines, avec foyers hémorragiques et plaques ecchymotiques des muqueuses correspondantes. En même temps que ces violents désordres inflammatoires se produisent, les glandes annexes du tube digestif, glandes salivaires, pancréas, glandes intestinales, sont fortement stimulées et leurs sécrétions sont considérablement accrues. Il y a des congestions sanguines et même hémorragiques de divers organes, et si la mort ne survient qu'au bout de quelques jours, une néphrite albuminurique s'ajoute à tous ces symptômes, avec incrustations calcaires des reins.

Dans cet empoisonnement général aigu, le mercure métallique absorbé ne joue, ni directement, ni indirectement, aucun rôle actif, et il le doit aux deux propriétés caractéristiques suivantes : 1° celle de n'exercer, par lui-même, aucune action altérante sur le sang avec lequel il se mélange ; 2° celle de n'éprouver, dans ce liquide, aucune modification qui les transforme en quelque composé nocif. Sur ces deux points essentiels, la preuve a déjà été faite, et surabondamment faite, au chapitre V, où j'ai rapporté (p. 260 à 270) les plus importantes des nombreuses expériences entreprises pour étudier les effets de l'introduction directe du mercure métallique dans la circulation générale. Comme toutes ces expériences sont parfaitement concordantes dans leurs résultats, je me bornerai à rappeler sommairement ici ceux que Fürbringer a obtenus, en apportant les soins les plus attentifs et la plus rigoureuse méthode à leur recherche.

Ce savant, en opérant avec des émulsions de mercure dans lesquelles ce métal était assez atténué pour que le diamètre de ses globules ne dépassât pas celui des globules sanguins, a toujours constaté que les animaux injectés ne présentèrent, jusqu'au jour où ils furent sacrifiés, aucune *apparence de souffrance ou de malaise*, ce qui prouve qu'il ne s'était formé aucun composé nocif dans le liquide sanguin. Examiné histologiquement, immédiatement après la mort, ce liquide avait d'ailleurs gardé absolument intactes sa composition et sa structure normales, et Fürbringer, malgré les investigations les plus attentives, n'a jamais pu y déceler la moindre trace d'altération dans le sérum, dans les globules ou dans la fibrine.

Quand on opère avec du mercure insuffisamment divisé, les gouttelettes trop grosses s'arrêtent dans les capillaires de certains organes qu'elles obstruent en y arrêtant la circulation sanguine. Comme elles jouent alors le rôle de corps étrangers, elles deviennent le centre d'autant de foyers d'inflammation, dont la formation peut devenir le point de départ de désordres plus ou moins graves. S'ils sont assez forts pour déterminer la mort des animaux qui les présentent, jamais celle-ci, quelque rapide qu'elle soit, ne se produit avec les symptômes de l'empoisonnement mercuriel aigu.

Dans aucune des expériences de Fürbringer, pas plus que dans aucune de celles de Gaspard, de Claude Bernard, de Cruveilhier et de beaucoup d'autres, il n'y a eu, quand elles se dénouaient par la mort des animaux opérés, ni stomatite, ni salivation, ni troubles intestinaux : on peut donc sûrement affirmer que, dans les cas d'empoisonnement général aigu par les mercuriaux, le mercure métallique fourni par eux à l'absorption est complètement étranger à l'apparition des symptômes caractéristiques de cette forme d'empoisonnement.

Contre cette affirmation, on ne saurait objecter les faits de production de stomatite aiguë par les fumigations et par les frictions. On sait, en effet, que, dans ces deux cas, la cause de cette affection est tout extérieure; on la trouve, comme nous l'avons expliqué ailleurs, dans une inflammation primitive du périoste alvéolo-dentaire due aux gouttelettes de mercure arrêtées par les dents, qui glissent jusqu'au collet de la dent, où elles sont mises immédiatement en contact avec ce périoste, par rapport auquel elles jouent le rôle de corps étranger, en exerçant ainsi sur lui une action irritative qui se propage bientôt à la muqueuse gingivale et aux glandes salivaires. Quand les dents manquent, ni les frictions, ni les fumigations ne provoquent de stomatite aiguë.

L'empoisonnement général aigu par ingestion des préparations mercurielles solubles doit donc être exclusivement attribué aux albuminates hydrargyro-alcalins, ou aux sels ingérés eux-mêmes, dans les cas assez rares où ceux-ci pénètrent directement dans la circulation sanguine. Tous les symptômes que présente cet empoisonnement s'expliquent facilement par l'altération profonde du sang que produisent les substances absorbées.

Quant aux préparations mercurielles insolubles, c'est seulement par leur transformation en composés solubles qu'elles peuvent devenir toxiques, et il faut en outre que cette transformation s'opère rapidement pour qu'elle donne lieu aux manifestations du mercurialisme aigu.

Empoisonnement lent, chronique ou professionnel.— Quand, au lieu d'administrer les mercuriaux solubles à des doses élevées, on les ingère à de faibles doses longtemps continuées, on évite les inconvénients et les risques du mercurialisme intense, ou du moins on les atténue assez pour les rendre négligeables. Les troubles inflammatoires locaux provenant des lésions directes de la muqueuse gastro-intestinale, les troubles généraux résultant de l'altération du sang sont donc alors conjurés ou amoindris; mais, par contre, des troubles nouveaux, qui tiennent à l'emmagasinement lent et ininterrompu du mercure dans l'organisme, sont rendus possibles, et les choses se passent alors comme dans le cas où cet emmagasinement se produit à la suite d'une inhalation prolongée des vapeurs mercurielles.

Celles-ci, comme nous l'avons vu, ne donnent lieu qu'à des troubles nerveux, parmi lesquels le tremblement est le plus caractéristique. C'est aussi à ce tremblement mercuriel topique qu'aboutit l'administration des mercuriaux à doses fractionnées et longtemps renouvelées.

Colson (2), Vidal et Diday rapportent des faits de tremblement mercuriel à la suite de l'ingestion des mercuriaux opérée dans les conditions que nous venons d'énoncer; mais ces observations sont peu nombreuses, et c'est en dehors des faits cliniques, dans la pratique de certaines industries, qu'on a surtout l'occasion de voir le mercurialisme chronique apparaître comme la conséquence de l'action prolongée de certaines préparations mercurielles.

Cette affection est très fréquente, en particulier chez les ouvriers chapeliers employés à l'opération, précédemment décrite, du sécrétage. L'ouvrier sécréteur, tenant d'une main un des bords de la peau qu'il doit dépiler, la frotte de l'autre dans toute son étendue, avec une brosse trempée dans du nitrate acide de mercure. La main qui tient la peau est souvent atteinte par la brosse qui l'excorie, et les dermatoses souvent rebelles qui se produisent au contact longtemps répété de la solution mercurielle ouvrent une voie plus large encore à l'absorption. Comme le sel absorbé est un de ceux qui se réduisent le plus facilement au contact des liquides et des tissus de l'organisme, le métal qui provient de cette réduction, s'introduisant dans le sang par une pénétration lente et continue, se trouve ainsi dans les conditions voulues pour que son action donne naissance à des troubles nerveux. Aussi est-il rare que les sécréteurs ne soient pas atteints de tremblement mercuriel, et les cliniciens qui ont eu l'occasion d'en examiner un grand nombre mentionnent tous la fréquence de ce symptôme.

C'est à Tenon (3) qu'on doit les premières observations sur le fait de la production du mercurialisme chronique par la pratique prolongée du sécrétage, et après lui sont venus Chevalier, Bordier (4), Bouchardat, et surtout Pappenheim (5) dont les observations ont porté sur deux cents sécréteurs, atteints, pour les deux tiers, du tremblement mercuriel.

Ce tremblement se retrouve encore chez des ouvriers chapeliers d'une autre catégorie, les arçonneurs, qui vivent dans un nuage de poils et de poussières imprégnés de nitrate mercureux. Leurs yeux et les orifices de leurs muqueuses sont ainsi mis en contact avec le sel mercureux qui les irrite d'abord, les enflamme et se réduit ensuite en faisant ainsi lentement pénétrer du mercure métallique dans l'économie.

Le mercurialisme chronique se retrouve encore chez les coloristes de fleurs artificielles, qui emploient les diverses variétés de rouge de mercure, bisulfure, biiodure, bichromate, etc.; chez les ouvriers occupés aux travaux de conservation du bois et chez les damasquiniers, qui manient journellement le sublimé. Mayençon et Bergeret (6) rapportent, à ce sujet, l'observation très caractéristique d'un jeune ouvrier travaillant depuis six ans au damassage, et qui, tout en étant gras, robuste et de bon appétit, tout en jouissant sur tous les autres points de la plénitude d'une santé parfaite, était localement affecté d'un tremblement désordonné des bras et des mains. Sa besogne consistait à frotter les canons de fusil soumis au damassage avec un morceau de drap trempé dans une solution alcoolique de sublimé, et c'est pour avoir eu presque constamment les bouts de deux ou trois doigts humectés de cette dissolution qu'il a été aussi fortement atteint.

La conclusion à tirer de cet ensemble de faits est la suivante : *dans les cas d'ingestion des mercuriaux à doses faibles et longtemps renouvelées, c'est au mercure métallique lentement absorbé que sont dus les symptômes observés de l'intoxication chronique, et ces symptômes sont les mêmes que ceux qui résultent de l'inhalation des vapeurs mercurielles.*

BIBLIOGRAPHIE

(1) RHADES. — *An hydrargyrium exterius applicatum in corpore præsertim in sanguine reperiatur.* Halæ, 1820.

(2) COLSON. — *Essai sur le tremblement à la suite de traitement mercuriel* (*Arch. de méd.*, 1re série, t. XV, p. 329, 1828).

(3) TENON. — *Sur les maladies des chapeliers (Mémoires de l'Académie de Médecine).*

(4) BORDIER. — *Gazette des hôpitaux*, 1868.

(5) PAPPENHEIM. — *Handb. der Societates politz...* Berlin, 1858.

(6) MAYENÇON ET BERGERET. — *Moyen clinique de reconnaître le mercure dans les excrétions*, etc. (*Journal de l'anatomie et de la physiol.*, 1873, p. 181).

CHAPITRE IV

Action thérapeutique des mercuriaux.

L'observation clinique est là pour le démontrer, quand les mercuriaux ingérés ou injectés ont une action toxique plus ou moins marquée sur l'organisme, leur action thérapeutique en est d'autant diminuée. On devra donc, dans la pratique, renoncer à l'emploi des doses massives, qui sont doublement désastreuses pour les malades, puisqu'en les exposant aux accidents les plus graves, elles peuvent aussi faire avorter la médication à laquelle ils sont soumis.

Des deux méthodes entre lesquelles on peut choisir pour l'administration des mercuriaux et qui procèdent, l'une par une mercurialisation rapide de l'économie, l'autre par une mercurialisation lente, la première est donc la plus dangereuse et la moins sûre; la seconde, au contraire, en cherchant à développer les effets antisyphilitiques des médicaments avec la moindre somme possible de perturbation morbide, n'est pas seulement la plus facilement tolérée par les malades, c'est aussi celle dont ils ont le plus d'avantages à tirer.

Les différences qu'elles présentent au point de vue de leur valeur thérapeutique tiennent, non pas à la nature, mais à la proportion des matériaux qu'elles fournissent à l'absorption, et comme ceux-ci se réduisent à du mercure métallique et à des albuminates hydrargyro-alcalins solubles, il y a lieu de se demander auquel d'entre eux on doit attribuer l'action curative des mercuriaux sur la syphilis.

Si cette affection résulte, ainsi qu'on s'accorde généralement à le croire, d'une pullulation anormale d'éléments figurés dans le sang, on peut admettre que ces éléments morbides sont altérés et détruits, comme le sont les globules sanguins, par l'effet de la réaction exercée directement sur eux par les sels albuminiques absorbés. Mais comme ces sels n'agissent sur les globules qu'en s'emparant de leur hémoglobine et qu'ils laissent intact le stroma, sur lequel ils ne paraissent avoir aucune prise, pas plus que sur les globules blancs, on peut en conclure, par analogie, qu'ils sont également inactifs sur les éléments virulents de la contagion syphilitique.

S'il est vrai qu'ils ne contribuent nullement à l'effet thérapeutique des mercuriaux, il faut alors forcément admettre que ces derniers doivent toute leur efficacité curative à l'action spécifique du mercure métallique qu'ils ont toujours pour résultat final d'introduire dans l'organisme, et c'est exclusivement parce qu'ils fournissent au sang ce métal en nature qu'ils sont efficaces dans le traitement de la syphilis.

Comme l'inhalation des vapeurs, les frictions et les fumigations se comportent de la même manière, on voit que, s'il y a unité d'action thérapeutique pour tous les modes de médication mercurielle, quelle que soit d'ailleurs leur variété, cette unité découle de la propriété qu'ils ont tous d'apporter à l'organisme, directement ou indirectement, du mercure métallique, et non pas des composés albuminiques solubles. Il nous reste à exposer les faits qui permettent de considérer le métal lui-même comme le véritable agent curatif spécifique de la syphilis.

§ 1er. — *Du rôle du mercure comme agent spécifique curatif de la syphilis.*

Pour que ce rôle pût être défini avec précision, il serait d'abord nécessaire d'être exactement renseigné sur la véritable nature du mal syphilitique; or, ces renseignements exacts nous font défaut, et nous n'avons pour les remplacer que des données empruntées à des analogies qui les rendent, il est vrai, fort probables, mais on ne saurait tirer de ces probabilités que des inductions qui, pour être plus ou moins plausibles, n'en sont pas moins hypothétiques.

Au début, cependant, nous nous appuyons sur un fait incontestablement acquis : c'est que la syphilis, transmissible exclusivement par inoculation et infectant, lorsqu'elle est inoculée, l'organisme tout entier, est une maladie générale virulente; mais c'est sur le caractère propre de sa virulence qu'on ne peut pas se prononcer encore avec une certitude bien absolue.

En se basant sur les analogies frappantes qu'elle présente avec les autres maladies du même groupe dont on a étudié avec soin la marche évolutive et le mode de propagation, on s'accorde unanimement aujourd'hui à la ranger dans la catégorie de celles qui ont pour cause la pénétration, et la multiplication, dans l'économie, d'un agent organisé, intervenant soit par lui-même, soit par les produits toxiques qu'il élabore, et l'on trouve, en effet, dans les néoformations de la syphilis des organismes inférieurs spécifiques (bâtonnets et granulations analogues aux micrococcus) qui ne seraient, sous les formes différentes qu'ils affectent, que des représentations du microbe de la syphilis aux phases successives de son développement. Il ne suffit pas cependant qu'on ait entrevu ou cru entrevoir ce microbe pour qu'on soit en droit d'affirmer son existence, dont on pourra douter tant qu'elle n'aura pas été objectivement démontrée, démonstration qui exigerait : 1° l'isolement du microbe syphilitique des éléments non figurés, mais peut-être virulents par eux-mêmes, qui lui servent de véhicule, et des autres microbes non spécifiques qui peuvent l'accompagner; 2° sa culture pure; 3° et enfin la reproduction, par voie d'inoculation, de la maladie dont il serait l'agent.

Toutes ces preuves restant encore à faire, ce qu'on appelle la théorie microbienne ou parasitaire de la syphilis n'a pas, jusqu'à nouvel ordre, d'autre valeur que celle d'une hypothèse; mais comme elle est la seule qui ait actuellement cours dans la science et qu'il ne m'appartient pas de la contester alors qu'elle est partout acceptée sans contradiction, c'est d'elle seule que j'aurai à tenir compte dans les considérations qui vont suivre.

Une fois admis que la syphilis est une maladie parasitaire, que son microbe spécifique agisse par lui-même ou par les produits toxiques qu'il élabore, c'est, avant tout, à faire disparaître cet agent infectieux que devra tendre la médication employée, et celle-ci peut y réussir par deux modes d'action différents, l'un portant sur l'économie, l'autre sur le microbe lui-même.

La médication mercurielle les a mis tous deux en œuvre, et pendant longtemps ceux qui l'appliquaient ont visé non pas à atteindre directement le virus vénérien, mais à modifier l'organisme, à le transformer anatomiquement ou physiologiquement, de manière à le placer dans des conditions nouvelles qui le rendraient incompatible avec l'évolution ultérieure de la maladie, ou bien qui tendraient à en rejeter, par entraînement, le principe au dehors.

C'est ce dernier résultat qu'on visait, au début du traitement mercuriel de la syphilis, lorsqu'on demandait à une application abusive des frictions et des fumigations ces salivations formidables, si souvent compromettantes pour la vie des malades; c'est encore lui qu'on visait plus tard lorsqu'on administrait les mercuriaux à doses élevées, selon la méthode de Boerrhave.

On a cru, en effet, pendant longtemps, que la médication mercurielle, poussée rapidement jusqu'à la saturation, agissait par les hyperémies intenses qu'elle provoquait du côté des glandes salivaires, du côté de l'intestin et du côté de la peau, et qu'en imprimant à l'organisme une grande suractivité glandulaire et lymphatique, elle dénourrissait l'économie, activait les mouvements de destruction et de rejet organiques qui s'y produisent sans cesse, fouillait en quelque sorte les tissus en tous sens et déterminait ainsi par une spoliation énergique l'évacuation des humeurs corrompues. C'est à la salivation surtout qu'on attribuait le pouvoir d'éliminer le virus syphilitique, aussi proportionnait-on l'utilité de celle-ci à son abondance, et l'on sait les résultats désastreux de cette déplorable méthode.

Il n'y a plus personne aujourd'hui pour soutenir de pareilles erreurs de doctrine et pour s'y conformer dans la pratique; on tient pour bien démontré que c'est quand l'action antisyphilitique des remèdes mercuriels se produit seule qu'elle a le plus d'énergie et d'efficacité et on s'attache, en conséquence, à leur faire produire leurs effets curatifs avec la moindre somme possible de perturbations physiologiques.

C'est là le but de la méthode dite *d'extinction* ou *de Montpellier,* dans laquelle on administre le mercure à doses faibles et longtemps continuées, et pour elle aussi on a cherché à expliquer les résultats satisfaisants qu'elle donne par la réaction favorable que le métal introduit ainsi progressivement dans l'économie exercerait sur celle-ci, en la fortifiant pour la lutte contre le mal.

En voyant, en effet, sous l'influence du mercure pris à petites doses, l'hypoglobulie syphilitique disparaître progressivement, le recouvrement de l'appétit, de l'embonpoint, de la force musculaire marcher de front avec l'augmentation du nombre des globules, on a considéré ce métal comme remplissant le rôle d'un agent tonique, nutritif, hématogène et reconstituant, et c'est alors en portant l'excitation de ce mouvement reconstitutif à toutes les parties de l'organisme qu'il transformerait celui-ci en un milieu nouveau dans lequel le principe infectieux de la maladie ne trouverait plus les conditions de son développement.

Rien ne prouve, en réalité, que le traitement mercuriel, si fortement cachectisant lorsqu'on force les doses, devienne, lorsqu'on les modère, tonique et fortifiant. Les bons effets qu'en ressentent alors les syphilitiques s'expliquent très naturellement par la disparition de l'état morbide contre lequel il est dirigé, et qu'il guérit, non pas en tonifiant le malade, mais en agissant directement sur la cause même de son mal, c'est-à-dire sur l'élément virulent qui est le propagateur de l'infection.

C'est sans contestation qu'on admet généralement aujourd'hui cette action directe; on ne varie que sur les explications qu'on en donne.

Pour Boerrhave et pour bon nombre de mercurialistes de son

époque, elle serait toute mécanique : le mercure, d'après eux, poursuivrait le virus dans le sang, le désagrégerait et l'expulserait au dehors; les gouttelettes de mercure, en traversant les vaisseaux, agiraient sur lui comme des désobstruants, l'atténueraient, le briseraient et le rendraient finalement apte, par cette désorganisation attritive, à être éliminé par les conduits excrétoires. C'est pour mémoire seulement que j'ai mentionné cette explication fantaisiste; il est évident qu'elle n'est pas sérieusement discutable.

Dans la théorie de Mialhe, Voit et Overbeck, c'est chimiquement que s'opérerait la destruction du virus syphilitique. Le mercure, qui dans l'intimité des tissus se combine avec l'albumine des chloralbuminates ou des oxydalbuminates hydrargiro-alcalins, trouvant dans le virus syphilitique une substance albuminoïde, contracterait également une combinaison avec elle, et en la modifiant ainsi plus ou moins profondément, il détruirait ses propriétés virulentes.

C'est là, évidemment, de la spéculation pure qu'on n'appuie sur aucune preuve de fait et qu'on essaierait en vain de justifier par des arguments tant soit peu plausibles. On se demande, d'ailleurs, pourquoi cette laborieuse poursuite d'explications hypothétiques pour rendre compte de l'action curative du mercure dans le traitement de la syphilis, quand on a tant de motifs sérieusement valables de l'attribuer au métal lui-même.

C'est par ses propriétés antiseptiques que ce métal intervient, et s'il n'a pas été possible jusqu'à présent de le mettre directement en rapport avec le microbe de la syphilis qu'on n'a pas encore réussi à isoler, si l'on ignore par conséquent, en fait, quel genre de modification il tend à lui faire subir, il y a au moins de fortes présomptions pour croire que son action ne diffère pas de celle qu'il exerce sur tous les organismes exposés à ses atteintes.

C'est le cas de rappeler ici la remarquable propriété dont jouit le mercure d'être un agent toxique universel, doué de la plus puissante énergie et souverainement antivital à des doses qui étonnent par leur infinitésimale impondérabilité. Mortel pour les animaux, il ne l'est pas moins pour les végétaux de tous genres, et ce n'est pas seulement, dans ces deux règnes, aux sujets vivants qu'il s'attaque, mais aussi à leurs germes, et les graines pas plus que les œufs ne résistent à son influence délétère.

Ce qui est à noter encore dans son action toxique universelle, c'est qu'elle s'exerce d'autant plus énergiquement qu'elle porte sur des organismes d'un ordre plus inférieur, aussi l'utilise-t-on, de temps immémorial, pour la destruction des parasites de l'homme et des animaux, et cette action parasiticide est un des faits les mieux établis de son histoire.

Toxique au plus haut degré sur tous les individus de la classe des micro-organismes, le mercure entre directement en conflit avec eux, et c'est bien comme poison métallique qu'il les tue, sans qu'il soit nécessaire d'imaginer pour remplir un rôle qui lui appartient en propre, l'intervention de quelque composé chimique plus ou moins hypothétique dans lequel il devrait préalablement se transformer.

L'étude des particularités essentielles de son mode d'action ne laisse aucun doute à cet égard, et la première à noter c'est que la forme sous laquelle il présente son maximum de toxicité est précisément celle qui assure sa pénétration profonde dans les organismes attaqués à son plus haut degré possible de pureté et dans les conditions les plus favorables pour sa prompte et complète absorption. C'est, en effet, quand son atténuation est poussée jusqu'à la dynamisation moléculaire, soit par sa réduction en vapeurs, soit par sa diffusion dans l'eau mercurielle ou d'autres liquides, qu'il se montre surtout délétère, et nous avons vu comment il agit alors sur les animaux supérieurs. Il finit toujours par amener leur mort après un intervalle de temps plus ou moins considérable; mais en les tuant infailliblement, il ne détermine pas chez eux l'apparition de ces lésions si nettement caractérisées qu'on voit se produire à la suite de l'absorption d'un quelconque de ses composés. Nous avons pu conclure de là qu'il ne contracte pas alors de combinaison chimique susceptible d'aboutir à la formation d'aucun de ces composés, et à ce premier fait, si significatif déjà en faveur de son inaltérabilité, sont venus s'en ajouter d'autres, dont l'ensemble, sur lequel je n'ai pas à revenir, a permis d'établir qu'il conservait intégralement son état métallique.

Dans les organismes inférieurs exposés à ses vapeurs, le mercure ne rencontre pas des espèces chimiques sensiblement différentes de celles avec lesquelles il est mis en rapport dans les organismes supérieurs; il n'y a donc pas de raison pour ne pas admettre qu'il exerce directement son influence toxique sur les uns comme sur les autres; l'étude d'un fait général présenté par les premiers, celui de l'énergique pouvoir destructeur des vapeurs mercurielles sur l'universalité des cellules végétales, va nettement nous édifier à cet égard.

On sait qu'après avoir rangé d'abord dans le règne animal les micro-organismes spécifiques des maladies infectieuses, à cause de la motilité d'un certain nombre d'entre eux, un examen plus attentif de leur constitution, qui nous les montre comme formés d'une substance protoplasmique incolore, enfermée dans une enveloppe de cellulose, les a fait définitivement rapporter au règne végétal. C'est ce qu'on a particulièrement admis pour la syphilis, en faisant de son microbe un micrococcus encore indéterminé, c'est-à-dire une cellule végétale de l'ordre le plus inférieur, et ce serait alors en exerçant directement son action toxique sur ces microphytes parasitaires que le mercure guérirait le mal dont ils sont la cause première.

Or, les cellules végétales vivantes des divers ordres, quelque dissemblables qu'elles soient par leurs apparences extérieures, n'en sont pas moins la réalisation d'un type toujours identique à lui-même, et ne diffèrent en rien ni sous le rapport de la structure intime, ni sous celui de l'accomplissement des fonctions vitales les plus essentielles. Aussi, pour celles qui constituent par leur groupement les organes les plus complexes des végétaux supérieurs, les recherches de Lechartier et Bellamy (1), de Muntz (2), de Van-Tieghem et de Bonnier, confirmées et complétées par

Pasteur (3), ont-elles démontré que, placées dans les conditions de la vie sans air, elles se comportaient absolument de la même façon que des cellules-ferments; et comme il n'y a pas de distinction à faire entre les cellules-ferments et les cellules-virus, l'action du mercure de ces dernières pourra se préjuger d'après celle qu'il exerce sur les éléments cellulaires d'un organisme végétal quelconque.

Les végétaux supérieurs étant particulièrement sensibles à cette action, c'est sur eux que nous allons l'étudier.

§ 2. — *Action toxique des vapeurs mercurielles sur les végétaux.*

Signalée pour la première fois par les physiologistes hollandais Denman, Prats-Van, Troostwick et Lauwerenberg, elle fit plus tard l'objet des études de Boussingault (4) en 1868, de moi-même (5) en 1877, et plus récemment de Jodin (6) en 1886.

Lorsqu'une plante est exposée aux émanations mercurielles, les feuilles sont toujours les premiers et souvent les seuls organes attaqués. et l'altération profonde qu'elles subissent se traduit bientôt par l'apparition de taches brunes d'abord, puis noires, qui envahissent progressivement tout le parenchyme; de celui-ci l'altération s'étend plus tardivement aux nervures et aux pétioles; elle peut même, mais plus tardivement encore, gagner la tige; dans la plupart des cas le limbe se flétrit et tombe.

En se bornant à l'étude des phénomènes présentés par les feuilles seules, on constate qu'avant tout symptôme apparent de désorganisation, et alors que leur intégrité anatomique semble parfaitement intacte, elles sont déjà mortes physiologiquement, car il y a chez elles : 1° abolition très prompte de la fonction chlorophyllienne, comme Boussingault l'a démontré; 2° troubles profonds dans la respiration qui augmente d'abord pour décroître ensuite très rapidement; 3° troubles non moins profonds signalés par Jodin dans la transpiration, qui se traduisent par la perte de l'affinité de la feuille pour son eau de constitution, par l'abolition de sa résistance à la dessiccation.

De mes recherches sur le mécanisme de cette mort si prompte il résulte qu'elle est déterminée, non pas par quelque changement anormal survenu dans les conditions générales de la vie fonctionnelle de la feuille, mais par une série d'intoxications qui portent sur chacune de ses cellules en particulier et les frappent isolément. Voici comment j'ai expérimentalement démontré que les choses se passent. Ainsi diffusées dans l'air ambiant, les vapeurs mercurielles pénètrent dans le parenchyme par les orifices toujours ouverts des stomates, circulent librement dans les méats et finissent ainsi par être mises individuellement en rapport avec toutes les cellules du limbe. Elles agissent alors directement et spécifiquement sur chacune d'elles, et c'est par cette action directe et spécifique qu'elles les tuent.

On pouvait supposer, en effet, que les vapeurs mercurielles, en pénétrant dans les méats et en se substituant partiellement à l'air qu'ils contiennent normalement rendaient le milieu gazeux où vivent les cellules irrespirable pour elles et provoquaient ainsi leur mort par asphyxie.

Dans le but de savoir jusqu'à quel point cette supposition était fondée, j'ai opéré sur une série de végétaux, bien appareillés par couples, et j'ai placé successivement les deux sujets de chaque couple dans le vide pneumatique et dans des gaz impropres à la respiration, tels que l'azote, l'hydrogène et l'acide carbonique. Toutes les autres conditions de ces expériences en partie double restant identiquement les mêmes, dans l'une d'elles le sujet employé était sous l'influence des émanations mercurielles, non dans l'autre, et alors que le premier subissait une altération en tout identique à celles que produisent ces émanations lorsqu'elles sont mélangées à l'air atmosphérique; le second, pendant le même temps, et quoique maintenu dans un milieu asphyxiant ne présentait aucune trace de désorganisation.

Les effets toxiques des vapeurs mercurielles sur les cellules végétales sont donc indépendants de la nature et des influences particulières du milieu dans lequel on confine les végétaux attaqués, et l'invariabilité de ces effets, malgré la variation des conditions dans lesquelles on les observe, ne saurait s'expliquer autrement que par une action spécifique du mercure sur les cellules qu'il tue individuellement.

Comme les physiologistes hollandais, Boussingault et Jodin n'ont opéré que sur des végétaux verts dont l'intoxication mercurielle débute par l'abolition de la fonction chlorophyllienne : on pourrait conclure de là que cette action spécifique du mercure dont je viens de parler porte particulièrement sur la chlorophylle, et que c'est la désorganisation de cette substance qui entraîne celle du protoplasma cellulaire, suivie elle-même de la mort de la cellule; mais les faits sont en contradiction formelle avec cette manière de voir, ainsi que je m'en suis triplement assuré par les expériences suivantes :

1° Les vapeurs mercurielles sont sans action sur la chlorophylle isolée pure et sur la pulpe verte extraite des végétaux;

2° Quand on les fait agir sur des végétaux à feuilles panachées, tels que l'aucuba, le géranium, le pavia, l'érable, etc., elles attaquent et altèrent de la même façon les parties blanches et les parties vertes de ces feuilles.

3° Avec les végétaux étiolés, ce ne sont pas seulement les feuilles, mais aussi les rameaux et les tiges dont les tissus sont désorganisés par l'intoxication mercurielle; et comme les cellules de ces tissus vivent dans des conditions de simplicité qui les rapprochent plus particulièrement des cellules-ferments et des cellules-virus, comme elles se prêtent plus facilement, à cause de leurs dimensions plus considérables, à l'examen microscopique, il y avait là une double indication de s'adresser spécialement à elles pour étudier l'altération qu'elles subissent par le fait de l'intoxication mercurielle.

Dans leur état normal, les cellules des végétaux étiolés contiennent un protoplasma translucide enveloppant un noyau vésiculeux et des granules que leur extrême ténuité rend difficilement perceptibles. C'est au cœur même de ces cellules que l'altération commence; elle se traduit par une coloration qui apparaît d'abord sur les granules protoplasmiques, et à mesure qu'ils se foncent en couleur, il devient de plus en plus facile de les discerner, car ils semblent se multiplier dans les cellules, de sorte que celles-ci semblent en être remplies et qu'ils finissent par les teinter uniformément.

Le noyau brunit toujours en même temps que les granules, et on dirait parfois qu'il se désagrège en granulations d'une espèce particulière; puis on voit se colorer à son tour la pellicule protoplasmique connue sous le nom d'*utricule primordiale*, ou mieux d'*utricule azotée,* qui tapisse intérieurement la paroi de la membrane cellulaire, laquelle semble elle-même se conserver intacte.

C'est donc en altérant profondément leur protoplasma que les vapeurs mercurielles désorganisent et tuent si promptement les cellules végétales, et pour apprécier toute l'énergie de leur puissance toxique, il suffit de comparer la grandeur des effets qu'elles produisent avec l'exiguïté vraiment infinitésimale des doses qui servent à les obtenir; quelques chiffres fournis par Boussingault vont nous édifier à cet égard.

Ce savant physiologiste a constaté qu'il suffit, pour tuer en quelques heures 130 grammes de feuilles fraîches, de la minime quantité de mercure contenue dans un litre d'air saturé à 20 degrés des vapeurs de ce métal; or, si l'on prend pour tension maximum de ces vapeurs à 20 degrés le nombre 0^{millig},0066 tiré de la formule de Bertrand, le poids de mercure qu'elles fournissent à un litre d'air saturé par elles se réduit à 0^{millig},07, et comme c'est par centaines de millions qu'il faut compter les cellules vivantes du parenchyme de 30 grammes de feuilles fraîches, comme elles ne meurent qu'à la condition d'être individuellement atteintes par l'agent délétère, en divisant par leur nombre, qui est immense, l'infime poids de mercure qui les tue en bloc, on voit à quelle dose infinitésimale ce métal est mortellement toxique pour chacune d'elles.

Si l'on rapproche le fait si frappant de sa toxicité exceptionnelle de cet autre fait de la notoriété bien constatée de son peu d'activité chimique sur les espèces chimiquement définies dont l'analyse reconnaît la présence dans l'économie végétale, on est conduit, avec Jodin, à remarquer que les analogies manquent absolument pour classer l'intoxication mercurielle, avec les caractères qu'elle vient de nous présenter, parmi les phénomènes mécaniques ou chimiques reconnus jusqu'ici comme des facteurs physiologiques.

On ne saurait, en particulier, pour expliquer ses effets, les attribuer à l'intervention de composés plus ou moins actifs résultant de la combinaison du mercure avec des éléments empruntés aux organismes végétaux soumis à ses émanations, et on ne trouve aucune trace de composés de ce genre dans l'eau où on a fait macérer des feuilles ainsi mercurialisées.

Parmi ceux dont la formation est possible dans l'économie végétale, c'est le bichlorure pour lequel elle est la plus probable; il y avait donc intérêt à le faire agir, comparativement avec les vapeurs mercurielles, sur les feuilles des mêmes végétaux, et voici ce qu'apprend cette étude comparative.

Pour opérer avec le chlorure mercurique, on le dissout à faible dose, et dans cette solution on plonge, par sa section toute récente, une branche feuillée bien saine. Dans ces conditions, le sel, qui est rapidement aspiré, pénètre bientôt dans les feuilles dont il envahit intégralement le parenchyme; il finit donc par être mis en contact avec les cellules du limbe, et à mesure qu'il les atteint il les tue. C'est bien ainsi que se comportent les vapeurs mercurielles, mais alors que, avec elles, les cellules tuées conservent pendant assez longtemps encore après leur mort toutes les apparences de l'intégrité la plus parfaite, et ne trahissent l'altération profonde qu'elles ont subie que par la disparition totale de leur activité vitale, avec le bichlorure, au contraire, la lésion mortelle s'accuse immédiatement par une coloration en brun des cellules atteintes. De plus, à la caducité des feuilles mortes après intoxication par les vapeurs mercurielles, on peut opposer la persistance indéfinie de celles qui sont tuées par le chlorure mercurique, et en même temps qu'elles deviennent ainsi persistantes, non seulement elles conservent alors leur propriété de transpiration, mais elles la manifestent encore à un plus haut degré qu'à l'état normal. Pour s'en assurer, il suffit de prendre deux branches feuillées d'un même végétal comptant le même nombre de feuilles et aussi bien appareillées que possible pour le reste, et de tuer l'une d'elles par absorption d'une solution faible de sublimé corrosif; si l'on plonge alors les deux sections dans deux récipients tarés contenant de l'eau distillée, il est facile de constater que la perte par transpiration est plus grande pour la branche mercurisée que pour l'autre; elle va d'ailleurs constamment en s'affaiblissant et finit par devenir bientôt nulle chez cette dernière dont les feuilles se dessèchent et tombent, tandis que la branche morte par intoxication continue à absorber et à exhaler pendant des années entières.

L'emploi de la solution de biiodure de mercure dans l'iodure de potassium m'a donné les mêmes résultats que celui de la solution de sublimé, et je les ai également obtenus avec d'autres sels que les sels mercuriels; il y a donc là un fait général qui semble caractériser le mode d'action de ces composés sur les feuilles. Comme il ne se produit pas quand on fait agir sur ces mêmes feuilles les vapeurs du mercure, on est en droit d'en conclure que ce n'est pas à la formation d'un sel de ce métal, mais au métal lui-même, qu'elles doivent leur influence toxique.

Cette influence s'exercerait donc directement sur le protoplasma des cellules végétales, mais nous manquons absolument de données positives pour la déterminer dans sa nature intime, et l'explication de sa spécificité reste encore à trouver.

Par analogie avec les autres métaux de la dernière section, qui ont tous la propriété d'être réduits de leurs sels par les matières organiques et d'êtres fixés par elles, ne pourrait-on pas admettre que c'est un fait de fixation de même genre qui se produit lorsque le mercure en vapeurs est mis en rapport avec des cellules végétales vivantes? Dans ce cas la substance fixatrice serait le protoplasma cellulaire, qui agirait en condensant les vapeurs mercurielles et qui serait assez profondément modifié par le seul fait de cette condensation pour devenir impropre à l'accomplissement de ses fonctions vitales.

En supposant qu'il en soit ainsi, le mercure simplement condensé, et par conséquent très faiblement retenu par la substance protoplasmique, conserverait une tension de dissociation sensiblement égale à sa tension de vaporisation à la même température, et en vertu de laquelle il devrait tendre à reprendre son état de fluide élastique dès qu'il ne serait plus dans une atmosphère saturée de ses vapeurs. Comme il y avait là l'indication d'un fait vérifiable expérimentalement, voici les expériences que j'ai tentées en vue de cette vérification.

Si les vapeurs mercurielles, quand elles attaquent les végétaux, pénètrent dans leurs feuilles par les orifices toujours ouverts des stomates, en redevenant libres, après avoir été momentanément fixées, elles n'auront pas d'autre voie que ces mêmes orifices pour sortir du parenchyme foliaire. Cela étant, dans le cas où le végétal soumis aux émanations mercurielles serait un dicotylédoné dont les feuilles n'ont ordinairement de stomates qu'inférieurement, en appliquant celles-ci par leur face inférieure sur du papier sensible à l'azotate d'argent ammoniacal, elles devront fournir une empreinte mercurielle, et ne rien donner lorsqu'on les appliquera par leur face supérieure.

Comme il était facile de contrôler expérimentalement ces prévisions, je l'ai fait à plusieurs reprises en opérant sur des végétaux des genres les plus différents, et toujours les résultats obtenus se sont produits dans le sens que je viens d'indiquer. Sachant par quelle proportion infiniment faible de mercure sont tuées les feuilles exposées aux vapeurs de ce métal, il ne faut pas s'attendre à les voir impressionner fortement le papier sensible; les empreintes qu'elles fournissent sont donc très peu marquées, mais elles le sont assez pour qu'on puisse nettement les distinguer, et je les ai prises en trop grand nombre pour me tromper sur leur caractère.

Le fait qu'elles proviennent exclusivement de la face inférieure des feuilles mercurisées permet d'affirmer que ces organes n'agissent pas en qualité de corps froids qui détermineraient le dépôt des vapeurs mercurielles par un simple abaissement de leur température, car les deux faces du limbe seraient alors également aptes à impressionner le papier sensible; mais comme elles diffèrent essentiellement par leur structure, on pourrait objecter que c'est précisément à cela qu'elles doivent la différence de leur mode d'action. L'expérience suivante répond à cette objection.

J'ai pris, sur un même végétal, deux branches bien appareillées, dont l'une seulement a été soumise à l'action des vapeurs mercurielles et, après mercurialisation complète de celle-ci, j'ai appliqué ses feuilles, par leur face inférieure, sur du papier sensible à l'azotate d'argent ammoniacal, en plaçant comparativement à côté de chacune d'elles, et identiquement disposée, une feuille de la branche mercurisée. Dans tous ces essais, et en opérant sur les végétaux les plus divers, les feuilles mercurisées ont seules impressionné le papier sensible.

Pour mieux faire apprécier le caractère de ces faits, il importe de les mettre en regard de ceux que présentent les feuilles des végétaux tués par les sels mercuriels solubles, typiquement représentés par le bichlorure. J'ai constaté que ces feuilles appliquées par les deux faces sur le papier sensible à l'azotate d'argent ammoniacal ne l'impressionnaient par aucune d'elles. Mais après les avoir fait servir à cette double constatation, si on les maintient pendant quelque temps exposées aux vapeurs ammoniacales, on trouve que la face supérieure du limbe reste toujours inactive, tandis que la face inférieure possède alors, au plus haut degré, la propriété d'impressionner le papier sensible à l'azotate d'argent ammoniacal. Ces deux résultats opposés s'expliquent par ce seul et même fait que le bichlorure, au lieu d'être complètement réduit par les feuilles où il pénètre, y passe simplement à l'état de protochlorure, sans qu'il y ait aucune trace de mercure mis en liberté, ce qui rend toute impression mercurielle impossible par quelque face que ce soit. Par l'exposition aux vapeurs ammoniacales qui s'introduisent dans le parenchyme foliaire par les stomates, on transforme le protochlorure en mercure et en bichlorure, et le métal revivifié émet des vapeurs qui se diffusent dans les méats du parenchyme. Comme elles ne peuvent en sortir que par les stomates et que ceux-ci se trouvent exclusivement à la face inférieure des feuilles employées, cette face est la seule qui puisse fournir des empreintes mercurielles sur le papier sensible à l'azotate d'argent ammoniacal, et elles sont toujours très fortement accusées.

Dans l'action du sublimé sur les feuilles, ce n'est donc pas le mercure qui est l'agent toxique; ce n'est pas davantage le calomel résultant de la réduction incomplète du sel mercurique, mais bien l'acide chlorhydrique qui devient libre par le fait de cette réduction, et ce qu'on sait de ses propriétés éminemment délétères ne permet pas de douter de sa toxicité pour les cellules végétales.

Son action sur elles, dans le cas qui nous occupe, ressort nettement d'une particularité caractéristique que présentent toujours les empreintes des feuilles tuées par lui. Au lieu de figurer le limbe tout entier, comme on l'observe avec celles des feuilles atteintes par les vapeurs mercurielles, elles n'en reproduisent que deux fuseaux symétriquement placés de chaque côté de la nervure médiane, et qui doivent être considérés dès lors comme les seules parties du limbe dans lesquelles le sublimé ait pénétré. Puisque les fuseaux extérieurs n'en ont absorbé aucune trace et que leurs cellules sont mortes, cependant, au même moment et de la même façon que celles des fuseaux intérieurs, cette mort est exclusivement due à l'intervention du chlore, qui n'est, il est vrai, dégagé que dans une portion du limbe, mais qui peut facilement passer de là dans toutes les autres, en se diffusant à travers les méats du parenchyme.

Le mode d'action du bichlorure de mercure est donc essentiellement différent de celui des vapeurs de ce métal, et cette différence ne permet pas de supposer que leur transformation préalable en sublimé est nécessaire pour qu'elles puissent agir toxiquement sur les cellules végétales.

Si une pareille transformation n'est pas admissible pour elles, comme aucune raison plausible n'autorise à supposer qu'elles en comportent aucune autre, nous trouvons là une confirmation nouvelle de la conclusion qui nous a fait attribuer leurs effets toxiques sur les cellules des végétaux à l'action directe du mercure métallique.

Toxique pour ces cellules, ce métal doit l'être également pour les cellules-ferments et pour les cellules-virus, identiques aux premières par leur structure intime et par leurs fonctions, et ce n'est pas seulement sur des raisons d'analogie, mais aussi sur des preuves de fait qu'on peut appuyer cette affirmation.

§ 3. — *Action toxique du mercure sur les cellules-ferments.*

Pour soumettre expérimentalement les cellules-ferments et les cellules-virus à l'action directe du mercure métallique, il suffit de les ensemencer dans des liquides de culture en contact par la plus grande surface possible avec le métal toxique, qui se diffuse alors uniformément dans toute la masse du liquide qui le recouvre et peut ainsi entrer partout en conflit immédiat avec les micro-organismes qu'elle contient.

C'est dans ces conditions que Gayon et Dupetit (7) ont expérimenté sur deux des microbes, dont le rôle comme agents dénitrifiants a été si savamment étudié par eux et qu'ils qualifient, l'un, de *bacterium denitrificans* α, l'autre, de *bacterium denitrificans* β, en ensemençant chacun d'eux séparément dans deux parts égales du même bouillon de culture, dont l'une seulement surnageait du mercure.

Le *bacterium denitrificans* α, dont l'activité est de beaucoup la plus grande, s'est développé dans les deux liquides, mais plus lentement et plus péniblement dans le mercuriel que dans l'autre.

Pour le *bacterium denitrificans* β, au bout d'un mois aucun trouble ne s'était produit dans le liquide mercuriel pendant que, dans l'autre, le développement avait lieu avec ses caractères ordinaires.

Dans les deux expériences où le mercure a pu intervenir, il a donc suffi de cette intervention pour ralentir dans l'une et pour empêcher dans l'autre, l'évolution des microbes soumis à son influence. Ce sont là deux faits de même ordre qui prouvent tous deux, quoiqu'à des degrés différents, le caractère nocif de cette influence, et il importait de rechercher si elle avait pour cause l'action du métal lui-même, diffusé dans les liquides de culture, ou celle de composés toxiques solubles provenant de sa combinaison avec quelques-uns des éléments chimiques de ces liquides.

Le soin de cette recherche m'ayant été confié, voici les résultats qu'elle m'a donnés.

Les trois liquides suivants ont été mis à ma disposition :

1° Bouillon stérilisé non ensemencé, en contact avec du mercure stérilisé;

2° Bouillon non stérilisé et non ensemencé, en contact avec du mercure stérilisé;

3° Bouillon stérilisé ayant fermenté en contact avec du mercure stérilisé, sous l'influence du *bacterium denitrificans x*.

Ces trois échantillons de bouillon de culture ont été traités par la même méthode d'analyse.

Une première prise faite sur chacun d'eux a été essayée par l'acide sulfhydrique et par les sulfhydrates alcalins sans fournir la plus minuscule trace de précipité de sulfure de mercure.

Sur une seconde prise j'ai fait agir un fil de cuivre bien décapé plongeant d'un centimètre, lequel fil, retiré au bout de vingt-quatre heures d'immersion et introduit, après avoir été lavé à grande eau et desséché, dans un pli de papier sensible à l'azotate d'argent ammoniacal; il ne s'est produit aucune trace d'empreinte mercurielle.

Une troisième prise, au contraire, traitée comme la précédente, après avoir été préalablement additionnée d'acide nitrique et portée pendant quelques minutes à l'ébullition, a fourni des empreintes mercurielles très nettement accusées.

Les résultats négatifs des deux premières séries de ces essais permettent de conclure que les trois échantillons de bouillon de culture ne renfermaient pas de sel mercuriel dissous; elles contenaient cependant du mercure, puisqu'on l'y a trouvé, comme le prouvent les résultats positifs de la troisième série, et on est dès lors en droit d'affirmer qu'il y existait à l'état métallique, comme dans l'eau mercurielle.

Pour démontrer qu'il peut bien réellement s'y diffuser à cet état, j'ai fait l'expérience suivante : Des papiers sensibles disposés au-dessus de couches peu épaisses de bouillon stérilisé ou non, surnageant du mercure, ont été nettement impressionnées par des vapeurs provenant évidemment du métal diffusé à travers le liquide superposé.

Cellules-virus. — En opérant sur le microbe du charbon comme sur les deux bactéries dénitrifiantes ([1]), Gayon (8) a constaté qu'il ne se développait pas dans des bouillons de culture en contact avec du mercure; et, dans ce cas encore, ces bouillons devaient leur toxicité à la présence du métal en nature.

Dans une série d'expériences (9) faites avec la collaboration, pour la partie chimique, de M. Bordier, préparateur de physique médicale, M. Ferré, professeur de médecine expérimentale à la Faculté de médecine de Bordeaux, a étudié aussi l'action du mercure diffusé sur les microbes. Des tubes contenant des quantités égales de bouillon recevaient des quantités variables de mercure pur, étaient ensuite ensemencés, puis mis à l'étuve à 37 degrés.

Le mercure diffusait dans le liquide, car les vapeurs mercurielles pouvaient être décelées au-dessus de ce dernier. Il ne se produisait, en outre, aucun composé mercuriel dans le bouillon, comme ont pu le démontrer Ferré et Bordier, et comme je l'avais démontré moi-même auparavant.

Ainsi que l'avaient déjà vu Gayon et Dupetit pour le *bacterium denitrificans* β, Gayon pour le charbon, Ferré reconnut que le mercure arrête l'évolution des microbes. Cette action varie avec

---

([1]) Expériences non publiées dont le détail était contenu dans une note remise au professeur Merget.

(Drs Bordier et Cassaët.)

la quantité de mercure contenue dans les bouillons, avec la nature du microbe; elle est en raison directe de la quantité de mercure.

Le mercure diffusé agit, d'après ces expérimentateurs, sur le charbon, le bacille typhique, le bacillus coli communis et le staphylococcus aureus. Le bacillus coli communis serait plus résistant que le bacille typhique et que le staphylococcus aureus. De tous ces microbes, c'est le charbon qui paraît le mieux approprié pour des expériences régulières.

Le mercure ne fait pas que diminuer ou empêcher la fonction de reproductivité, il détruit à la longue la vitalité des microbes. En effet, du charbon sporulé se développe à peine après un séjour de cinq mois au contact du mercure quand on l'ensemence dans du bouillon frais; après un séjour de six mois, il ne se développe plus. Une culture témoin ensemencée dans les mêmes conditions se développe bien.

Ce que nous donnent ces expériences *in vitro,* nous pouvons le retrouver et le reproduire dans l'organisme humain quand il sert de *substratum* à l'évolution d'une maladie infectieuse.

Par quelque porte d'entrée qu'ait eu lieu sa pénétration, le microbe pathogène trouve alors dans les humeurs de l'économie, et principalement dans le sang et dans la lymphe, des liquides de culture riches en matériaux propres à son développement et à sa pullulation, et si l'on veut, dans ces conditions, faire agir sur lui le mercure, il suffit de recourir à la médication mercurielle sous quelque forme qu'on la mette en œuvre. Nous avons vu, en effet, qu'elle aboutit toujours à ce résultat final de fournir du mercure métallique à l'absorption; mais de tous les moyens d'obtenir ce résultat, le plus simple et le plus efficace est sans contredit celui de recourir à l'inhalation des vapeurs mercurielles, car, avec elles, l'absorption est directe, immédiate, d'une innocuité parfaite, et, par leur diffusion rapide dans le sang d'abord, puis dans les diverses humeurs de l'économie, elles ne laissent à l'agent pathogène aucun refuge où il ne leur soit possible de l'atteindre.

Toutes les maladies microbiennes sont donc, en principe, justiciables du traitement par l'inhalation des vapeurs mercurielles; mais dans la pratique, il ne faut pas s'attendre à les voir toutes également en bénéficier, et quelques particularités des faits précédemment exposés nous font facilement prévoir comment les choses devront se passer à cet égard.

On peut, par analogie, baser cette prévision sur ce qui se passe lorsqu'on fait agir les vapeurs mercurielles sur les végétaux. Ceux que j'ai soumis à cette action ont été fort nombreux, et je les ai pris dans une série de plus de cent espèces choisies, à dessein, parmi des genres présentant des oppositions de types bien tranchées, et, malgré leurs dissemblances profondes, ils ont tous été atteints par le mercure de la même manière. Toujours, sous l'influence de ce métal, leurs feuilles sont mortes par suite de la mort individuelle des cellules du parenchyme; mais si celles-ci sont inévitablement tuées, c'est après des intervalles de temps fort inégaux, et elles présentent sous ce rapport des différences considérables, qui peuvent aller de quelques heures à plusieurs mois.

Les cellules foliaires, malgré l'identité apparente de leur nature et la communauté de leurs fonctions, sont donc très inégalement résistantes à l'action du mercure, et s'il en est ainsi pour elles, on ne devra pas s'étonner qu'il en soit de même pour les cellules-ferments et pour les cellules-virus.

Suivant le degré variable de résistance spécifique de ces dernières, les maladies infectieuses qui s'y rattachent seront plus ou moins avantageusement modifiables par le traitement mercuriel, et on ne devra pas, notamment, attendre beaucoup de lui toutes les fois qu'il s'agira d'espèces microbiennes douées d'une vitalité hors ligne qui rendra leur développement exceptionnellement rapide et poussera ainsi leur multiplication à l'excès.

Lors même, en effet, qu'on supposerait les divers liquides de l'économie imprégnés de mercure jusqu'à la saturation, ils ne contiendraient encore qu'une proportion extrêmement faible de ce métal; si donc ils sont envahis, dans ces conditions, par un microbe infectieux très vivace et proliférant en conséquence, les germes morbides que cette prolifération y fera pulluler seront bientôt trop nombreux pour que le mercure, qui doit directement agir sur chacun d'eux, puisse les atteindre tous, et ceux qui échapperont à son atteinte auront alors le champ libre pour leur développement, qu'ils opéreront comme si le milieu dans lequel ils évoluent n'était pas mercuriel. La maladie infectieuse qui est la conséquence de ce développement suivra donc alors son cours ordinaire, et tout au plus aura-t-on à signaler quelque ralentissement dans la marche de son début.

Comme exemple du plus ou moins de prise qu'a le mercure sur les micro-organismes soumis à son action, à raison de leur plus ou moins de vitalité, on peut citer le cas très significatif des deux microbes dénitrificants étudiés par Gayon et Dupetit.

Pour le plus actif de ces deux microbes de même espèce, le *bacterium denitrificans* α, ensemencé dans des bouillons de culture reposant sur du mercure, le développement a commencé un peu plus tard et a duré un peu plus longtemps qu'avec des bouillons sans mercure; mais tout s'est borné à ce léger et négligeable retard.

Pour le moins actif, le *bacterium denitrificans* β, c'est un arrêt complet de développement qui s'est produit sous l'influence du mercure.

Des faits de ce genre permettent de préjuger que ce métal, malgré toute sa puissance antiseptique, sera loin d'être utilisable avec le même succès contre toutes les maladies infectieuses; aussi importerait-il essentiellement de savoir dans quelle mesure il est apte à combattre chacune d'elles, et on y arriverait facilement pour celles dont le microbe spécifique a pu être nettement isolé et qu'on a les moyens de cultiver et de reproduire *in vitro*. En observant la marche de son développement dans des liquides de culture, les uns normaux, les autres mercuriels, on saurait exactement à quoi s'en tenir, d'une part, sur son degré de vitalité, d'autre part, sur son plus ou moins de résistance au mercure, et on aurait ainsi des données expérimentales précises pour l'application possible de ce métal au traitement de l'affection morbide que provoque le microbe étudié dans ces conditions.

Malheureusement cette étude nous fait défaut pour celui de la syphilis, dont on n'a pas encore obtenu l'isolement, et ce que nous connaissons de ses caractères essentiels ne nous est qu'indirectement révélé par l'observation empirique de ses manifestations pathogènes, dont la lenteur à se produire indique, de sa part, une activité vitale peu prononcée.

La syphilis, en effet, est une affection dont l'incubation est d'assez longue durée, car, du jour de l'inoculation à celui de l'apparition du chancre induré, il s'écoule en moyenne un intervalle de 25 jours, et un autre intervalle de 50 jours environ depuis l'apparition du chancre jusqu'à celle des accidents secondaires, ce qui donne une moyenne de 75 jours pour la durée totale de l'incubation.

Tel est le temps que prend le microbe de la syphilis pour parcourir le cycle complet de son évolution dans l'organisme, et il accuse par là un défaut de vitalité qui le place, comme nous l'avons fait remarquer plus haut, dans des conditions faites pour faciliter son attaque par le mercure.

Cette attaque est favorisée encore par une autre particularité de son mode d'introduction dans l'organisme.

Son inoculation, qui a lieu sans laisser de trace, est en général suivie d'une absorption très rapide, et elle s'opère, soit intermédiairement par les voies lymphatiques, soit directement par le système sanguin. Dans le premier cas, la généralisation de l'infection ne se produit qu'après un temps de repos; dans le second, elle se fait presque immédiatement après l'infection, et l'observation clinique semble indiquer qu'il ne pénètre pas dans la circulation en une seule fois, mais par des poussées successives.

Ce qui ressort de ces faits, c'est que c'est principalement dans le sang qu'il trouve un milieu bien approprié à son développement, et on n'en saurait douter quand on voit la virulence localisée presque uniquement dans ce liquide pendant les premières périodes de la vérole.

Puisque c'est dans le sang surtout qu'on le rencontre, c'est là aussi qu'il faudra aller le chercher pour le détruire, et si on demande cette destruction au mercure, le meilleur mode d'administration de ce métal sera celui qui réunira le double avantage de le faire pénétrer dans la circulation générale par la voie la plus directe, et d'obtenir ce résultat avec le minimum d'incommodité et de risques d'accidents douloureux ou dangereux même pour le malade. Comme il n'en est aucun qui réalise ce double objectif au même degré que celui de l'inhalation des vapeurs mercurielles, c'est à lui, dès lors, qu'il semblerait indiqué de recourir de préférence pour le traitement de la syphilis, et voici sur quelles bases principales il conviendrait d'en faire l'application.

On devrait le commencer d'urgence et sans délai dès qu'on aurait, je ne dis pas la certitude, mais seulement le soupçon de la contamination syphilitique; car il est destiné à être d'autant plus efficace qu'il aura été institué à une date plus voisine de celle de cette contamination.

Ce qu'il y a lieu de noter, en effet, dans le fait général de l'action toxique du mercure, c'est qu'elle s'exerce beaucoup plus énergiquement sur les germes que sur les produits vivants de leur éclosion. Les expériences de Gaspard (10), rapportées précédemment, sur les œufs de mouche, de blatte, de colimaçon, de grenouille et même sur des œufs de poule, ne laissent aucun doute à cet égard, et à l'appui des conclusions qu'elles autorisent, on peut citer une foule d'observations fournies par la pratique courante et dont l'exactitude est attestée par les applications utiles et variées auxquelles elles ont donné naissance.

Le mercure étant un germicide d'une très grande puissance, s'il l'est sans exception et qu'il agisse sur le germe du microbe syphilitique avec la même énergie que sur tous ceux qui ont pu être soumis à son influence, on voit qu'il y aurait un intérêt capital à l'administrer, dans le traitement de la syphilis, le plus tôt possible après l'infection. Celle-ci, malheureusement, insidieuse à ses débuts, ne se révèle qu'assez tardivement par un signe pathologique certain, la poussée du chancre induré, et on perd, en moyenne, vingt-cinq jours à l'attendre; mais s'il n'est pas possible de faire mieux, on devra du moins commencer immédiatement les inhalations dès la première apparition de ce symptôme, et cela, même dans les cas où l'on conserverait des doutes sur la certitude du diagnostic.

Que l'on diffère le recours à la médication mercurielle, dans la cure de la syphilis, jusqu'au moment où l'on a l'assurance positive de la réalité de cette affection, cela se comprend lorsqu'on administre aux malades le mercure métallique ou les mercuriaux par voie d'ingestion stomacale et d'injections hypodermiques, ou qu'on les frictionne à l'onguent, parce que tous ces modes de traitement entraînent pour eux des inconvénients multiples, de la douleur et parfois même des dangers, auxquels il convient de ne pas les exposer si on doute qu'ils puissent en retirer quelque profit. Ce doute suffit ici pour imposer le devoir de l'abstention, mais il n'en sera plus de même dans le cas du traitement par l'inhalation des vapeurs mercurielles, et leur essai n'exigera nullement la certitude d'avoir affaire à une syphilis nettement déclarée. Il suffira qu'on la juge tant soit peu probable pour recourir très légitimement à leur intervention, et on peut beaucoup la prolonger, même en supposant une erreur de diagnostic, sans qu'il en résulte rien de fâcheux pour le sujet qui aura servi de patient. On sait, en effet, qu'on peut être soumis, même pendant plusieurs mois de suite, au régime de l'inhalation des vapeurs mercurielles sans en éprouver aucun dommage, et cette assurance où l'on est qu'elles sont absolument inoffensives permet de les employer sur un simple soupçon d'infection syphilitique.

En supposant cette infection réelle, la question du choix du moment où il convient de commencer le traitement par le mercure, objet de tant de discussions et de controverses entre les syphiligraphes, se résout bien simplement lorsque ce métal est administré à l'état de vapeurs. Dans ce cas, si on le pouvait, ce serait à partir du moment même où a lieu l'inoculation du virus qu'il faudrait commencer l'application du remède, et, à défaut de cette possibilité, on devra se hâter d'agir dès qu'on aura constaté le plus léger symptôme de nature vénérienne.

Le traitement ayant été commencé en temps opportun, les règles à suivre pour sa direction générale et pour la fixation de sa durée sont faciles à formuler, car on ne saurait lui en assigner d'autres que celles du traitement par les frictions, dont il est une reproduction identique au fond, simplifiée seulement dans la forme.

Comme les frictions, d'après les praticiens qui en ont fait une étude plus spéciale et qui ont établi classiquement les conditions de leur emploi, doivent être continuées pendant plusieurs années (quatre ans suivant Leloir), avec des intermittences de plus en plus longuement espacées à mesure qu'on se rapproche de la terminaison de la cure, il serait naturellement indiqué d'en user de même avec les inhalations. Je crois cependant qu'elles permettront de gagner du temps, et peut-être dans une assez large mesure.

Si la cure est aussi lente avec les frictions, cela tient en partie à ce qu'elles sont une fâcheuse cause d'inconvénients, de gêne et de danger pour les malades, qui ont besoin, pour les supporter, de repos dont on obtient d'effet utile qu'à la condition d'être suffisamment prolongés. Le traitement par l'inhalation des vapeurs mercurielles n'étant ni incommode ni dangereux, il est permis de penser que son innocuité permettra d'abréger sensiblement les intervalles de repos qu'il comporte, ce qui raccourcirait d'autant la durée de la cure.

Quoi qu'il en soit à cet égard, on ne saurait, je le crois, pas plus avec la méthode des inhalations qu'avec aucune autre, se flatter de l'espoir d'arriver à une guérison rapide de la syphilis, et l'impossibilité de ce résultat tient essentiellement à la marche que le microbe syphiligène suit dans son évolution.

On sait, en effet, qu'il procède par poussées successives qui se produisent souvent à des intervalles très longs, et comme elles ne sauraient être prévues à époques fixes et que leur retard n'est nullement une preuve qu'on ait réussi à en conjurer le danger, en arrêtant trop vite le traitement on risquerait fort d'en compromettre complètement le succès final. Il faudrait donc, pour les inhalations comme pour toutes les autres médications mercurielles, ne pas se hâter de les supprimer parce qu'on les aura vues faire totalement disparaître les manifestations morbides contre lesquelles on les aura dirigées, car cette disparition ne suffit pas pour affirmer que le mal, un moment enrayé peut-être, a été définitivement vaincu.

Il est fort possible, en effet, que le mercure, tout en ayant assez de prise sur le microbe de la syphilis, pour combattre avec succès son action nocive, exige néanmoins un temps fort long pour le détruire, et qu'il se comporte à son égard comme il le fait à l'égard du *bacterium denitrificans* β, dans les expériences de Gayon et Dupetit.

Ensemencé dans un liquide de culture mercuriel, et conservé pendant tout un mois dans ce milieu, ce *bacterium* n'a donné aucun signe de développement, mais il n'avait été qu'engourdi et pas tué, car introduit dans un liquide non mercuriel il y a repris, quoique un peu lentement, sa vitalité normale, et son développement s'y est accompli avec ses caractères distinctifs ordinaires.

Si les choses se passent de la même manière pour le microbe de la syphilis, on peut, sur ces données, se rendre facilement compte de ce qu'il doit résulter d'un traitement insuffisamment prolongé de l'affection vénérienne. L'agent pathogène, engourdi un moment, comme je viens de le dire, paralysé par l'influence du mercure, mais non détruit, retrouverait peu à peu sa vitalité dès que cette influence aurait disparu par le fait de l'élimination du métal, et son action nocive, momentanément suspendue, recommencerait alors, sur nouveaux frais, en annulant complètement le bénéfice de la médication antérieure.

En prolongeant suffisamment cette médication, ou bien on finirait par tuer le microbe récalcitrant, et la question de la guérison serait alors radicalement résolue; ou bien on réduirait ce microbe à l'impuissance, en l'empêchant de se développer. Par suite de cet arrêt de développement, on peut le maintenir assez longtemps à l'état de corps étranger inerte, et se donner ainsi le répit nécessaire pour travailler efficacement à l'expulsion de l'organisme. Dans ce but, on s'expliquerait sans peine les bons effets des sudorifiques, des purgatifs et de l'exercice employés concurremment avec le traitement mercuriel pendant les intervalles de suspension de ce traitement.

On ne saurait admettre une action curative du mercure dans la syphilis sans lui accorder aussi la propriété d'agir préventivement contre le même mal, car il n'y a pas *a priori* de raison pour penser qu'il se comporte de façon différente, suivant que son introduction dans l'organisme aura été antérieure ou postérieure à la pénétration du virus vénérien.

Cette question, qui semble si facile à résoudre quand elle est ainsi posée n'en est pas moins encore pendante, et, portée sur le terrain des faits cliniques, elle a donné des résultats trop contradictoires pour que les praticiens aient pu se faire une opinion précise à son égard. Cela tient peut-être à ce qu'elle n'a pas été posée dans ses véritables termes, et qu'elle n'a été, presque toujours, que très superficiellement étudiée par la plupart de ceux qui s'en sont occupés. Il y a donc lieu d'en reprendre ici l'examen.

BIBLIOGRAPHIE

(1) Lechartier et Bellamy. — *C. R. de l'Acad. des Sciences*, t. LXIX et t. LXXIX.

(2) Muntz. — *C. R. de l'Acad. des Sc.*, t. LXXXVI, p. 49.

(3) Pasteur. — *C. R. de l'Acad. des Sc.*, t. LXXV, p. 754.

(4) Boussingault. — *Annales de chimie et de physique*, 4e série, 1868, t. XIII, p. 357.

(5) Merget. — *C. R. de l'Acad. des Sc.*, t. LXXXIV, p. 376.

(6) Jodin. — *Annales agronomiques*, décembre 1886.

(7) Gayon et Dupetit. — *Mém. de la Société des Sc. phys. et nat. de Bordeaux*, 1885.

(8) Gayon. — Note inédite.

(9) Ferré. — *Société d'Anat. et de Physiol. de Bordeaux*, juillet 1892.

(10) Gaspard. — *Journal de phys. de Mag.*, 1821, t. I, p. 185.

CHAPITRE V

Action prophylactique du mercure.

Si l'on m'accorde comme vraies les conclusions auxquelles je suis arrivé dans cette étude, on devra entendre par mercurialisation prophylactique celle qui consistera en une imprégnation de l'organisme tout entier, mais surtout du sang et des humeurs, par du mercure métallique infiniment divisé. Comme ce métal, dans ces conditions, s'élimine très promptement, il ne suffirait certainement pas qu'un sujet fût mercurialisé jusqu'au moment où il serait contagionné par le mal vénérien, s'il devait cesser de l'être ensuite, pour bénéficier de l'avantage de la préservation prophylactique. Ce bénéfice ne saurait évidemment être admis que pour des individus placés sous l'influence d'une mercurialisation non pas passagère, mais habituelle, sinon permanente, existant déjà au moment où la maladie infectieuse est contractée et se continuant indéfiniment après l'infection. Est-ce bien sur de pareils individus qu'ont porté les observations des praticiens qui se sont prononcés pour la négative dans la question du pouvoir prophylactique d'une mercurialisation préalable? C'est ce que va nous dire l'examen critique de ces observations.

Les premières qui aient été faites en France sont celles de Martin de Gimard (1), qui, ayant eu occasion de traiter trente-deux doreurs au feu atteints de tremblement, les a interrogés sur leur passé, et dont plusieurs lui ont avoué qu'ils avaient été syphilitiques. Il conclut aussitôt de là que la respiration habituelle des vapeurs de mercure ne confère aucun privilège d'immunité contre les risques de contagion vénérienne. Cette conclusion est prise un peu légèrement, et on peut lui reprocher de manquer absolument de rigueur, car Martin de Gimard n'a personnellement observé aucun ouvrier doreur sous le coup d'accidents syphilitiques, et il n'a pas pu savoir, par conséquent, si ceux dont il a provoqué les aveux étaient bien réellement mercurialisés au moment de leur infection, ou dans quelle mesure ils l'étaient à ce même moment. Des observations de Mérat, que j'ai rapportées ailleurs, il résulte bien nettement que la mercurialisation de ces ouvriers était très lente à se produire, ce qui prouve qu'elle devait être pendant longtemps très faible et sujette alors, sans doute, à des intermittences de plus ou moins longue durée pendant les périodes de suspension du travail de la dorure proprement dite. Or, il est évident qu'il n'y a pas à compter, pendant ces intermittences, sur le privilège de l'immunité. Il pourrait même se faire qu'un sujet atteint de tremblement mercuriel fût parfaitement syphilisable et se syphilisât en effet, comme Jansens et Thury en rapportent deux exemples pris sur des étameurs de glaces, sans qu'il y ait là rien de contraire à l'affirmation de la propriété prophylactique du mercure; car le tremblement se produit quand ce métal, après avoir saturé l'économie, se fixe sur la matière nerveuse, d'où il s'élimine beaucoup plus lentement que du sang. Si donc un trémulent est soustrait depuis quelques jours à l'influence du mercure, cela suffit, en débarrassant son sang de toute trace de ce métal, pour le rendre apte lui-même à contracter la contagion syphilitique, quoique les symptômes de trémulence persistent encore.

Les observations de Martin de Gimard sont donc sans portée réelle, et il n'y a pas d'ailleurs à tenir compte dans les discussions scientifiques de documents recueillis de seconde main.

Après Martin de Gimard, Roussel (2), dans la relation qu'il a publiée de sa visite aux mines de mercure d'Almaden, dit s'être informé de l'influence du séjour dans ces mines sur le développement et sur la marche des affections syphilitiques, et, d'après les renseignements fournis par les médecins locaux, il se montre peu disposé à admettre que cette influence puisse soit prévenir l'infection vénérienne, soit en atténuer les accidents secondaires et tertiaires. Il reconnaît d'ailleurs volontiers qu'une question de cette importance ne saurait être tranchée par des informations de seconde main, comme étaient les siennes, et qu'un examen plus rigoureux et plus complet était nécessaire pour la résoudre. Nous reviendrons plus loin sur la valeur de ces observations, en discutant celles de Don Pedro de Arebala, qui se rapportent à une date antérieure et qui sont contradictoires.

Rabuteau (3) imite la réserve de Roussel : tout en admettant que le mercure n'a pas d'action préventive contre la syphilis, puisque, d'après lui, mais sans preuves à l'appui, les personnes exposées par la nature de leur profession aux vapeurs mercurielles contractent cette maladie comme le vulgaire, il ajoute toutefois que la science ne lui paraît pas encore en mesure d'affirmer si les accidents syphilitiques sont moins graves, ou si leur marche est modifiée d'une manière quelconque, chez ceux qui manient le mercure avant de contracter la syphilis.

Mauriac (4) qui s'est posé la question, la résout sans hésitation par la négative, et il déclare formellement que la mercurialisation antérieure à l'intoxication syphilitique n'exerce aucune action prophylactique, ni contre la syphilis, ni contre ses accidents du second et du troisième degré. Entre autres faits qu'il prétend pouvoir produire à l'appui de cette assertion, voici les deux qu'il se borne à rapporter parce qu'ils lui paraissent sans doute les plus décisifs.

1° Un étudiant qui venait d'être mercurialisé largement à Montpellier pour un chancroïde, contracte un chancre à Lyon, et la vérole parcourt chez lui toutes ses phases avec la même régularité et la même intensité que s'il n'avait pas pris de mercure;

2° Une femme de trente-quatre ans, qui avait travaillé aux

chapeaux pendant vingt ans, fut prise, au bout de cinq ans, de tremblements, de crachements de sang, d'affaiblissement général et de stomatite. En somme, elle avait été fort mercurialisée et il y avait quinze mois qu'elle avait quitté sa profession lorsque son mari lui donna la syphilis, qui fut assez forte, car elle produisit des éruptions papuleuses prononcées, des poussées de plaques confluentes, des sueurs profuses, des étourdissements et des saignements de nez.

Si Mauriac a voulu démontrer par ces deux observations que des sujets mercurialisés longtemps avant d'être infectés du mal vénérien, mais qui ne l'étaient plus au moment même de l'infection, ne pouvaient pas être préservés par le seul fait de cette mercurialisation antérieure, sa démonstration est topiquement irréprochable; mais en quoi touche-t-elle tant soit peu à la question de l'action préventive du mercure contre la syphilis?

En somme, les savants qui résolvent la question par la négative ne s'appuient sur aucune preuve de fait sérieusement discutable. Interrogeons maintenant ceux qui se prononcent pour l'affirmative.

Celui dont le témoignage remonte le plus haut est de Jussieu (5), qui fit, en 1718, un voyage aux mines de mercure d'Almaden, et qui mentionne, dans sa relation à l'Académie des Sciences, le fait que les mineurs étaient préservés des accidents secondaires de la syphilis.

Keysseler, en 1740, en dit autant des mineurs d'Idria.

C'est en termes généraux et sans détails explicatifs à l'appui que de Jussieu et Keysseler rapportent ces faits; ils ne paraissent pas les avoir personnellement vérifiés, et comme ils ne nous apprennent pas à quelle source ils ont puisé leurs renseignements, on voit que leurs témoignages ne sauraient être acceptés sans de très formelles réserves.

Après eux, en 1745, Malouin affirme que les ouvriers doreurs, metteurs au tain, orfèvres, ne sont pas sujets à la syphilis; mais cette affirmation dont il n'apporte d'autre preuve que les dires des ouvriers eux-mêmes ne repose pas sur une base d'informations assez précises pour qu'on puisse lui accorder quelque valeur.

Si l'on peut objecter que de Jussieu, Keysseler et Malouin sont des juges incompétents dans une question qu'ils n'ont pas personnellement étudiée, et pour la solution de laquelle ils n'apportent que des documents d'emprunt, cette objection ne saurait s'adresser au médecin de l'hôpital des forçats d'Almaden, Don Pedro de Arebala, dont les conclusions résument les résultats d'une pratique de plus de vingt-trois années pendant lesquelles il eut à traiter des milliers de sujets tout à la fois syphilitiques et plus ou moins mercurialisés.

D'après lui, quoique la syphilis fût très fréquente à Almaden, elle n'y faisait pas autant de ravages qu'ailleurs, et tout se bornait, dans la plupart des cas, pour ceux qui l'avaient contractée, à quelques douleurs ou bien à une gonorrhée légère, sans ulcérations extérieures, sans pustules et sans bubons. La guérison était promptement obtenue par la simple administration de quelques décoctions antisyphilitiques, et il arrivait fort rarement qu'on eût besoin de recourir à l'usage des mercuriaux.

Nous nous trouvons donc ici en présence de l'affirmation très catégorique et très nette de la propriété qu'aurait le mercure métallique, administré en vapeurs, de prévenir les accidents secondaires et tertiaires de la syphilis, et Don Pedro de Arebala n'a pas pu se tromper sur l'appréciation de faits qui étaient de sa compétence, et qu'il a vus se reproduire constamment avec le même caractère pendant une longue période d'années.

Pour s'expliquer comment ses successeurs, consultés par Roussel à cent ans d'intervalle, ont pu émettre une opinion contradictoire de celle de leur devancier, il suffira de remarquer que les observations de celui-ci et les leurs n'ont pas porté sur les mêmes catégories de sujets.

Don Pedro de Arebala était, comme je l'ai dit, médecin de l'hôpital des forçats, et c'est eux seuls que concernent ses constatations cliniques; or, ces forçats, vivant dans la mine, où ils prenaient même leurs repas, absolument étrangers aux soins de propreté les plus élémentaires, étaient évidemment placés dans des conditions particulièrement faites pour assurer et pour maintenir leur imprégnation par le mercure; ils devaient donc être habituellement mercurialisés, dans le sens véritable de ce mot, et c'est par cette mercurialisation habituelle qu'on peut se rendre compte de l'immunité dont ils jouissaient.

Lorsque Roussel visita Almaden, ces forçats avaient disparu; ils avaient été remplacés par des ouvriers libres, ne séjournant dans la mine que pendant le nombre d'heures strictement exigé pour l'accomplissement de la tâche réglementaire, soumis à des prescriptions préservatrices d'hygiène, ne travaillant ordinairement que pendant l'hiver et s'employant aux travaux des champs pendant le reste du temps, placés enfin dans des conditions faites pour empêcher leur mercurialisation ou pour la réduire autant que possible: il n'est plus étonnant, dès lors, qu'en s'attachant avec tant de soin à se prémunir contre la mercurialisation, ils aient perdu le bénéfice de la préservation que seule elle pouvait leur assurer.

Les faits d'immunité observés par Don Pedro de Arebala subsistent donc intégralement, et ils sont confirmés par ceux qu'ont fournis les cliniques des hôpitaux de certaines villes industrielles d'Allemagne, comme Furth et Erlangen, où une nombreuse population ouvrière était employée à l'étamage des glaces, à l'époque où cette industrie n'avait pas encore été supplantée par leur argentage.

A Furth, où l'on comptait en moyenne deux cents ouvriers des deux sexes employés dans les fabriques d'étamage, un règlement de police sanitaire les soumettait à des visites périodiquement renouvelées pour arrêter au passage et faire mettre en traitement ceux qui étaient mercurialisés. Les docteurs Mair et Gotz, chargés de ce service d'inspection, s'accordent pour déclarer qu'il ne leur est *jamais* arrivé, sur le très grand nombre des ouvriers visités par eux pendant plusieurs années, d'en rencontrer *un seul* qui fût atteint de mal vénérien, et ce remarquable fait d'immunité, constaté par eux pour la première fois, a été confirmé pleinement par les observations subséquentes d'Aldenger et de Kussmaul.

Médecin de l'hôpital de Furth, Aldinger (6) y a vu passer à sa clinique, dans un intervalle de cinq années, soixante-cinq étameurs de glace mercurialisés, qui ne lui ont présenté qu'un seul cas de syphilis, et ses confrères de la ville, vieux praticiens exerçant leur art depuis une vingtaine ou une trentaine d'années, lui ont assuré qu'aucun ouvrier des fabriques d'étamage ne figurait parmi les syphilitiques qu'ils avaient traités pendant d'aussi longues années.

Professeur de clinique à l'Université d'Erlangen, auteur d'un ouvrage classique sur les rapports généraux du mercurialisme et de la syphilis, Kussmaul (7) était mieux placé et plus compétent que personne pour résoudre, par une enquête décisive, la question de savoir si la première de ces affections conférait le privilège de quelque immunité pour la seconde. Il a longuement et minutieusement instruit cette enquête. Sa clinique de l'hôpital d'Erlangen, celle de l'hôpital de Furth, les observations recueillies dans leur clientèle privée par les médecins de ces deux villes, lui ont fourni une ample moisson de faits, les uns directement constatés, les autres rigoureusement contrôlés, qui embrassent dans leur ensemble une période d'une douzaine d'années de patientes et consciencieuses investigations.

Les conclusions que Kussmaul a tirées de ces faits sont les suivantes :

1° Sur 200 étameurs de glaces à Erlangen et 800 à Furth, qui furent atteints de mercurialisme pendant les douze ans précités, il ne s'en trouva *aucun* qui fût simultanément atteint de syphilis;

2° Sur 1,300 syphilitiques traités dans les deux mêmes villes pendant le même temps, les ouvriers employés à l'étamage des glaces ne comptaient que pour une proportion extrêmement faible;

3° Ceux des ouvriers qui avaient contracté la syphilis avant leur entrée dans les ateliers et ceux qui la contractèrent peu de temps après leur sortie ne présentèrent aucune trace d'accidents secondaires ou tertiaires.

Ces faits sont très hautement significatifs, et ce qui les rend plus remarquables encore, c'est que les étameurs de Furth et d'Erlangen, sous l'influence d'une surexcitation génésique, qui paraît commune à tous les individus affectés de mercurialisme, étaient très portés aux excès vénériens. Ainsi disposés par tempérament à la licence, c'est sans retenue, comme tous les travailleurs qui touchent de gros salaires, et entretenus en outre dans leurs habitudes d'inconduite par l'assurance commune chez eux que le mercure les mettait à l'abri de tout risque de contagion syphilitique, c'est sans retenue, dis-je, qu'ils donnaient l'exemple des mœurs les plus relâchées et se signalaient par leur incontinence notoire. Dans ces conditions, qui multipliaient si considérablement pour eux les risques de contracter la syphilis, et quand ils offraient tant de prise aux atteintes de ce mal, comment ne pas s'étonner de constater à leur avantage le privilège d'une préservation à peu près absolue? Kussmaul se refuse à croire que le hasard seul ait pu produire des rencontres de cette nature, et il attribue, *sans hésiter*, au mercure qui saturait leur organisme les faits bien avérés d'immunité que lui ont présentés les étameurs de glaces de Furth et d'Erlangen.

Ce que Kussmaul affirme à cet égard, Mair, Gotz et Aldinger l'affirment avec une égale assurance, et leur unanimité à résoudre dans le même sens la question des propriétés prophylactiques du mercure, si consciencieusement examinée par eux, donne à la solution qu'ils formulent toute la valeur et toute l'autorité d'un jugement définitif sur la matière.

En résumé, il reste acquis qu'une mercurialisation actuelle a le pouvoir certain de prévenir la contagion syphilitique, mais la preuve faite à cet égard ne s'applique qu'à la seule mercurialisation produite par l'absorption du mercure inhalé en vapeurs.

En même temps qu'il constatait l'action préventive des vapeurs mercurielles, Kussmaul a constaté aussi leur action curative, car il a observé que les ouvriers atteints déjà de mal vénérien au moment de leur entrée dans les ateliers d'étamage, échappaient aux accidents secondaires et tertiaires [1].

---

[1] Dans un dernier chapitre, M. le professeur Merget avait l'intention d'étudier les questions se rattachant au traitement des maladies infectieuses (microbiennes) par les vapeurs mercurielles. Il se proposait d'énumérer, tout d'abord, les principales de ces infections qui ont été traitées empiriquement par les frictions, avec des affirmations suffisamment sérieuses de succès. Dans ces cas, si les frictions n'avaient pu agir par absorption cutanée, la peau n'étant pas lésée, il aurait fallu évidemment rapporter leur effet curatif à l'action antiseptique des vapeurs émises par elles. Il y aurait donc eu à instituer une série de recherches, *in vitro* et cliniques, pour s'assurer de la réalisation de ces actions. Il est à regretter vivement que la mort ait empêché notre maître de mener à bonne fin cette partie essentiellement pratique de son œuvre.

H. Bordier et E. Cassaët.

BIBLIOGRAPHIE

(1) Martin de Gimard. — *Dissertation sur le tremblement produit par l'effet des vapeurs mercurielles.* Thèses de Paris, 1818.
(2) Roussel. — *Lettres d'Espagne*, in *Union méd.*, 1848.
(3) Rabuteau. — *Loco citato.*
(4) Mauriac. — *Bull. et Mém. de la Soc. méd. des Hôpitaux.* Paris, 1887.
(5) de Jussieu. — *C. R. Acad. Sc.*, 1719, p. 349.
(6) Aldinger. — *Zur Lehre vom Mercurialismus nach Beobachtungen an Further's Quecksilberarbeitern*, Würzb., 1861.
(7) Kussmaul. — *Loco citato.*

RÉSUMÉ ET CONCLUSIONS

Les vapeurs mercurielles ont un très grand pouvoir diffusif, en tout comparable à celui des autres fluides élastiques et qui étend la portée de leur action toxique à des distances très grandes des points où a lieu leur émission.

Elles ne se diffusent pas seulement à travers les milieux gazeux, mais aussi à travers les milieux liquides, et leur action toxique s'exerce identiquement de la même manière sur les êtres organisés qui vivent dans ces deux sortes de milieux.

On décèle facilement et sûrement les plus minuscules traces de vapeurs mercurielles diffusées, au moyen de papiers réactifs préparés avec les solutions des sels, ou composés haloïdes solubles, des métaux précieux, et principalement avec la solution d'azotate d'argent ammoniacal.

L'emploi de ces mêmes papiers réactifs fournit, pour reconnaître la présence du mercure dans les liquides et dans les tissus de l'organisme, un procédé très sensible et très sûr, que la simplicité de son manuel opératoire rend particulièrement applicable aux recherches cliniques et physiologiques.

On sait depuis longtemps que les vapeurs mercurielles sont toxiques, mais les expériences et les observations sur lesquelles on s'est appuyé, jusqu'à présent, pour établir cette toxicité, n'ont pas permis de la définir avec précision, parce qu'elles portaient sur des cas complexes, où le mercure intervenait à la fois sous forme de vapeurs respirées à des températures très diverses, et sous forme de poussières inhalées ou ingérées.

Lorsqu'on fait agir les vapeurs mercurielles seules et qu'elles sont émises à des températures inférieures à celles des organismes dans lesquels elles pénètrent, les faits essentiels à noter sont les suivants :

1° L'absorption de ces vapeurs s'opère exclusivement par les voies respiratoires, poumons pour les animaux aériens, branchies pour les animaux aquatiques; ni la peau ni la muqueuse gastro-intestinale n'y prennent la moindre part.

2° Émises à saturation et respirées d'une manière continue, les vapeurs mercurielles tuent toujours les animaux soumis à leur influence, et d'autant plus rapidement que ceux-ci sont de plus petite masse. La mort est précédée d'une série de troubles nerveux, qui sont les seuls à se produire et qui ne menacent que d'un danger fort éloigné les animaux supérieurs, chez lesquels leur apparition est très tardive et leur évolution très lente.

3° Lorsque les vapeurs mercurielles ne sont plus saturées, si leur degré de saturation s'abaisse suffisamment, elles cessent d'être toxiques, quand même il y aurait continuité dans l'acte respiratoire.

4° Elles ne sont pas davantage toxiques, quoique émises à saturation, quand elles sont absorbées par voie de respiration intermittente.

5° Dans le cas où la respiration est continue et où la saturation donne lieu à des effets toxiques, les troubles nerveux, pourvu qu'on ne les laisse pas arriver à leur période la plus avancée, n'ont, symptomatiquement, aucune gravité; leur guérison s'obtient, sans traitement, par la seule précaution de s'éloigner du mercure.

6° Les animaux qui meurent intoxiqués par les vapeurs mercurielles ne présentent, à l'autopsie, aucune lésion, ni macroscopique, ni microscopique, par laquelle on puisse expliquer leur mort. Malgré cette apparence d'intégrité normale, toutes les parties de leur organisme renferment cependant du mercure, dont l'analyse démontre partout la présence, mais dont elle constate aussi la très inégale répartition. A poids égaux, ce sont les reins qui fixent la plus forte proportion de ce métal; après lui viennent, dans un ordre de progression décroissante, le foie, les poumons, le cerveau et la moelle : le cœur, les muscles en général et surtout les os sont de beaucoup au-dessous du dernier terme de cette série.

Les vapeurs de mercure émises à des températures élevées, les poussières de ce métal ou celles de ses composés, absorbées par voie d'inhalation ou d'ingestion, produisent des effets toxiques qui leur sont propres et qui diffèrent essentiellement de ceux des vapeurs émises à de basses températures. Jusqu'à présent confondus, ces effets doivent être distingués avec soin; c'est ainsi seulement qu'on peut nettement se rendre compte des dangers inhérents à l'exercice des diverses professions mercurielles, et formuler pour chacune d'elles, en connaissance de cause, les règles d'hygiène qui lui conviennent. Si un travail professionnel, comportant le maniement journalier du mercure, ne fait courir d'autre risque que celui de la respiration des vapeurs de ce métal et si ces vapeurs sont émises à de basses températures, il n'y a d'autre précaution à prendre contre elles que celle d'éviter de les respirer avec continuité : cela suffit pour les rendre complètement inoffensives.

Les vapeurs mercurielles ne sont pas absorbées suivant le mode indiqué par Mialhe, Voit et Overbeck; elles ne doivent pas, pour passer dans le sang, se transformer d'abord en bichlorure, puis en oxydalbuminates ou chloralbuminates de mercure. Traversant mécaniquement la membrane épithéliale pulmonaire, elles pénètrent directement dans le liquide sanguin, puis, de là, dans toutes les parties de l'organisme, sans que le mercure, dans ces diverses migrations, paraisse perdre son état métallique. Les effets physiologiques qui se produisent alors doivent donc être attribués à l'action du métal lui-même, et non pas à celle des composés albuminiques solubles auxquels on prétend qu'il donnerait naissance. Rien ne justifie ni l'affirmation de l'existence de ces composés, ni le rôle actif qu'on leur a prêté ; car on n'a jamais fourni aucune preuve de leur présence, soit dans le sang, soit dans un liquide quelconque de l'économie.

C'est encore en conservant son état métallique que le mercure, absorbé sous forme de vapeurs, intervient, comme agent thérapeutique fréquemment utilisé dans la pratique médicale, qui possède, en lui, un de ses spécifiques les plus sûrs et les plus puissants. Les frictions, dont l'efficacité dans le traitement de la syphilis est si universellement reconnue, lui doivent, en effet, tout le succès de leur action curative : car il est aujourd'hui bien démontré que le mercure de l'onguent napolitain, étalé sur la peau saine, ne la traverse, pour pénétrer dans l'organisme, ni en nature ni après transformation préalable en combinaisons solubles.

Si les frictions sont efficaces uniquement parce qu'elles sont un moyen d'introduire dans l'économie du mercure en vapeurs, absorbé par les voies respiratoires, comme leur incommodité et leur malpropreté les font repousser par beaucoup de praticiens convaincus cependant de leur supériorité thérapeutique, il y aurait un avantage incontestable à leur substituer un mode de traitement fondé sur les mêmes principes et donnant les mêmes résultats, sans comporter les mêmes inconvénients.

Celui que je propose, à cet effet, consiste dans l'emploi de plastrons de flanelle imprégnés de mercure réduit, et dont le pouvoir émissif, à surfaces égales, dépasse de beaucoup celui de l'onguent gris formant enduit sur la peau. Ces plastrons, qu'on peut porter suspendus au cou, pendant la nuit, ou fixés au-dessous du drap du traversin sur lequel on dort, émettant plus de vapeurs que l'onguent mercuriel, sont aussi thérapeutiquement plus actifs, et ils ont, en outre, le très important avantage d'exercer leur action thérapeutique sans jamais provoquer ni stomatite ni salivation.

Leur effet curatif paraît exclusivement dû au mercure en

nature, qui peut, précisément parce qu'il est en vapeurs, pénétrer directement dans l'économie par voie d'absorption pulmonaire, et qui agit spécifiquement sur le virus syphilitique, sans qu'il soit besoin de recourir à l'intervention d'aucune de ses combinaisons dérivées.

Les mercuriaux ingérés par les voies digestives, ou injectés hypodermiquement, n'ont pas sur la syphilis un mode d'action curative différent de celui des vapeurs mercurielles : ils donnent tous du mercure réduit qui intervient par sa spécificité propre, en entrant directement en conflit avec le microbe pathogène de la syphilis.

Quand les mercuriaux sont administrés à des doses fortes ou moyennes, leur action curative, qui est le fait exclusif du métal, s'accompagne des troubles physiologiques et toxiques plus ou moins intenses du mercurialisme aigu. Dans leurs manifestations locales, ces troubles sont dus à l'irritation inflammatoire produite par les acides libres associés aux mercuriaux, ou par ceux que leur réduction met en liberté. Dans leurs manifestations générales, ces troubles sont la conséquence de l'absorption des chloralbuminates ou oxydalbuminates hydrargyro-alcalins, auxquels les mercuriaux donnent naissance, et qui altèrent profondément le sang, en dépouillant ses globules de leur hémoglobine.

Quand les mercuriaux sont administrés à doses faibles et longtemps continuées, ils provoquent les accidents du mercurialisme chronique consistant surtout en phénomènes nerveux, dont le plus caractéristique est le tremblement mercuriel. Ce mercurialisme chronique ne diffère en rien du mercurialisme *dit* professionnel, et tous deux ont pour cause l'imprégnation de l'organisme par le mercure métallique très divisé provenant, soit de la réduction des mercuriaux, soit de la respiration habituelle des vapeurs.

Il résulte des nombreuses observations de Kussmaül et de plusieurs autres cliniciens que l'action prophylactique du mercure contre la syphilis est indéniable.

TABLE DES MATIÈRES

Par les Docteurs Bordier et Cassaët.

PREMIÈRE PARTIE

VAPEURS MERCURIELLES

ACTION PHYSIOLOGIQUE, TOXIQUE ET THÉRAPEUTIQUE

Pages.

DEUXIÈME PARTIE

MERCURIAUX

ACTION PHYSIOLOGIQUE, TOXIQUE ET THÉRAPEUTIQUE

Bordeaux. — Imp. G. GOUNOUILHOU, rue Guiraude, 11.

DERNIÈRES PUBLICATIONS

DES PROFESSEURS DE LA FACULTÉ DE MÉDECINE DE BORDEAUX

En vente à la Librairie FERET et FILS

15, cours de l'Intendance, à Bordeaux.

Leçons cliniques sur l'hystérie et l'hypnotisme faites à l'hôpital Saint-André de Bordeaux par M. A. PITRES, prof. et doyen de la Faculté de médecine de Bordeaux, ouvrage précédé d'une lettre-préface de M. le prof. J.-M. CHARCOT; 2 vol. gr. in-8°, avec 133 fig. dans le texte et 16 pl. hors texte (1893), br....................fr. 24 »

Hypnotisme et double conscience, origine de leur étude et divers travaux sur des sujets analogues, par le Dr AZAM, avec préface et lettres de P. BERT, CHARCOT et RIBOT (1893), gr. in-8°...........fr. 9 »

Traité de Physiologie humaine, par F. VIAULT et F. JOLYET, 2e édit., très augmentée, gr. in-8° de 940 p., avec 401 fig. (1894), broché.................fr. 16 »

Traité d'Hygiène militaire, par le professeur G. MORACHE, 2e édit., in-8° de VIII-926 p. avec 173 fig. (1886).....fr. 15 »

Hygiène industrielle, par le prof. A. LAYET; un fort volume in-8° avec 155 figures.........................fr. 18 »

Leçons de clinique médicale, par le Dr J.-J. PICOT, avec figures dans le texte (1884-1893), 2 vol. in-8°..........fr. 17 »

Nouveaux éléments de Pathologie externe, publiés par le prof. A. BOUCHARD, avec la collaboration de MM. Coyne, Viault, Demons, Poinsot, Planteau, Piéchaud, Lagrange, M. Denucé, Pousson, Boursier et Villar, 2 vol. gr. in-8°...........fr. 24 »

Nouveaux éléments d'Anatomie descriptive et d'Embryologie, par H. BEAUNIS et A. BOUCHARD, 3e édit. entièrement refondue, illustrée de 557 fig. et la plupart coloriées (tirage en huit couleurs), gr. in-8° de 1072 p. (1893), cartonné.. 25 »

Traité élémentaire d'Anatomie pathologique, par le professeur P. COYNE, avec 229 figures noires et coloriées (1894), in-8°.........................fr. 14 »

Leçons de clinique chirurgicale du professeur MARTIAL LANELONGUE, recueillies par le Dr Piéchaud (1887), gr. in 8°.fr. 10 »

Traité d'Électrothérapie, par le professeur J. BERGONIÉ. Paris, O. Doin, 750 pages (sous presse).

Physique du physiologiste, par J. BERGONIÉ, prof. de physique médicale. Gauthier-Villars et Masson, Paris...... fr. 2 50

Cours de Chimie organique. Programme aide-mémoire des leçons du Dr CH. BLAREZ (1890), in-8° broché.......fr. 3 »

Traité d'Anatomie humaine, par le Dr L. TESTUT, prof. à la Faculté de médecine de Lyon, ancien prof. à la Faculté de Bordeaux, avec la collaboration de MM. G. FERRÉ et L. VIALLETON, prof. agrégés des Facultés de Bordeaux et de Lyon, 3 vol. gr. in-8°, avec nombreuses figures en noir et en couleur.........................fr. 70 »

Leçons de clinique chirurgicale du professeur BOURSIER, in-8°......fr. 6 »

Leçons cliniques des maladies des enfants du prof. A. MOUSSOUS, in-8°. Prix...........................fr. 6 »

La Théorie atomique, par le Dr DENIGÈS, 2e édition (sous presse)........fr. » »

Contribution à l'étude des Lactoses. Identification et dosage, par le Dr G. DENIGÈS, professeur agrégé à la Faculté (1892. O. Doin, Paris).............fr. 3 »

Recherches expérimentales de calorimétrie animale, par le Dr C. SIGALAS (1890. O. Doin, Paris).......fr. 3 »

De la Pathogénie des accidents de l'air comprimé, par le Dr E. CASSAET, professeur agrégé à la Faculté de médecine de Bordeaux (Bordeaux, 1886) in-8°.fr. 2 50

De l'Absorption des corps solides, par le Dr E. CASSAET (Paris, 1892)..fr. 3 »

Études sur les tumeurs de l'œil, de l'orbite et des annexes, par le Dr FÉLIX LAGRANGE, avec 9 pl. et 16 figures dans le texte, gr. in-8° (1893), br...fr. 8 »

Traité pratique des maladies des fosses nasales et de la cavité naso-pharyngienne et des sinus de la face, par le Dr E. J. MOURE, 2e édit. remaniée et augmentée, avec 127 fig. dans le texte et 4 pl. hors texte (1893), in-12 toile.......fr. 8 »

Manuel pratique de médecine mentale, par le Dr E. RÉGIS, ouvrage couronné par la Faculté de médecine de Paris. 2e édit. revue et corrigée (1892), in-12 toile.fr. 8 »

Les Dérivés tartriques du vin, par CARLES (Bordx, 1892), in-8° br. 60 pag.. 1 »

Recherches sur la Nitrification. Étude expérimentale du rôle de la circulation de l'air atmosphérique par thermo-diffusion à travers les corps poreux, par H. BORDIER, licencié ès sciences physiques, préparateur de physique à la Faculté de médecine de Bordeaux (Bordeaux, 1890).........fr. 2 50

De l'Acuité visuelle, étude physique et clinique, avec 25 fig. dans le texte et une planche de phototypie, par le Dr HENRY BORDIER (1893), J.-B. Baillière, Paris, gr. in-8° broché.........................fr. 5 »

Bordeaux. — Imp. G. GOUNOUILHOU, rue Guiraude, 11.

www.ingramcontent.com/pod-product-compliance
Lightning Source LLC
Chambersburg PA
CBHW052104230326
41599CB00054B/3734